普通高等教育“十二五”规划教材

机械精度设计与检测技术基础

第2版

主　编　杨沿平
副主编　胡凤兰
参　编　胡仲勋　吴长德　廖东初　周海萍
　　　　袁金成　厉始忠

机械工业出版社

本书主要介绍几何精度设计与检测技术的基本知识，包括绪论、尺寸精度设计、测量技术基础、几何精度设计、表面粗糙度、光滑工件尺寸的检验、滚动轴承配合的互换性及精度设计、键与花键联接的互换性及精度设计、螺纹联接的互换性及精度设计、渐开线圆柱齿轮的精度设计以及尺寸链，共十一章。

为使学生更好地理解和巩固所学内容，各章后附有思考题和练习题。

本书为高等院校机械类或近机械类专业教材，也可供相关工程技术人员参考。

图书在版编目（CIP）数据

机械精度设计与检测技术基础/杨沿平主编. —2版. —北京：机械工业出版社，2012.9（2026.1重印）

普通高等教育“十二五”规划教材

ISBN 978-7-111-39732-8

Ⅰ.①机… Ⅱ.①杨… Ⅲ.①机械—精度—设计—高等学校—教材②机械元件—检测—高等学校—教材 Ⅳ.①TH122②TG801

中国版本图书馆CIP数据核字（2012）第215181号

机械工业出版社（北京市百万庄大街22号 邮政编码100037）

策划编辑：刘小慧 责任编辑：刘小慧 王勇哲 安桂芳 余 皞

版式设计：霍永明 责任校对：张晓蓉

封面设计：张 静 责任印制：单爱军

中煤（北京）印务有限公司印刷

2026年1月第2版第14次印刷

184mm×260mm · 13.5印张 · 329千字

标准书号：ISBN 978-7-111-39732-8

定价：36.00元

电话服务	网络服务
客服电话：010-88361066	机 工 官 网：www.cmpbook.com
010-88379833	机 工 官 博：weibo.com/cmp1952
010-68326294	金 书 网：www.golden-book.com
封底无防伪标均为盗版	机工教育服务网：www.cmpedu.com

前　言

“机械精度设计与检测技术基础”是高等工科院校机械类（包括精密仪器类）各专业的一门重要的技术基础课。它不仅将标准化与计量学的相关知识有机地结合在一起，而且涉及机械设计、机械制造、质量控制、生产组织管理等许多方面。因此，它是与机械工业紧密联系的一门综合性基础学科。

本书根据高等学校“互换性与测量技术基础”课程教学基本要求，根据教学改革及学科发展的需要，精选教学内容，突出精度设计主线，强化理论联系实际，配合机械基础课程教学改革而编写。本书立足于强化专业人才的知识获取能力、分析和解决工程实际问题的能力以及实际动手能力的培养，力图从几何精度设计的生产实际需要出发，提高学生综合运用本课程知识解决实际问题的能力，因而符合高等教育改革的思路和国民经济发展的需要。

全书共分十一章，主要内容包括几何精度设计及几何精度检测两大部分。几何精度设计部分主要论述尺寸精度、几何精度、表面粗糙度、典型零部件（滚动轴承、键与花键、螺纹、齿轮）等基本几何要素、结合要素和传动要素的精度设计及其尺寸链的计算。几何精度检测部分主要论述几何精度测量与检验的基本知识、基本原理与基本方法，要求学生与相应的检测实验相结合进行学习。本书融入了编者多年的教学实践经验，参考了多种现已出版的同类教材和有关国家标准。本书再版后具有如下特色：

1）全部采用最新颁布的国家标准，并侧重于对新标准的理解与应用。这对于新国家标准内容在本专业的贯彻执行将起到非常积极的推动作用。

2）为了突出重点，理顺难点，使学生能够较好地巩固和理解所学内容，除每章后均附有思考题外，还附有适量的练习题。

3）因各校有成熟的实验指导书，故省略了检测实验内容。

本书第1版由湖南大学杨沿平主编，温松明担任主审，第2版由湖南大学杨沿平主编，湖南工程学院胡凤兰担任副主编。参加第1版编写的人员有：湖南大学杨沿平（第一、七、八、九、十一章），长沙理工大学廖东初（第二章），湖南大学周海萍（第三章），湖南工程学院胡凤兰（第四章），湖南生物机电职业技术学院袁金成（第五章），湖南大学胡仲勋（第六章），第十章由机械科学研究院厉始忠及湖南大学胡仲勋共同编写。参加再版修订的人员有：湖南大学杨沿平（第一、二、三、七、八、九、十一章），湖南工程学院胡凤兰（第四、十章），湖南大学吴长德（第五章），湖南大学胡仲勋（第六章）。此外，湖南大学研究生陈轶嵩、唐杰、王秀杰、陈元华、成军浩、李娟等在本书的修订工作中也协助主编做了大量工作。

由于编者水平所限，书中难免存在错误和不当之处，欢迎广大读者批评指正。

编　者

目　　录

第一章　绪　　论

第一节　精度设计与互换性

一、精度设计概述

机械设计过程通常可以分为三个阶段：系统设计、参数设计和精度设计。

系统设计是确定机械的基本工作原理和总体布局，以保证总体方案的合理性与先进性。机械系统设计主要是运动学设计，如传动系统、位移、速度、加速度等，故又称为运动设计。

参数设计是确定机构各零件几何要素的标称值（或公称值），故又称结构设计。参数设计的主要依据是保证系统的能量转换和工作寿命。为此，必须按照静力学与动力学的原理，采用优化、有限元等方法进行计算，并按摩擦学和概率理论进行可靠性设计。

精度设计是确定机械各零件几何要素的允许误差，因为允许的误差称为公差，所以精度设计也称为公差设计。精度设计的主要依据是对机械的静态精度和动态精度要求。因为任何加工方法都不可能没有误差，而零件几何要素的误差都会影响其功能要求，允许误差的大小又与生产的经济性和产品的使用寿命密切相关。因此，精度设计是机械设计不可分割的重要组成部分，是机械工程永恒的主题。很难想象一个优秀的机械工程师或科学家，只懂得机械的运动设计和结构设计，而不懂得精度设计。本课程的研究内容便是机械的几何精度设计方法及其相关标准和精度检测原理。

机械产品的精度设计是极其重要的，因为没有足够的几何精度，航天飞机上不了天，远程导弹不能击中预定的目标，钟表不能准确地计时，机床不能加工出合格品，汽车不会有舒适性和安全性……而且，机械产品的报废往往就是因为其精度的丧失，机械产品的周期性检修，实质上就是其精度的检定和修复。因此，没有足够的几何精度，机械产品就失去了使用价值。进入 20 世纪以来，随着机械产品的功能要求和制造-检测技术水平的不断提高，几何精度设计已经逐渐成为一门独立的技术学科，并越来越受到工程科学与技术界的高度重视。

1. 精度设计的基本原则

一般来说，精度设计的基本原则是尽可能经济地满足功能要求。因为任何机械产品都是为了满足人们生活、生产或科学研究的某种特定的需要，这种需要表现为机械产品可以实现的某种功能。因此，机械精度设计首先必须满足产品的功能要求。机械产品功能要求的实现，在相当程度上依赖于组成该产品的各零件的几何精度。因此，在进行零件的几何精度设计时，首先要对零件的功能要求进行分析，然后对不同的要求给出不同大小的公差，从而保证功能要求的满足。一般来说，从保证功能要求来看，零件的公差越小越好，但公差越小，制造成本就越高，经济性越差，所以在精度设计时应正确处理功能要求与经济性之间的矛盾，使之既满足功能要求又有尽可能好的经济性。

2. 精度设计的基本方法

精度设计的基本方法有类比法、计算法和试验法三种。

（1）类比法　类比法是指与经过实际使用证明合理的类似产品上的相应要素作比较，然后确定所设计零件几何要素的精度。采用类比法进行精度设计时，必须正确选择类比产品，分析它与所设计产品在使用条件和功能要求等方面的异同，并考虑实际生产条件、制造技术的发展和市场供求信息等多种因素。因此，采用类比法进行精度设计的基础是资料的收集、分类与整理。类比法是对大多数零件进行精度设计时所采用的基本方法，也称为经验法。迄今为止，几何精度设计主要采用凭实际工作经验确定的类比法。

（2）计算法　计算法就是根据由某种理论建立起来的功能要求与几何要素公差之间的定量关系，计算确定零件要素的精度。例如，根据液体润滑理论计算确定滑动轴承的最小间隙；根据弹性变形理论计算确定圆柱结合的过盈；根据机构精度理论和概率设计方法计算确定传动系统中各传动件的精度等。用计算法确定零件几何要素的精度，目前只适用于某些特定的场合。而且，用计算法得到的公差往往还需要根据实际情况进行调整。

（3）试验法　试验法就是先根据一定条件初步确定零件要素的精度并进行试制，再将试制产品在规定的条件下进行试用。试用时，对其各项技术性能指标进行监测，并与预定的功能要求相比较，再根据比较结果对原设计进行确认或修改。经反复试验和修改，便可最终确定满足功能要求的最佳设计。试验法用“实践”来“检验真理”，是最可靠的设计方法，但其设计周期较长、费用较高，因此主要用于新产品开发中个别特别重要的精度设计。然而，随着计算机科学的不断发展、计算机应用水平的不断提高，相应的“虚拟试验法”（即计算机仿真试验法）也应运而生，并在不断地发展。由于虚拟试验法可能会显著缩短设计周期和降低试验成本，所以必定会在一定程度上取代传统的试验法而具有不断扩大使用的趋势。

计算机科学的兴起与发展，为机械精度设计提供了先进的手段和工具。在计算机辅助设计（CAD）领域中，计算机辅助公差设计（CAT）的研究已越来越受到重视。但由于CAT需要建立和完善精度设计理论与精度设计方法，并建立具有实用价值和先进水平的数据库以及相应的软件系统，故计算机辅助公差设计进入实用化阶段尚有待时日。

二、互换性概述

从理论上讲，无论何种生产类型和何种功能要求，都应该在设计中对零件的几何要素提出精度要求，即规定公差的要求是无条件的。但公差的大小却可以而且应该根据不同的功能要求和生产条件作出合理的选择，互换性就是在特定的生产和使用条件下对精度设计的要求。只有重复生产的零件才可能有互换性要求。因此，互换性要求是不同于精度设计的另一种要求，一般首先要进行合理的精度设计，然后根据具体条件确定是否需要满足互换性要求。

1. 互换性的含义

互换性是指在同一规格的一批零件或部件中任取一件，不经任何选择、修配或调整，就能装在机器或仪器上，并满足原定使用功能要求的特性。例如，机器或仪器上掉了一个螺钉，可找到相同规格的螺钉装上；电灯泡坏了，可换一个相同规格的灯泡；计算机、自行车、手机、汽车和机床等其中某个机件磨损了，可用一个新的替代。上述这些零件或部件就具有互换性。若零部件具有互换性，则应同时满足两个条件：

1）不需任何选择、修配或调整便能进行装配或维修更换。

2）装配或更换后能满足原定的使用性能要求。

2. 互换性的分类

1）按互换的程度或范围，分为完全互换（绝对互换）与不完全互换（有限互换）。若零件在装配或更换时，不需任何选择、修配与辅助加工，则其互换为完全互换。但当装配精度要求较高时，采用完全互换将使零件制造困难、成本很高，甚至无法加工。这时，可将零件的制造公差适当放大后进行加工，而在零件完工后，经测量并按实际尺寸的大小分为若干组，使每组零件间实际尺寸的差别减小，再按相应组进行装配（即大孔与大轴相配，小孔与小轴相配）。这样既可保证装配精度要求，又能使加工难度减小从而降低制造成本。但这种互换仅可在同组内的零件之间进行，故称为不完全互换或有限互换。

2）按使用要求，分为几何参数互换与功能互换。几何参数互换是通过规定几何参数的公差保证成品的几何参数充分近似的互换，又称为狭义互换。因为要保证零件使用功能的要求，不仅仅取决于几何参数的一致性，还取决于它们物理性能、化学性能、力学性能等参数的一致性。通过规定功能参数（如材料力学性能，化学、光学、电学、流体力学等参数）的公差所达到的互换称为功能互换，又称为广义互换。本课程主要研究零件几何参数的互换性。

3）按应用场合，分为外互换与内互换。外互换是指部件或机构与其相配件间的互换性，例如，滚动轴承内圈内径与轴的配合，外圈外径与机座孔的配合。内互换是指在厂家内部生产的部件或机构内部组成零件间的互换，例如，滚动轴承内、外圈滚道与滚动体之间的装配。为使用方便起见，一般内互换才采用不完全互换，且局限在厂家内部进行，而外互换采用完全互换，适用于生产厂家之外广泛的范围。

3. 互换性的重要意义与作用

1）从使用方面看，如果零件具有互换性，则当该零件损坏后，可以很快地用备件来代替，从而使机器维修方便，保证了机器工作的连续性和持久性，延长了机器的使用寿命，提高了机器的使用价值。在某些情况下，互换性所起的作用是难以用价值来衡量的。例如，发电厂要迅速排除发电设备的故障，以保证继续供电；在战场上需很快排除武器的故障，以保证继续战斗。在这些场合，实现零件的互换性，显然是极为重要的。

2）从制造方面看，由于具有互换性的零部件按标准规定的公差加工，故可采用专业化协作生产，即同一部机器上的各个零件可以分别由不同工厂同时制造。各专业厂由于产品单一、数量多、专业分工细，可采用高效率的专用设备，或采用计算机进行辅助加工，这样就使产品的数量和质量明显提高，成本显著降低。例如，在汽车制造中，汽车上成千上万个零件是分别由几百家工厂生产的，汽车制造厂只负责生产若干主要的零部件，其他都是采用专业化的协作生产。

3）从装配方面看，由于具有互换性的零部件不需要辅助加工和修配，故可以减轻装配工作量，缩短装配周期；而且可采用流水线或自动线装配。例如，在汽车装配线上，由各工厂协作生产的零件或部件，由于采用了适当的、统一的技术要求，故不会在汽车厂装配时发生困难，也不会出现不能满足产品技术性能要求的情况。

4）从设计方面看，由于产品中采用了具有互换性的零部件，尤其是采用了较多的标准零件或部件（如螺钉、销钉、滚动轴承等），使许多零部件不必重新设计计算，从而大大减轻了设计计算与绘图的工作量，简化了设计程序，缩短了设计周期；尤其是还可以应用计算机进行辅助设计，这对发展系列产品和促进产品结构、性能的不断改善，都有很大好处。例如，手表生产采用具有互换性的统一机芯，使新手表的设计周期大大缩短。

综上所述，大量地使用具有互换性的零部件，在机械制造中遵循互换性原则的生产（能够保证产品具有互换性的生产称为遵循互换性原则的生产），不仅能显著提高劳动生产率，而且能有效地保证产品质量和降低生产成本。所以，互换性是机械制造中重要的生产原则和有效的技术措施，同时也是提高生产水平和进行文明生产的有力手段。

4. 互换性生产的发展概况

互换性生产始于兵器工业。在19世纪，为了在战争中争取时间，赢得胜利，要求能迅速更换发热的枪管，以保证连续进行射击，这就产生了互换性的萌芽。以后开始用于机械制造行业并逐渐扩大到其他各行业。随着生产的发展，对生产和生活中使用的各类产品的互换要求越来越广泛。特别是随着产品质量多功能的需要，由单参数（尺寸）的配合互换性发展到功能互换性。零件的检验由用极限量规控制尺寸发展到用功能量规控制零件的形状和各尺寸间相互位置的精度。

以往的互换性生产都是与大批量生产联系在一起的。近年来，现代化机械工业的发展趋势，已由单一品种的大批量生产，逐步向多品种的柔性生产系统（FMS）方向转变。这种生产系统的主要特点是：根据市场需求，及时改变生产线上的产品型号和规格。例如，目前比较先进的汽车装配生产线均采用可根据用户需求随时更换车型的柔性生产系统。这种生产系统的实质是用大量生产的方式生产小批或单件产品，因而极大地满足了用户对个性化产品的需求，降低了制造成本。在这种生产线上，当工序发生变动时，信息传送给多品种控制器，接受欲装配哪些零件的指令，指定机械手选择零件、进行装配，并经校核送到下一工序。库存零件被提出后，由计算机通知加工站补充零件，这样还可避免积压零件。显然，这种生产系统对互换性生产提出了更加严格的要求。

当前，互换性原则已经在各个行业被普遍而广泛地采用，并已成为现代化生产的一项重要的技术经济原则。从手机、手表、计算机、电视机、空调到汽车、机床以及各种军工产品的生产，都无不在极大规模和极高程度上按照互换性原则进行生产。尤其是在当前全球化大生产的条件下，按照专业化协作的原则进行互换性生产，已是提高产品质量、降低生产成本和提高经济效益的必由之路。可以预言，随着工业生产的不断发展，必将促进互换性生产水平的不断提高，而互换性生产水平的不断提高又将促使工业生产得到更快的发展。

第二节 标准化与优先数系

一、标准与标准化

由上述可知，现代工业是建立在互换性原则基础上的。为了保证机器零件几何参数的互换性，必须制定和执行统一的互换性公差标准。我国互换性公差标准包括：极限与配合、几何公差、表面粗糙度以及各种典型的连接件和传动件的精度标准。这类标准是以保证一定的几何参数制造公差来保证零件的互换性和使用要求的，是机械制造中非常重要的技术基础标准。

1. 标准

标准是指为了取得国民经济最佳效果，在总结实践经验和充分协商的基础上，有计划地对人类生活和生产活动中具有多样性和重复性的事物，在一定范围内作出统一规定，并经一定的批准程序，以特定的形式颁发的技术法规。

2. 标准的分类

标准种类繁多、数量巨大，可从不同的角度进行分类。按一般习惯，可把标准分为技术标准、管理标准和工作标准；按作用范围，可分为国际标准、区域标准、国家标准、专业标准、地方标准和企业标准；按标准在标准系统中的地位与作用，可分为基础标准和一般标准；按标准的法律属性，可分为强制性标准和推荐性标准。

我国《标准化法》规定："保障人体健康，人身、财产安全的标准和法律、行政法规规定强制执行的标准是强制性标准，其他标准是推荐性标准。"强制性标准颁布后，凡从事科研、生产、经营的单位和个人，都必须严格执行。推荐性标准不具有法律的约束力，但一经被采用或在合同中被引用，就应该严格执行并受合同法或有关经济法的约束。过去我国为适应计划经济的需要，实行单一的强制性标准。随着社会主义市场经济的发展，我国现已实行强制性和推荐性两种标准，这是标准化工作中的一项重要改革。目前，我国已按"积极采用国际标准和国际先进标准"的原则制定了一万多项国家标准。其中有关几何精度的推荐性国家标准，都是等同或等效采用了相应的国际标准（ISO）。如《产品几何技术规范（GPS）极限与配合》、《产品几何技术规范（GPS） 表面结构 轮廓法 表面粗糙度参数及其数值》、《产品几何技术规范（GPS） 几何公差 形状、方向、位置和跳动公差标注》、《普通螺纹 公差》、《光滑极限量规 技术条件》、《产品几何技术规范（GPS） 光滑工件尺寸的检验》、《矩形花键尺寸、公差和检验》、《圆柱齿轮 精度制》等，都与相应的国际标准基本统一，从而有利于国际合作与交流。本书主要涉及三十多个国家标准，它们大多是基础标准，且自 20 世纪 90 年代以后颁布的国家标准多为推荐性标准。推荐性标准用标准代号"GB/T"表示。

3. 标准化

根据 GB/T 20000.1—2002 的规定，"标准化"的定义为：在一定范围内获得最佳秩序，对现实问题或潜在问题制定共同使用和重复使用的条款的活动。上述活动主要包括编制、发布和实施标准的过程。由标准化的定义可以看到：标准化不是一个孤立的概念，而是一个活动过程。这个过程包括循环往复地制定、贯彻、修订标准。在标准化的全部活动中，贯彻标准是核心环节，制定和修订标准是标准化的最基本的任务。应该肯定：标准化在发展的深度上是没有止境的，它将随着生产的发展和社会的进步向更深的层次不断发展、提高和完善。

标准化在人类活动的很多方面都起着不可忽视的作用，是组织现代化大生产的重要手段，是实现专业化协作生产的必要前提，是科学管理的重要组成部分。由于标准化不仅可以简化产品品种、促进科学技术转化为生产力，而且在节约原材料、减少浪费、增加信息交流、消除贸易壁垒和提高产品质量等方面均能发挥重要作用，所以它是整个社会经济合理化的技术基础，也是发展贸易、提高产品在国际市场上竞争能力的技术保证。世界各国的经济发展过程表明，标准化是反映现代化水平的一个重要标志。

目前标准化已发展到一个新的历史阶段，其显著特点是标准的国际化。国际标准化组织（ISO）和国际电工委员会（IEC）编制标准的数量迅速增加，质量显著提高。大部分国际标准都集中了许多国家的经验和现代科学技术的成就。为了便于国际贸易和国际间的技术交流，有些国家参照国际标准制定本国的国家标准，有些国家甚至完全采用国际标准，而不制定本国标准。我国为能迅速达到世界先进水平，也提出了采用国际标准的三大原则：坚持与国际标准统一协调的原则，坚持结合我国国情的原则以及坚持高标准、严要求和促进技术进步的原则。本课程所应用的所有标准，都是以国际标准为基础而重新修订和制定的。目前，我国的各项互换性国家标准正在为我国的建设发挥着极其重要的作用。可以预言，我国的标准化水平一定会随着国民经济的不断发展而不断提高。

二、优先数系与优先数

在工业生产中，当选定一个数值作为某种产品的参数指标后，这个数值就会按照一定的规律向一切相关的制品、材料等的有关参数指标传播扩散。例如，纸张的尺寸会影响打印机、复印机的设计，光盘、硬盘的规格尺寸又与计算机影碟机的设计有关。又如，动力机械的功率和转速确定后，不仅会传播到有关机器的相应参数上，而且必然会传播到其本身的轴、轴承、齿轮、联轴器等一整套零部件的尺寸和材料特性参数上，并将进而传播到加工和检验这些零部件的刀具、夹具、量具及机床等相应参数上。这种情况称为数值的传播。工程技术上的参数数值，经过反复传播以后，即使只有很小的差别，也会造成尺寸规格的繁多杂乱，以致给生产组织、协作配套、使用维修及贸易等带来很大的困难。因此，对各种技术参数，必须从全局出发加以协调。

国家标准（GB/T 321—2005）规定的优先数系是由公比为 $\sqrt[5]{10}$、$\sqrt[10]{10}$、$\sqrt[20]{10}$、$\sqrt[40]{10}$ 和 $\sqrt[80]{10}$，且项值中含有 10 的整数幂的理论等比数列导出的一组近似等比的数列。各数列分别用符号 R5、R10、R20、R40 和 R80 表示，称为 R5 系列、R10 系列……R5、R10、R20 和 R40 四个系列是优先数系中的常用系列，称为基本系列，见表 1-1。

表 1-1 优先数基本系列

基本系列（常用值）				计算值	基本系列（常用值）				计算值
R5	R10	R20	R40		R5	R10	R20	R40	
1.00	1.00	1.00	1.00	1.0000				3.35	3.3497
			1.06	1.0593			3.55	3.55	3.5481
		1.12	1.12	1.1220				3.75	3.7584
			1.18	1.1885	4.00	4.00	4.00	4.00	3.9811
	1.25	1.25	1.25	1.2589				4.25	4.2170
			1.32	1.3335			4.50	4.50	4.4668
		1.40	1.40	1.4125				4.75	4.7315
			1.50	1.4962		5.00	5.00	5.00	5.0119
1.60	1.60	1.60	1.60	1.5849				5.30	5.3088
			1.70	1.6788			5.60	5.60	5.6234
		1.80	1.80	1.7783				6.00	5.9566
			1.90	1.8836	6.30	6.30	6.30	6.30	6.3096
	2.00	2.00	2.00	1.9953				6.70	6.6834
			2.12	2.1135			7.10	7.10	7.0795
		2.24	2.24	2.2387				7.50	7.4989
			2.36	2.3714		8.00	8.00	8.00	7.9433
2.50	2.50	2.50	2.50	2.5119				8.50	8.4140
			2.65	2.6607			9.00	9.00	8.9125
		2.80	2.80	2.8184				9.50	9.4406
			3.00	2.9854	10.00	10.00	10.00	10.00	10.0000
	3.15	3.15	3.15	3.1623					

R80 系列称为补充系列，它的公比 $q_{80}=(\sqrt[80]{10})\approx 1.03$，仅在参数分级很细或基本系列中的优先数不能适应实际情况时，才考虑采用。

由表 1-1 可见，优先数系国家标准具有简单易记、可向数值增大和减少两个方向延伸的特点。而且，在同一系列中，任两项优先数的积或商，任一项的整数幂，仍为优先数。特别是相邻两项优先数的相对差相同。此外，由于 R10 系列的公比 $q_{10}=\sqrt[10]{10}$，所以在 R10 系列中，每隔三项，优先数就增大一倍，如 1、2、4、8…相应地，R20 系列的优先数，每隔六项增大一倍；R40 系列的优先数，每隔十二项增大一倍。

在基本系列的基础上，还可以获得派生系列。派生系列是取其基本系列中每二、三或四项之值所得到的系列。派生系列用基本系列代号之后加一斜线和表示项数的数字（2、3、4）来表示。例如

R5/2：1，2.5，6.3，16，40，100，…

R10/3：1，2，4，8，16，31.5，63，…

由于优先数的上述优点，现已被国际标准化组织采纳为统一的标准数值制。

第三节 本课程的性质及任务

一、本课程的性质及研究对象

本学科是与机械工业紧密相连的基础学科，它不仅将标准化领域与计量学领域的有关部分结合在一起，而且涉及机械设计、机械制造、质量控制、生产组织管理等许多方面，因此本学科实际上是一门综合性应用技术基础学科。本课程是高等学校机械类各专业的一门重要的技术基础课。它和机械原理、机械设计等课程一样，是机械设计的基础部分，是联系机械设计类课程与制造工艺类课程的纽带，也是从基础课及其他技术基础课过渡到专业课的桥梁。

本课程的研究对象是机械或仪器零部件的精度设计及其检测原理。为了突出本课程研究的主题和精度设计主线，并使本课程更好地适应机械工业和科学技术发展的需要，本书将传统的《互换性与测量技术基础》更名为《机械精度设计与检测技术基础》。

二、本课程的任务与要求

高校有关专业的学生在学习本课程时，应对机械加工的一般知识有一定的了解，并修完机械制图和机械原理等课程。学生在学完本课程后应达到下列要求：

1）掌握互换性、标准化的概念及机械零部件精度设计的基本原理和方法。

2）熟悉有关互换性标准的基本术语和定义，基本掌握标准的主要内容、特点和应用原则。

3）能够查用本课程介绍的公差表格，并能正确地进行图样标注。

4）初步学会根据实际零件的功能要求进行几何参数的精度设计。

5）初步学会使用常用的计量器具进行精密测量，熟悉几种典型几何量的检测方法。

6）基本掌握光滑极限量规的精度设计。

总之，本课程的任务在于使学生获得机械工程师必须具备的几何参数精度设计与检测方面的基本知识和技能。但学生学完本课程后，尚需在后续课程的学习和毕业后的实际工作中进一步加深对本课程内容的理解，直至熟练掌握。

值得注意的是，近年来随着生产和科学技术的飞速发展，对机械零件标准化要求越来越高，故本课程除需消化日益增多的新标准内容外，还需增加对如下内容的了解：国际先进技

术与标准、提高产品质量的方法与措施、应用最新技术的成果等。因此，本课程的学习内容越来越多，难度越来越大。它不仅已成为高等学校相关专业学生的必修课，而且也是厂矿企业、科研单位的工程技术人员必须掌握的一门实用技术。

三、本课程的特点与学习方法

本课程由精度设计和检测技术两部分组成。前部分内容主要通过课堂教学和课外作业来完成，它和标准化关系十分密切；后部分内容属于计量学的范畴，主要通过实验课来完成。

本课程的特点是：术语定义、符号、代号多，基本概念、标准规定、经验公式多，涉及的知识面广，而相应的理论推导和计算公式较少。所以，对于刚学完系统性较强的基础课的学生，往往会感到内容繁杂、枯燥，概念难以掌握。尤其是在标准的规定上，原则性很强，而在实际工程应用上灵活性大。这对初学者来说，确实难以适应。但任何事物都有它的主要矛盾，只要在学习中注意抓住问题的主要矛盾，及时总结、归纳，找出各术语概念、规定之间的区别与联系，围绕互换性和精度设计的主线去分析问题和解决问题，并多做习题、重视实践性教学环节的训练和理论联系实际的重要环节，就一定能够学好本课程。不过，在实际中要真正用好、用活本课程的知识，还须在实践中不断总结经验。

由于本课程的最终目标是解决零部件几何参数的精度设计问题，故学完本课程后，建议进行一次综合性精度设计训练或做一次综合性大型作业，这对系统地掌握本课程知识是极为有利的。

思 考 题

1-1 为什么要进行几何参数的精度设计？精度设计的基本原则和基本方法有哪些？

1-2 何谓互换性？互换性分成哪几类？保证互换性生产的条件是什么？

1-3 互换性的意义和作用如何？举例说明在日常生活中具有互换性的零件、部件给我们带来的便利。

1-4 在机械制造中，按互换性原则组织生产有何优越性？是否在任何情况下均按互换性原则组织生产？

1-5 何谓标准？何谓标准化？加强标准化工作的意义何在？

1-6 何谓优先数和优先数系？国家标准为什么要规定优先数和优先数系？

练 习 题

1-1 判断题（对的在括号内填上“√”，错的填上“×”）

1. 为了使零件具有完全互换性，必须将其几何尺寸制成完全一致。（ ）

2. 只要有了公差标准，就能保证零件的互换性。（ ）

3. 不完全互换是指一批零件中，一部分零件具有互换性，而另一部分零件必须经过修配才具有互换性。（ ）

4. 为使零件的几何参数具有互换性，必须把零件的加工误差控制在给定的公差范围之内。（ ）

5. 凡是合格的零件一定具有互换性。（ ）

6. 凡是具有互换性的零件必为合格品。（ ）

7. 凡是可以进行外互换的零件也能进行内互换。（ ）

1-2　填空题

1. 国家标准规定的优先数系基本系列是____________________，它们的公比分别是________________。

2. 精度设计遵循的基本原则是____________________________________。

3. 尺寸 10～100mm 段 R10 系列的各项化整值为__________________。

第二章　尺寸精度设计

第一节　概　　述

零件的几何精度要求通常有尺寸精度、形状精度、位置精度与表面粗糙度等。诸多要求中，尺寸精度和配合要求是最基本的。就尺寸而言，要求零件某一尺寸准确，是指要求该尺寸在某一合理的范围之内。对有配合要求的零件，该范围既要保证配合尺寸之间形成一定的关系，以满足不同的使用要求，又要保证在制造上经济合理，这样就形成了“极限与配合”的概念。显然，“极限”用于协调机器使用要求与经济性之间的矛盾；“配合”则反映相配零件彼此之间的关系。因此，极限与配合决定了机器零部件相互结合的条件与状态，是评定最终产品的重要技术指标之一。

经标准化的极限与配合制，有利于机器的设计、制造、使用和维修，有利于保证产品精度、使用性能和寿命等，也有利于刀具、量具、夹具和机床等工艺装备的标准化。

国家标准《产品几何技术规范（GPS）　极限与配合》应用广泛，影响深远，涉及各个工业部门，特别是对于机械工业具有更重要的作用。国际标准化组织（ISO）和世界各主要工业国家，对极限与配合标准都给予高度的重视，并认为它是特别重要的基础标准之一。我国从 1994 年开始，遵循国家关于积极采用国际标准的方针，结合我国“极限与配合”等一系列国家标准十多年来在实践中反映的意见与问题，依据 ISO 286—1：1988，将 GB 1800—1979 修订为 GB/T 1800. 1—1997《极限与配合　基础　第 1 部分：词汇》、GB/T 1800. 2—1998《极限与配合　基础　第 2 部分：公差、偏差和配合的基本规定》以及 GB/T 1800. 3—1998《极限与配合　基础　第 3 部分：标准公差和基本偏差数值表》。2009 年发布并实施的 GB/T 1800. 1—2009《产品几何技术规范（GPS）　极限与配合　第 1 部分：公差、偏差和配合的基础》是根据 ISO 286—1：1988 重新起草的，代替原有的 GB/T 1800. 1—1997、GB/T 1800. 2—1998 和 GB/T 1800. 3—1998。

第二节　极限与配合的基本术语及其定义

一、有关“孔”、“轴”和“尺寸”的术语及其定义

1. 孔与轴的定义

（1）孔（hole）　孔通常指工件的圆柱形内尺寸要素，也包括非圆柱形内尺寸要素（由两平行平面或切面形成的包容面）。孔是由单一尺寸确定的，例如，对一个方孔，当用尺寸公差限制时，必须分为长度和宽度两个单一尺寸，并分别给定长度公差和宽度公差。每项公差仅控制由两点法测量的单一要素的提取（组成）要素的局部尺寸。

（2）轴（shaft）　轴通常指工件的圆柱形外尺寸要素，也包括非圆柱形外尺寸要素（由两平行平面或切面形成的被包容面）。轴也是由单一尺寸确定的。

孔、轴的判别主要依据加工和相互的配合关系。从加工来看，随着加工过程的延续，孔的尺寸由小变大，轴的尺寸由大变小。在极限与配合中，孔具有包容的性质，轴具有被包容的性质。此外，从检测来看，孔、轴的测量不仅方法有所不同，计量器具也有孔用与轴用之分。

图 2-1 所示尺寸除了常见的圆柱形孔、轴外，还有非圆柱形的内、外表面。图中 D_1、D_2、D_3 和 D_4 各尺寸为孔的尺寸，d_1、d_2、d_3 和 d_4 各尺寸为轴的尺寸，而 L_1、L_2、L_3 各尺寸既不属于内表面，也不属于外表面，所以这些尺寸既不是孔也不是轴，通常称其为长度尺寸。

2. 有关尺寸的术语

（1）尺寸（size）　以特定单位表示线性尺寸值的数值称为尺寸。尺寸表示长度的大小，包括直径、长度、宽度、高度、厚度以及中心距、倒圆半径等。在技术制图尺寸标注中，长度单位常用 mm，在图样上只写数字，而单位常略去不写。角度尺寸也是广义尺寸标注的内容之一，但本标准中这一定义的含义较窄，从几何要素看，它不包括用角度单位表示的角度尺寸。

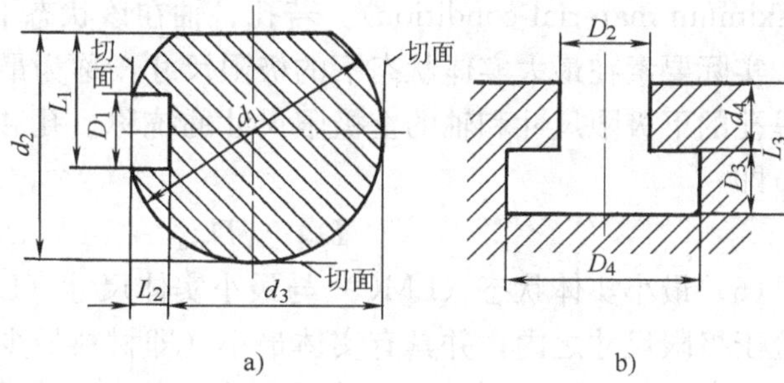

图 2-1　孔与轴的示例

（2）公称尺寸（nominal size）（代替原基本尺寸）　公称尺寸是由图样规范确定的理想形状要素的尺寸，也是用来与极限偏差（上极限偏差和下极限偏差）一起计算得到极限尺寸（上极限尺寸和下极限尺寸）的尺寸，如图 2-2 所示。它是确定偏差位置的起始尺寸。

公称尺寸是从零件的功能出发，通过强度、刚度等方面的计算或结构需要，并考虑工艺方面的其他要求后确定的。公称尺寸可以是一个整数，也可以是一个小数，如 32、15、8.75、0.5 等，它一般应按 GB/T 2822—2005《标准尺寸》选取并在图样上标注。

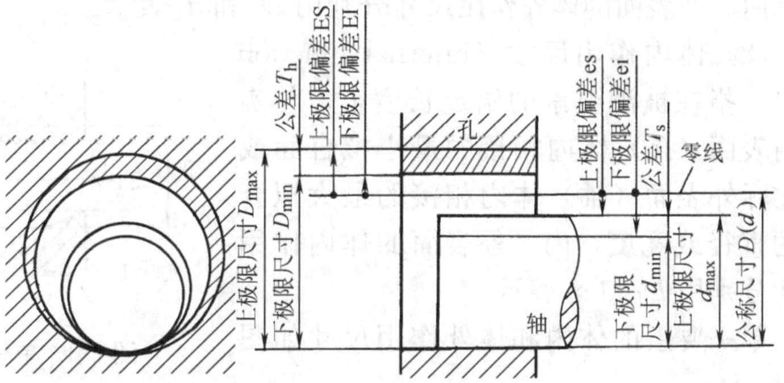

图 2-2　极限与配合示意图

（3）实际（组成）要素（real integral feature）　通过测量获得的尺寸称为实际（组成）要素。由于存在测量误差，通过测量所获得的尺寸中包含允许的测量误差，所以实际（组成）要素并非尺寸要素的真值。通常用 D_a 和 d_a 分别表示孔和轴的实际（组成）要素。

事实上，造成偏离真值的不仅是测量误差，还有形状误差的影响。由于存在形状误差，同一表面不同部位的实际（组成）要素往往不同。所以，标准列出了“提取组成要素的局部尺寸（local size of an extracted integral feature）”代替原局部实际尺寸，它是一切提取组成要素上两对应点之间距离的统称。为方便起见，可简称为提取要素的局部尺寸。

（4）极限尺寸（limits of size）　尺寸要素允许的尺寸的两个极端称为极限尺寸。提取组成要素的局部尺寸应位于其中，也可达到极限尺寸。尺寸要素允许的最大尺寸称为上极限尺寸，以 D_{max}、d_{max}表示；尺寸要素允许的最小尺寸称为下极限尺寸，以 D_{min}、d_{min}表示，如图 2-2 所示。

利用上述代号不难得出合格的孔与轴的实际（组成）要素应满足的条件为

$$D_{min} \leqslant D_a \leqslant D_{max} \qquad d_{min} \leqslant d_a \leqslant d_{max}$$

（5）最大实体状态（MMC）与最大实体尺寸（MMS） 假定提取组成要素的局部尺寸处处位于极限尺寸之内，并具有实体最大（即材料最多）时的状态，称为最大实体状态（maximum material condition）。若孔、轴在该状态下装配会出现最紧的情况。

实际要素在最大实体状态下的极限尺寸，称为最大实体尺寸（maximum material size）。它是孔的下极限尺寸和轴的上极限尺寸的统称。孔和轴的最大实体尺寸分别以 D_M 和 d_M 表示，即

$$D_M = D_{min} \qquad d_M = d_{max}$$

（6）最小实体状态（LMC）与最小实体尺寸（LMS） 假定提取组成要素的局部尺寸处处位于极限尺寸之内，并具有实体最小（即材料最少）时的状态，称为最小实体状态（least material condition）。若孔、轴在该状态下装配会出现最松的情况。

实际要素在最小实体状态下的极限尺寸，称为最小实体尺寸（least material size）。它是孔的上极限尺寸和轴的下极限尺寸的统称。孔和轴的最小实体尺寸分别以 D_L 和 d_L 表示，即

$$D_L = D_{max} \qquad d_L = d_{min}$$

（7）体外作用尺寸（external function size） 指在被测要素的给定长度上，与实际内表面（孔）体外相接的最大拟合面或与实际外表面（轴）体外相接的最小拟合面的直径或宽度。内、外表面的体外作用尺寸分别用 D_{fe}和 d_{fe}表示。

（8）体内作用尺寸（internal function size） 指在被测要素的给定长度上，与实际内表面（孔）体内相接的最小拟合面或与实际外表面（轴）体内相接的最大拟合面的直径或宽度。内、外表面的体内作用尺寸分别用 D_{fi}和 d_{fi}表示。

单一要素的体内和体外作用尺寸如图 2-3 所示。

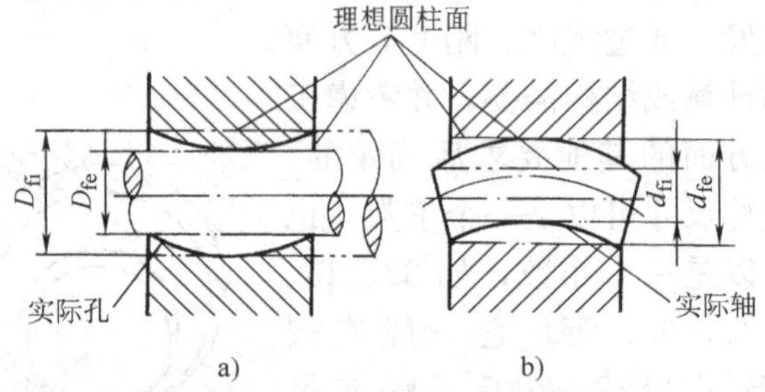

图 2-3 单一要素的体内和体外作用尺寸

二、有关“偏差”、“公差”和“公差带”的术语及其定义

1. 尺寸偏差（size deviation）

尺寸偏差简称偏差，是指某一尺寸（极限尺寸）减其公称尺寸所得的代数差。

上极限尺寸减其公称尺寸所得的代数差称为上极限偏差，孔、轴的上极限偏差分别用 ES、es 表示；下极限尺寸减其公称尺寸所得的代数差称为下极限偏差，孔、轴的下极限偏差分别用 EI、ei 表示。上极限偏差和下极限偏差统称极限偏差。偏差可为正值、负值或零。上、下极限偏差与极限尺寸和公称尺寸的关系可表示为

$$ES = D_{max} - D \tag{2-1}$$

$$es = d_{max} - d \tag{2-2}$$

$$EI = D_{min} - D \tag{2-3}$$

$$ei = d_{min} - d \tag{2-4}$$

2. 尺寸公差（size tolerance）

尺寸公差简称公差，是指允许尺寸的变动量，因而是一个没有符号的绝对值。它是上极限尺寸与下极限尺寸之差，或上极限偏差与下极限偏差之差。

孔、轴的公差通常用 T_h、T_s 表示。依据定义，有下列关系式

$$T_h = D_{max} - D_{min} = |ES - EI| \tag{2-5}$$

$$T_s = d_{max} - d_{min} = |es - ei| \tag{2-6}$$

3. 公差带（tolerance zone）

公差带是指在极限与配合图解（简称公差带图解）中由代表上极限偏差和下极限偏差的两条直线所限定的一个区域。作公差带图解时，一般先沿水平方向绘制一条零线（zero line）。所谓零线，是在公差带图解中表示公称尺寸的一条直线，以该直线为基准确定极限偏差的位置。在零线的左端标出“0”，“0”的上方标“+”，下方标“−”；“0”是指偏差为零，所以零线即零偏差线。在零线的左下方画出垂直于零线的单箭头线就是尺寸线。在尺寸线上注出公称尺寸的数值。

当极限偏差均为正值，极端情况下是下极限偏差为零时，公差带在零线的上方。当极限偏差均为负值，极端情况下是上极限偏差为零时，公差带在零线的下方。当上极限偏差为正值而下极限偏差为负值时，公差带跨在零线上，如图 2-4 所示。

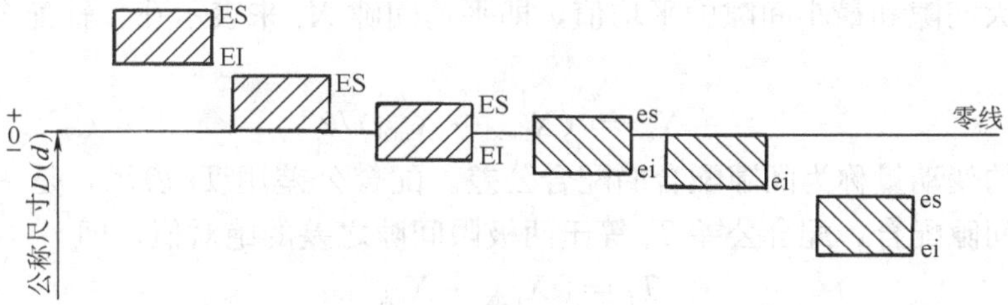

图 2-4　公差带图

从图中可以看出，公差带包括两个要素：一是公差带的大小（即宽度），它由标准公差确定，标准公差是国家标准极限与配合制中所规定的任一公差；二是公差带相对于零线的位置，它由基本偏差确定。

基本偏差可以是上极限偏差，也可以是下极限偏差，一般为靠近零线的那个极限偏差。当标准公差和基本偏差确定后，就可以绘制标准公差带图。公差带图是学习本课程一个极为重要的工具，必须熟练地掌握。

三、有关“配合”的术语及其定义

1. 配合（fit）

配合是指公称尺寸相同的并且相互结合的孔和轴公差带之间的关系。

规定配合的目的是为了保证连接零件在装配时不经辅助加工或调整就能得到所需松紧程度的配合。由于零件加工尺寸的波动，所以装配时两连接件间的间隙或过盈也是波动的。极限间隙或过盈不能通过两连接件的装配情况直接确定，而只能由孔与轴公差带之间的关系来确定。配合必须具备的基本条件是，组成配合的孔、轴的公称尺寸应相同。

配合的实质是孔和轴公差带之间的关系。这个关系一是指孔、轴公差带相互位置的关系，它反映配合的松紧程度，用间隙或过盈来确定；二是指孔、轴公差带大小的关系，它反映配合的松紧变动程度，即配合的精度。

2. 间隙（clearance）或过盈（interference）

间隙或过盈可以根据相互结合的孔和轴的尺寸之差算出。国家标准规定：孔的尺寸减去相配合的轴的尺寸之差为正称为间隙，为负则称为过盈。

3. 间隙配合（clearance fit）、过盈配合（interference fit）和过渡配合（transition fit）

1）间隙配合。具有间隙（包括最小间隙为零）的配合称为间隙配合。这类配合中，孔的公差带在轴的公差带之上。其中，最小间隙为零的配合是孔的公差带紧靠在轴的公差之上，其他情况是孔的公差带与轴的公差带上方有一段距离，如图2-5所示。

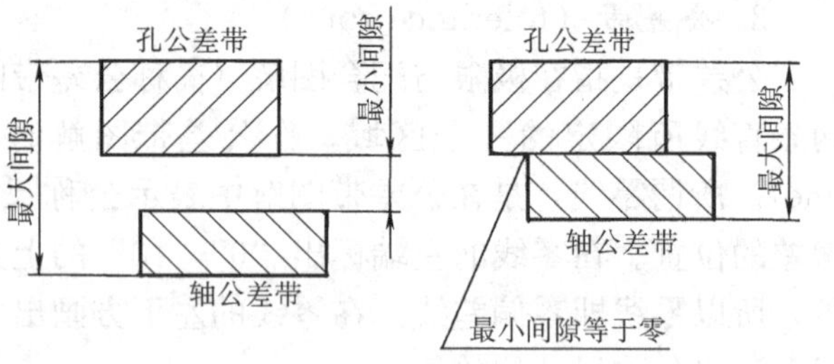

图 2-5 间隙配合

间隙配合松紧程度的极限为最大间隙和最小间隙，通常用代号 X_{max} 和 X_{min} 表示，统称为极限间隙。它与孔、轴的极限尺寸和极限偏差的关系为

$$X_{max} = D_{max} - d_{min} = ES - ei \tag{2-7}$$

$$X_{min} = D_{min} - d_{max} = EI - es \tag{2-8}$$

有时取最大间隙和最小间隙的平均值，即平均间隙 X_{av} 来表示孔、轴配合的平均松紧程度，即

$$X_{av} = (X_{max} + X_{min})/2 \tag{2-9}$$

允许间隙的变动量称为间隙配合的配合公差。配合公差用 T_f 表示，是一个没有符号的绝对值。对于间隙配合，配合公差 T_f 等于两极限间隙之差的绝对值，即

$$T_f = |X_{max} - X_{min}| \tag{2-10}$$

2）过盈配合。具有过盈（包括最小过盈为零）的配合称为过盈配合。这类配合中，孔的公差带在轴的公差带之下。其中，最小过盈为零的配合是孔的公差带紧靠在轴的公差带之下，其他情况是孔的公差带与轴的公差带下方有一段距离，如图 2-6 所示。

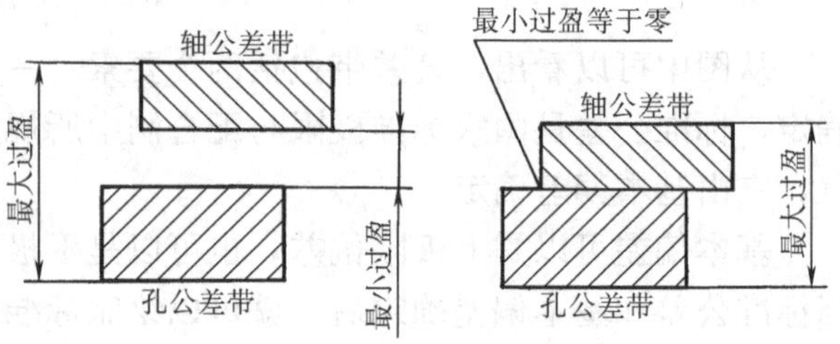

图 2-6 过盈配合

过盈配合松紧程度的极限为最小过盈和最大过盈，通常用代号 Y_{min} 和 Y_{max} 表示，统称为极限过盈。它与孔、轴极限尺寸和极限偏差的关系为

$$Y_{min} = D_{max} - d_{min} = ES - ei \tag{2-11}$$

$$Y_{max} = D_{min} - d_{max} = EI - es \tag{2-12}$$

有时取最小过盈和最大过盈的平均值，即平均过盈 Y_{av} 来表示孔、轴配合的平均松紧程度，即

$$Y_{av} = (Y_{min} + Y_{max})/2 \tag{2-13}$$

允许过盈的变动量称为过盈配合的配合公差。对于过盈配合，配合公差 T_f 等于两极限

过盈之差的绝对值，即

$$T_f = |Y_{min} - Y_{max}| \tag{2-14}$$

3）过渡配合。可能具有间隙也可能具有过盈的配合称为过渡配合。这类配合中，孔的公差带与轴的公差带相互交叠，如图 2-7 所示。

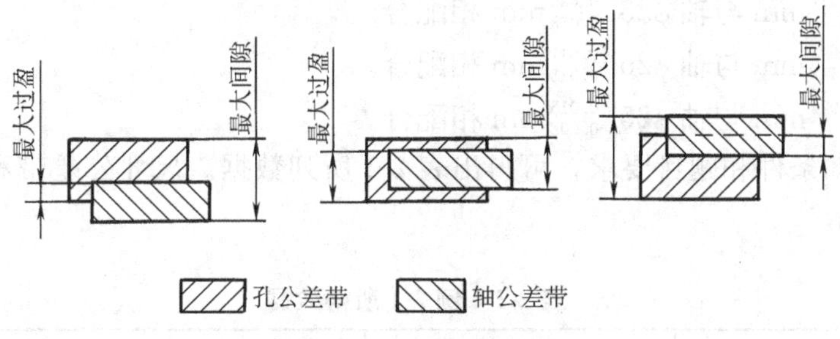

图 2-7　过渡配合

过渡配合松紧程度的极限为最大间隙和最大过盈。最大间隙和最大过盈同前用代号 X_{max} 和 Y_{max} 表示。它与孔、轴极限尺寸和极限偏差的关系用式（2-7）和式（2-12)表示为

$$X_{max} = D_{max} - d_{min} = ES - ei$$

$$Y_{max} = D_{min} - d_{max} = EI - es$$

过渡配合的平均松紧程度用平均间隙 X_{av} 或平均过盈 Y_{av} 表示。当 $|X_{max}| > |Y_{max}|$ 时具有平均间隙 X_{av}；当 $|Y_{max}| > |X_{max}|$ 时具有平均过盈 Y_{av}，即

$$X_{av}(或 Y_{av}) = (X_{max} + Y_{max})/2 \tag{2-15}$$

同理，允许过渡配合松紧程度的变动量称为配合公差。所以，对于过渡配合，配合公差 T_f 是最大间隙与最大过盈之差的绝对值，即

$$T_f = |X_{max} - Y_{max}| \tag{2-16}$$

由于上述三类配合的配合公差均等于配合的最松极限值与最紧极限值之差的绝对值，根据式（2-10）、式（2-14）和式（2-16），可统一表达为：最松极限值等于 ES－ei，见式（2-7）和式（2-11）；最紧极限值等于 EI－es，见式（2-8）和式（2-12）。所以三类配合的配合公差 T_f 为

$$\begin{aligned} T_f &= |(ES - ei) - (EI - es)| \\ &= |(ES - EI) + (es - ei)| \\ &= T_h + T_s \end{aligned} \tag{2-17}$$

即配合公差等于孔公差与轴公差之和。

公式 $T_f = T_h + T_s$ 十分重要。它说明配合精度的高低，是由相互配合的孔与轴的精度所决定的。若提高配合精度（使用要求），则应减小零件的公差，从而提高零件加工的尺寸精度，当然也就增加了制造成本。

各种配合如有需要也可用配合公差带表示（图 2-8）。配合公差带完全在零线以上的是间隙配合，完全在零线以下的是过盈配合，跨在零线上的则是过渡配合。配合公差的大小用配合公差带表示，配

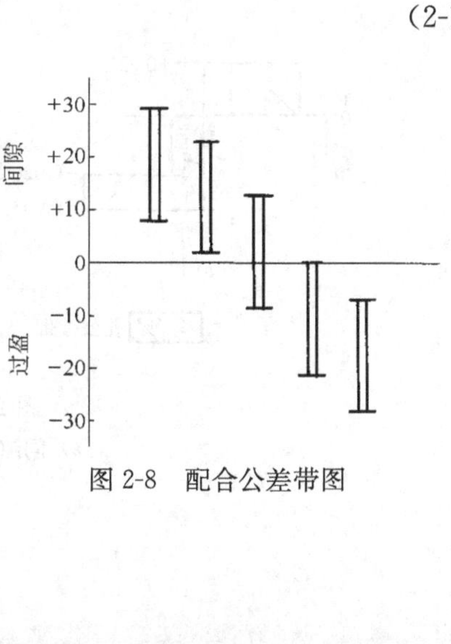

图 2-8　配合公差带图

合公差带上下两端的坐标值代表极限间隙或极限过盈值。

例 2-1 求下列三对孔、轴配合的基本尺寸、极限尺寸、极限偏差、公差、极限间隙或极限过盈、平均间隙或过盈及配合公差值，指出各属何类配合，并画出尺寸公差带与配合公差带。

1）孔 $\phi25^{+0.021}_{0}$mm 与轴 $\phi25^{-0.020}_{-0.033}$mm 相配合。

2）孔 $\phi25^{+0.021}_{0}$mm 与轴 $\phi25^{+0.041}_{+0.028}$mm 相配合。

3）孔 $\phi25^{+0.021}_{0}$mm 与轴 $\phi25^{+0.015}_{+0.002}$mm 相配合。

解 根据已知条件和题目要求，可得出表 2-1 所列数据。尺寸公差带和配合公差带如图 2-9 和图 2-10 所示。

表 2-1 例 2-1 所得数据 （单位：mm）

所求项目		1		2		3	
		孔	轴	孔	轴	孔	轴
公称尺寸		25	25	25	25	25	25
极限尺寸	$D_{max}(d_{max})$	25.021	24.980	25.021	25.041	25.021	25.015
	$D_{min}(d_{min})$	25.000	24.967	25.000	25.028	25.000	25.002
极限偏差	ES(es)	+0.021	−0.020	+0.021	+0.041	+0.021	+0.015
	EI(ei)	0	−0.033	0	+0.028	0	+0.002
公差 $T_h(T_s)$		0.021	0.013	0.021	0.013	0.021	0.013
极限间隙或极限过盈	X_{max}	+0.054				+0.019	
	X_{min}	+0.020					
	Y_{max}			−0.041		−0.015	
	Y_{min}			−0.007			
平均间隙或平均过盈	X_{av}	+0.037				+0.002	
	Y_{av}			−0.024			
配合公差 T_f		0.034		0.034		0.034	
配合类型		间隙配合		过盈配合		过渡配合	

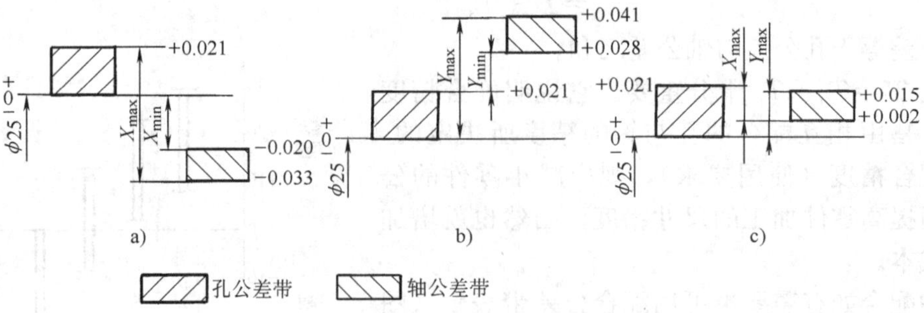

图 2-9 例 2-1 的尺寸公差带图

a）间隙配合 b）过盈配合 c）过渡配合

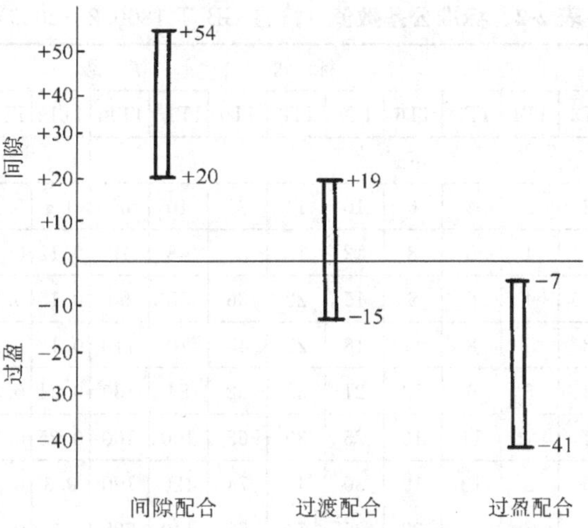

图 2-10 例 2-1 的配合公差带图

第三节 极限与配合标准的基本规定

一、极限制

极限制是指经标准化的公差与偏差制度。“极限与配合制”是极限制和配合制的总称。

极限与配合标准对形成配合的两个基本要素——“公差带大小”和“公差带位置”分别进行标准化，其结果构成了极限与配合标准的两大支柱：标准公差系列和基本偏差系列。

1. 标准公差系列

标准公差 IT（standard tolerance）是在本标准极限与配合制中，所规定的任一公差。字母“IT”为英语“International Tolerance”的词头缩写。表 2-2 为 GB/T 1800. 2—2009 中表列的标准公差数值。规定标准公差的目的在于实现公差带大小的标准化。

（1）标准公差等级（standard tolerance grades） 确定尺寸精确程度的等级称为公差等级。国家标准（GB/T 1800. 2—2009）将标准公差分为 20 级，各级标准公差用代号 IT 及数字 01、0、1、2、…、18 表示，如 IT8 称为标准公差 8 级。从 IT01～IT18，等级依次降低，而相应的标准公差数值依次增大。公差等级越高，公差值越小；公差等级越低，公差值越大，越易于加工。

表 2-2 中给出了公称尺寸至 3150mm、标准公差等级 IT1～IT18 的标准公差数值。标准在其附录 A 中还列出了高于 IT1 在工业中很少用到的 IT01～IT0 的标准公差数值。

（2）标准公差数值 标准公差数值由三部分构成，即标准公差因子、公差等级系数和公称尺寸分段。其中，标准公差因子是制定标准公差数值表的基础。

1）标准公差因子（i，I）（standard tolerance factor）。它是确定标准公差的基本单位，是公称尺寸的函数，即 $i(I) = f(D)$。

i 用于尺寸至 500mm 的公称尺寸，I 用于大于 500mm 的公称尺寸。

标准公差因子是通过科学实验和统计分析，找出零件加工及测量误差随公称尺寸变化的规律后通过计算而得到的。公称尺寸至 500mm 的 IT5～IT18 的标准公差因子 i（单位：μm）为

表 2-2　标准公差数值（摘自 GB/T 1800.2—2009）

公称尺寸/mm		标准公差等级																	
		IT1	IT2	IT3	IT4	IT5	IT6	IT7	IT8	IT9	IT10	IT11	IT12	IT13	IT14	IT15	IT16	IT17	IT18
大于	至	μm											mm						
—	3	0.8	1.2	2	3	4	6	10	14	25	40	60	0.1	0.14	0.25	0.4	0.6	1	1.4
3	6	1	1.5	2.5	4	5	8	12	18	30	48	75	0.12	0.18	0.3	0.48	0.75	1.2	1.8
6	10	1	1.5	2.5	4	6	9	15	22	36	58	90	0.15	0.22	0.36	0.58	0.9	1.5	2.2
10	18	1.2	2	3	5	8	11	18	27	43	70	110	0.18	0.27	0.43	0.7	1.1	1.8	2.7
18	30	1.5	2.5	4	6	9	13	21	33	52	84	130	0.21	0.33	0.52	0.84	1.3	2.1	3.3
30	50	1.5	2.5	4	7	11	16	25	39	62	100	160	0.25	0.39	0.62	1	1.6	2.5	3.9
50	80	2	3	5	8	13	19	30	46	74	120	190	0.3	0.46	0.74	1.2	1.9	3	4.6
80	120	2.5	4	6	10	15	22	35	54	87	140	220	0.35	0.54	0.87	1.4	2.2	3.5	5.4
120	180	3.5	5	8	12	18	25	40	63	100	160	250	0.4	0.63	1	1.6	2.5	4	6.3
180	250	4.5	7	10	14	20	29	46	72	115	185	290	0.46	0.72	1.15	1.85	2.9	4.6	7.2
250	315	6	8	12	16	23	32	52	81	130	210	320	0.52	0.81	1.3	2.1	3.2	5.2	8.1
315	400	7	9	13	18	25	36	57	89	140	230	360	0.57	0.89	1.4	2.3	3.6	5.7	8.9
400	500	8	10	15	20	27	40	63	97	155	250	400	0.63	0.97	1.55	2.5	4	6.3	9.7
500	630	9	11	16	22	32	44	70	110	175	280	440	0.7	1.1	1.75	2.8	4.4	7	11
630	800	10	13	18	25	36	50	80	125	200	320	500	0.8	1.25	2	3.2	5	8	12.5
800	1000	11	15	21	28	40	56	90	140	230	360	560	0.9	1.4	2.3	3.6	5.6	9	14
1000	1250	13	18	24	33	47	66	105	165	260	420	660	1.05	1.65	2.6	4.2	6.6	10.5	16.5
1250	1600	15	21	29	39	55	78	125	195	310	500	780	1.25	1.95	3.1	5	7.8	12.5	19.5
1600	2000	18	25	35	46	65	92	150	230	370	600	920	1.5	2.3	3.7	6	9.2	15	23
2000	2500	22	30	41	55	78	110	175	280	440	700	1100	1.75	2.8	4.4	7	11	17.5	28
2500	3150	26	36	50	68	96	135	210	330	540	860	1350	2.1	3.3	5.4	8.6	13.5	21	33

注：1. 公称尺寸大于 500mm 的 IT1～IT5 的标准公差数值为试行的。
　　2. 公称尺寸小于或等于 1mm 时，无 IT14～IT18。

$$i=0.45\sqrt[3]{D}+0.001D \tag{2-18}$$

式中，D 为同一尺寸段内(表 2-2)首尾两端尺寸 D_1 和 D_2 的几何平均值(mm)，即

$$D=\sqrt{D_1 D_2} \tag{2-19}$$

标准公差因子计算公式中的第一项主要反映工件的加工误差；第二项用于补偿由于测量时温度不稳定和偏离基准温度所引起的与公称尺寸成正比的测量误差，以及量规变形误差等。当公称尺寸很小时，第二项所占的比例很小，所以式（2-18）所表达的函数关系仍是立方抛物线关系，如图 2-11 所示。随着公称尺寸的增加，标准公差因子相应增大，与生产实

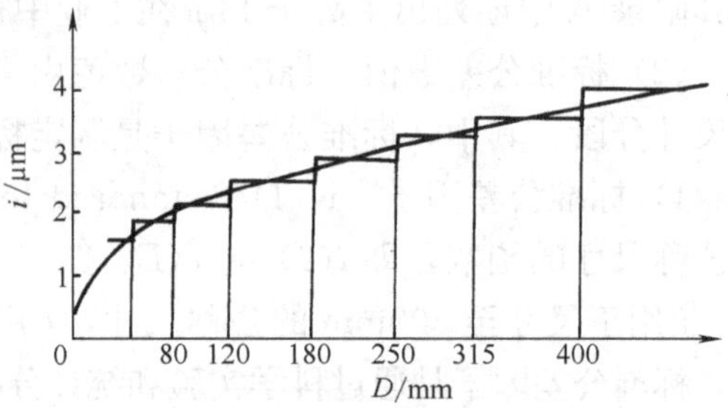

图 2-11　i-D 曲线及其替代折线

际情况中误差变化的规律基本相同。对公称尺寸大于 500～3150mm 的标准公差因子 I（单位：μm），用下式计算

$$I=0.004D+2.1 \tag{2-20}$$

式中，D 与上述标准公差因子 i 计算公式相同，仍为公称尺寸段首尾尺寸的几何平均值。

在该尺寸范围，考虑到测量误差的影响很大，特别是由温度引起的测量误差影响尤为突出，故国家标准对大尺寸段的标准公差因子采用线性关系式。

2）公差等级系数在标准公差等级 IT5～IT18 范围内，标准公差值与公差等级的关系是通过公差等级系数 a 来体现的。即标准公差 IT 可表达为

$$IT=ai(I) \tag{2-21}$$

在公称尺寸一定时，公差等级系数 a 是评定尺寸精确程度的唯一参数。a 值越小，尺寸精度越高；反之尺寸精度越低。标准对各级精度等级规定的 a 值见表 2-3。

表 2-3 各尺寸段 IT5～IT18 的公差等级系数 a

公差等级	IT5	IT6	IT7	IT8	IT9	IT10	IT11	IT12	IT13	IT14	IT15	IT16	IT17	IT18
公差等级系数 a	7	10	16	25	40	64	100	160	250	400	640	1000	1600	2500

标准公差 IT01～IT4 的公差值，因主要考虑测量误差等影响，故采用其他关系式计算（本书略）。

3）公称尺寸分段根据标准公差值计算式，对应于每一个基本尺寸，就应该有一个相应的标准公差因子。但事实上只要基本尺寸变化不大，其计算结果的差别并不大。为了简化标准公差表格，国家标准进行了尺寸分段，对同一尺寸段内的所有公称尺寸都规定同样的标准公差因子，如图 2-11 所示。

在确定公称尺寸时，推荐采用 GB/T 2822—2005《标准尺寸》中的标准尺寸系列。

2. *基本偏差系列*

基本偏差（fundamental deviation）是指在标准的极限与配合制中，确定公差带相对零线位置的那个极限偏差。它可以是上极限偏差或下极限偏差，一般指靠近零线的那个极限偏差。规定基本偏差系列的目的就是对公差带位置进行标准化。

（1）基本偏差代号　标准规定孔、轴各有 28 个基本偏差代号，孔的基本偏差代号用大写字母（按英文字母读音的拉丁字母）表示；轴的基本偏差代号用相应的小写字母表示，如图 2-12 所示。图中 28 个基本偏差代号有 21 个用单写字母表示，7 个用双写字母表示。前者从 26 个拉丁字母中去掉了 5 个易于与其他含义相混淆的字母，即 I、L、O、Q、W（i、l、o、q、w）；后者是 CD、EF、FG、JS、ZA、ZB、ZC、（cd、ef、fg、js、za、zb、zc）。JS、js 形成的公差带，在各个公差等级中完全对称于零线的两侧，其基本偏差可为上极限偏差（+IT/2），也可为下极限偏差（−IT/2）。JS、js 将逐渐取代近似对称的基本偏差 J、j，目前在国家标准中孔仅保留了 J6、J7、J8，轴仅保留了 j5、j6、j7 和 j8。

在示意图中，仅绘出了公差带的一端，而另一端未绘出，因为它随公差值的变化而变化。

（2）基本偏差数值

1）轴的基本偏差是以基孔制配合为基础而制定的。所谓基孔制配合（hole-basis system of fits），是指基本偏差为一定的孔的公差带，与不同基本偏差的轴的公差带形成各种配合

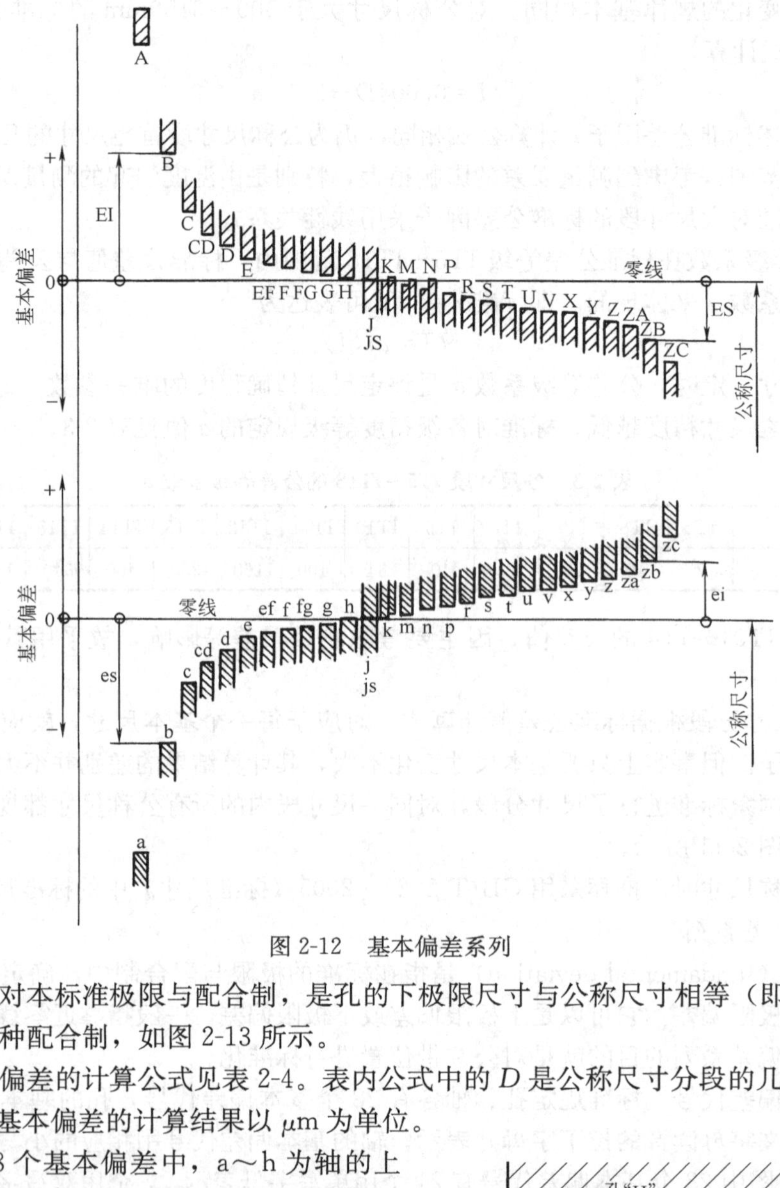

图 2-12 基本偏差系列

的一种制度。对本标准极限与配合制，是孔的下极限尺寸与公称尺寸相等（即孔的下极限偏差为零）的一种配合制，如图 2-13 所示。

轴的基本偏差的计算公式见表 2-4。表内公式中的 D 是公称尺寸分段的几何平均值，以 mm 为单位；基本偏差的计算结果以 μm 为单位。

在轴的 28 个基本偏差中，a～h 为轴的上极限偏差（es），k～zc 为轴的下极限偏差（ei）。基本偏差 a～h 的轴与基准孔 H 组成间隙配合，基本偏差的绝对值正好等于最小间隙。其中，a、b、c 用于大间隙和热动配合，考虑受热膨胀的影响，采用与直径成正比的公式计算。d、e、f 主要用于旋转运动，为了获得良好的液体摩擦，根据有关理论，最小间隙应该与直径成二次方根关系，但考虑到表面粗糙度的问题，间隙量应适当减小。表内 d、e、f 的计算公式中，指数略小于 0.5。g 主要用于滑动摩擦和半液体摩擦，或用于定位配合，间隙要小，所以直径的指数有所减小。而用两

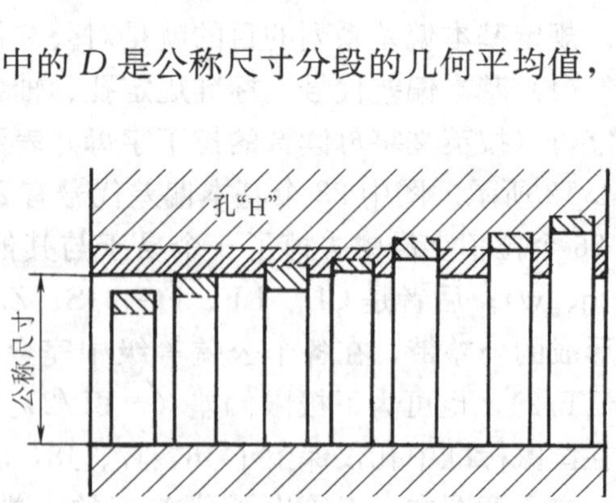

图 2-13 基孔制配合

个字母表示的 cd、ef、fg 的绝对值，分别按 c 与 d、e 与 f、f 与 g 绝对值的几何平均值（$\sqrt{cd}$、$\sqrt{ef}$、$\sqrt{fg}$）确定，适用于钟表行业等尺寸较小的旋转运动件。h 与 H 的最小间隙为零，常用于定位配合。

表 2-4 轴的基本偏差计算公式

基本偏差代号	公称尺寸/mm	基本偏差为上极限偏差 es/μm	基本偏差代号	公称尺寸/mm	基本偏差为下极限偏差 ei/μm
a	$D\leqslant120$	$-(265+1.3D)$	j	IT5～IT8	无
	$D>120\sim500$	$-3.5D$	js	$D>0\sim3150$	±0.5IT
b	$D\leqslant160$	$-(140+0.85D)$	k	$D>0\sim500$	$+0.6\sqrt[3]{D}$
	$D>160\sim500$	$-1.8D$		$D>500\sim3150$	0
c	$D\leqslant40$	$-52D^{0.2}$	m	$D>0\sim500$	+(IT7−IT6)
	$D>40\sim500$	$-(95+0.8D)$		$D>500\sim3150$	$+0.024D+12.6$
cd	$D>0\sim10$	$-\sqrt{cd}$	n	$D>0\sim500$	$+5D^{0.34}$
d	$D>0\sim3150$	$-16D^{0.44}$		$D>500\sim3150$	$0.04D+21$
e	$D>0\sim3150$	$-11D^{0.41}$	p	$D>0\sim500$	+IT7+(0～5)
ef	$D>0\sim10$	$-\sqrt{ef}$		$D>500\sim3150$	$0.072D+37.8$
f	$D>0\sim3150$	$-5.5D^{0.41}$	r	$D>0\sim3150$	$+\sqrt{ps}$
fg	$D>0\sim10$	$-\sqrt{fg}$	s	$D\leqslant50$	+IT8+(1～4)
g	$D>0\sim3150$	$-2.5D^{0.34}$		$D>50$	$+IT7+0.4D$
h	$D>0\sim3150$	0	t	$D>24\sim3150$	$+IT7+0.63D$
			u	$D>0\sim3150$	$+IT7+D$
			v	$D>14\sim500$	$+IT7+1.25D$
			x	$D>0\sim500$	$+IT7+1.6D$
			y	$D>18\sim500$	$+IT7+2D$
			z	$D>0\sim500$	$+IT7+2.5D$
			za	$D>0\sim500$	$+IT8+3.15D$
			zb	$D>0\sim500$	$+IT9+4D$
			zc	$D>0\sim500$	$+IT10+5D$

j～n 主要用于过渡配合。其中，j 主要用于与滚动轴承内圈相配合的轴，其数值主要来自经验数据，没有计算公式。对于 k，基本尺寸至 500mm 时，用公式 $+0.6\sqrt[3]{D}$ 计算；公称尺寸大于 500～3150mm 时为零。对于 m，是按同一尺寸分段的 m6 的上极限偏差与 H7 的上极限偏差数值相等的条件来确定，故 m 的基本偏差 ei=+(IT7−IT6)；而公称尺寸大于 500～3150mm 时用 $ei=+0.024D+12.6$ 计算。对于 n，是按它与 H6 配合时形成过盈配合，而与 H7 配合时形成的是过渡配合来考虑的，所以 IT7>|ei|>IT6。如前所述 $IT7=16i$、$IT6=10i$，而 $i=0.45\sqrt[3]{D}+0.001D$，故取 $ei=+5D^{0.34}$ 计算符合上述考虑；而公称尺寸大于 500～3150mm 时，用 $ei=0.04D+21$ 计算。

p～zc 按过盈配合来确定，从保证配合的主要特性，即最小过盈来考虑，且大多数情况基于与最常用基准孔 H7 相配合。p 与 H7 配合时要求有几个微米的最小过盈，故用 ei=+IT7+(0～5) 计算；而公称尺寸大于 500～3150mm 时，则用 $ei=0.072D+37.8$ 计算。对于公称尺寸至 500mm，由于 p 与 H7 配合的最小过盈只有 0～5μm，所以当 p 与 H8 配合时，孔轴公差带交叠而形成过渡配合。基本偏差 r 的数值按 p 与 s 的几何平均值（$+\sqrt{ps}$）确定。对于 s，当 $D\leqslant 50$mm 时，要求与 H8 配合能有几个微米的最小过盈，故用 ei＝＋IT8＋(1～4) 计算。从 $D>50$mm 的 s 起，包括 t、u、v、x、y 和 z 等，要求它们与 H7 配合时，最小过盈依次为 $0.4D$、$0.63D$、D、$1.25D$、$1.6D$、$2D$ 和 $2.5D$；而 za、zb、zc 分别与 H8、H9、H10 配合时，最小过盈的系数符合优先数系，有较好的规律性，便于掌握与应用。

例 2-2 计算公称尺寸大于 24～30mm 的基本偏差 x 的值。

解 由表 2-2 查得，公称尺寸大于 24～30mm 的尺寸段内，IT7＝21μm。

由表 2-4 查得，x 的 ei＝＋IT7＋$1.6D$，因为

$$D=\sqrt{24\times 30}\text{mm}=26.83\text{mm}$$

所以

$$ei=+(21+1.6\times 26.83)\mu\text{m}\approx +64\mu\text{m}$$

故当公称尺寸大于 24～30mm 时，基本偏差 x 的值为 ei＝＋64μm。

2) 孔的基本偏差数值是相对于基轴制配合而言的。所谓基轴制配合（shaft-basis system of fits），是指基本偏差为一定的轴的公差带，与不同基本偏差的孔的公差带形成各种配合的一种制度。对本标准极限与配合制，是轴的上极限尺寸与公称尺寸相等，即轴的上极限偏差为零的一种配合，如图 2-14 所示。

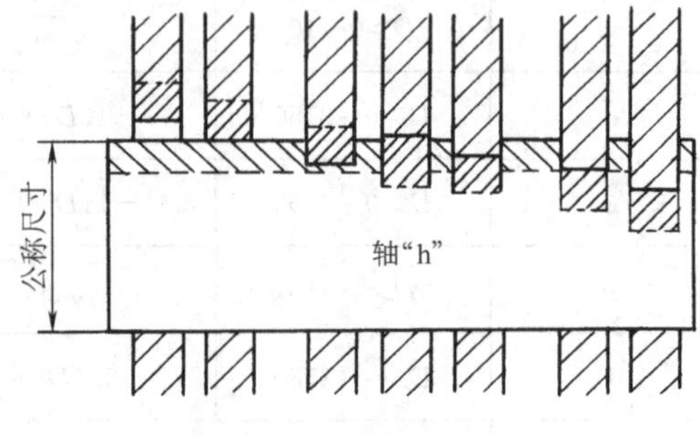

图 2-14 基轴制配合

孔的基本偏差可由轴的基本偏差换算得到。换算的一般规则（又称通用规则）是：对于相同字母的孔的基本偏差与轴的基本偏差相对于零线完全对称（成倒影关系），即

$$EI=-es \text{ 或 } ES=-ei \qquad (2\text{-}22)$$

一般规则适用于所有孔的基本偏差，但下列情况例外：

① 公称尺寸＞3mm，标准公差等级为 IT9～IT16 的基本偏差 N，其数值均为零。

② 在公称尺寸＞3～50mm、公差等级≤IT8 的 J、K、M、N 以及公差等级≤IT7 的基本偏差 P～ZC 的情况下，用相同字母表示的孔、轴基本偏差代号，基本偏差符号相反，绝对值相差一个 Δ 值，即

$$ES=-ei+\Delta \qquad (2\text{-}23)$$

$$\Delta=IT_n-IT_{(n-1)} \qquad (2\text{-}24)$$

式中，IT_n 为给定孔的公差等级的标准公差值；$IT_{(n-1)}$ 为比给定孔的公差等级更高一级的标准公差值。

式 (2-23) 又称为特殊规则。按式 (2-23) 计算部分孔的基本偏差，主要是为了保证当孔（符合按特殊规则换算基本偏差的孔）与比它高一级的轴相配合时，基孔制配合和相应的基轴制同名代号配合具有相同的极限间隙或极限过盈，使基孔制配合与对应的基轴制同名代号的配合可相互等效使用，如图 2-15 所示。

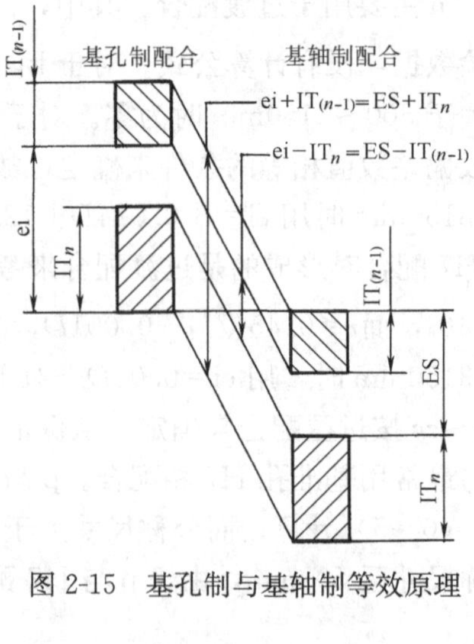

图 2-15 基孔制与基轴制等效原理

3）孔、轴的另一极限偏差（上极限偏差或下极限偏差）的计算

孔：ES=EI+IT　　EI=ES−IT

轴：es=ei+IT　　ei=es−IT

例 2-3　计算确定 ϕ50f7 和 ϕ50f6 轴的极限偏差。

解　ϕ50mm 属于>30～50mm 分段，几何平均值为 $D=\sqrt{30\times50}$mm≈38.73mm，由表 2-4 知 f 为上极限偏差，其值为

$$es=-5.5D^{0.41}=-5.5\times(38.73)^{0.41}\mu m\approx-25\mu m$$

对于>30～50mm 分段，查表 2-2 可知 IT6=16μm、IT7=25μm，而 f7、f6 的上极限偏差均为−25μm，故轴 f7 的下极限偏差 ei=(−25−25)μm=−50μm；轴 f6 的下极限偏差 ei=(−25−16)μm=−41μm。

例 2-4　试计算确定 ϕ50F7 和 ϕ50M7 孔的极限偏差。

解　1）求 ϕ50F7 的极限偏差。由例 2-3 知，f 为上极限偏差 es=−25μm，故 F 为下极限偏差 EI，F 与 f 对称于零线，所以

$$EI=-es=+25\mu m$$

查表 2-2，得 IT7=25μm，故孔 ϕ50F7 的上极限偏差为 ES=(+25+25)μm=+50μm。

2）求 ϕ50M7 的极限偏差。由表 2-4 可知，同名代号轴 m 的基本偏差为

$$ei=+(IT7-IT6)=+(25-16)\mu m=+9\mu m$$

因为 ϕ50M7 的公差等级为 IT7，属换算的第二种例外情况，故 M 按特殊规则换算，其基本偏差为

$$ES=-ei+\Delta=-9+(IT7-IT6)=-9+(25-16)\mu m=0\mu m$$

而另一极限偏差为 EI=(0−25)μm=−25μm。

在实际应用中，轴、孔的基本偏差均不必计算或换算，而只需从轴的基本偏差数值（表 2-5）和孔的基本偏差数值（表 2-6）中直接查取数据。为使用方便，GB/T 1800.2—2009 给出了孔、轴的极限偏差表。

3. 有关公差带的规定

（1）公差带　公差带由基本偏差代号和标准公差等级组成。标准规定，当标准公差等级与基本偏差代号的字母一起组成公差带时，应省略书写字母“IT”。而且代表基本偏差代号的字母在前，代表公差等级的阿拉伯数字在后，且使用同一字号字体。公差带可用下列方式之一表示：

1）在公称尺寸后加注所要求的公差带。例如 100f7，32H8。

2）在公称尺寸后直接注写所要求的公差带所对应的极限偏差值。例如 $\phi86^{-0.036}_{-0.071}$。

3）在公称尺寸后注写公差带，再加注所对应的极限偏差值。例如 $\phi86f7^{-0.036}_{-0.071}$。

4）当使用有限的字母组的装置传输信息（如电报）时，对孔加注 H 或 h，对轴加注 S 或 s。H（h）、S（s）来源于英文“hole”、“shaft”的缩写。例如，52H7 或 H52H7 或 h52h7 均表示公称尺寸为 52mm，公差带为 H7 的孔；又如，52g6 或 S52G6 或 s52g6 均表示公称尺寸为 52mm，公差带为 g6 的轴。这是新标准为满足特定需要（比方信息传输装置仅有大写字母组或小写字母时）而增加的一项规定，但该表示方法不能在图样上使用。

表 2-5　轴的基本偏差数值（摘自 GB/T 1800.1—2009）　　（单位：μm）

基本偏差		上极限偏差（es）											js	下极限偏差（ei）				
		a	b	c	cd	d	e	ef	f	fg	g	h		j			k	
公称尺寸/mm		公差等级																
大于	至	所有等级												5、6	7	8	4～7	⩽3 >7
—	3	−270	−140	−60	−34	−20	−14	−10	−6	−4	−2	0	偏差=±ITn/2，式中ITn是IT值数	−2	−4	−6	0	0
3	6	−270	−140	−70	−46	−30	−20	−14	−10	−6	−4	0		−2	−4	—	+1	0
6	10	−280	−150	−80	−56	−40	−25	−18	−13	−8	−5	0		−2	−5	—	+1	0
10	14	−290	−150	−95	—	−50	−32	—	−16	—	−6	0		−3	−6	—	+1	0
14	18																	
18	24	−300	−160	−110	—	−65	−40	—	−20	—	−7	0		−4	−8	—	+2	0
24	30																	
30	40	−310	−170	−120	—	−80	−50	—	−25	—	−9	0		−5	−10	—	+2	0
40	50	−320	−180	−130														
50	65	−340	−190	−140	—	−100	−60	—	−30	—	−10	0		−7	−12	—	+2	0
65	80	−360	−200	−150														
80	100	−380	−220	−170	—	−120	−72	—	−36	—	−12	0		−9	−15	—	+3	0
100	120	−410	−240	−180														
120	140	−460	−260	−200	—	−145	−85	—	−43	—	−14	0		−11	−18	—	+3	0
140	160	−520	−280	−210														
160	180	−580	−310	−230														
180	200	−660	−340	−240	—	−170	−100	—	−50	—	−15	0		−13	−21	—	+4	0
200	225	−740	−380	−260														
225	250	−820	−420	−280														
250	280	−920	−480	−300	—	−190	−110	—	−56	—	−17	0		−16	−26	—	+4	0
280	315	−1050	−540	−330														
315	355	−1200	−600	−360	—	−210	−125	—	−62	—	−18	0		−18	−28	—	+4	0
355	400	−1350	−680	−400														
400	450	−1500	−760	−440	—	−230	−135	—	−68	—	−20	0		−20	−32	—	+5	0
450	500	−1650	−840	−480														

（续）

基本偏差		下极限偏差（ei）													
		m	n	p	r	s	t	u	v	x	y	z	za	zb	zc
公称尺寸/mm		公差等级													
大于	至	所有等级													
—	3	+2	+4	+6	+10	+14	—	+18	—	+20	—	+26	+32	+40	+60
3	6	+4	+8	+12	+15	+19	—	+23	—	+28	—	+35	+42	+50	+80
6	10	+6	+10	+15	+19	+23	—	+28	—	+34	—	+42	+52	+67	+97
10	14	+7	+12	+18	+23	+28	—	+33	—	+40	—	+50	+64	+90	+130
14	18								+39	+45	—	+60	+77	+108	+150
18	24	+8	+15	+22	+28	+35	—	+41	+47	+54	+63	+73	+98	+136	+188
24	30						+41	+48	+55	+64	+75	+88	+118	+160	+218
30	40	+9	+17	+26	+34	+43	+48	+60	+68	+80	+94	+112	+148	+200	+274
40	50						+54	+70	+81	+97	+114	+136	+180	+242	+325
50	65	+11	+20	+32	+41	+53	+66	+87	+102	+122	+144	+172	+226	+300	+405
65	80				+43	+59	+75	+102	+120	+146	+174	+210	+274	+360	+480
80	100	+13	+23	+37	+51	+71	+91	+124	+146	+178	+214	+258	+335	+445	+585
100	120				+54	+79	+104	+144	+172	+210	+254	+310	+400	+525	+690
120	140	+15	+27	+43	+63	+92	+122	+170	+202	+248	+300	+365	+470	+620	+800
140	160				+65	+100	+134	+190	+228	+280	+340	+415	+535	+700	+900
160	180				+68	+108	+146	+210	+252	+310	+380	+465	+600	+780	+1000
180	200	+17	+31	+50	+77	+122	+166	+236	+284	+350	+425	+520	+670	+880	+1150
200	225				+80	+130	+180	+258	+310	+385	+470	+575	+740	+960	+1250
225	250				+84	+140	+196	+284	+340	+425	+520	+640	+820	+1050	+1350
250	280	+20	+34	+56	+94	+158	+218	+315	+385	+475	+580	+710	+920	+1200	+1550
280	315				+98	+170	+240	+350	+425	+525	+650	+790	+1000	+1300	+1700
315	355	+21	+37	+62	+108	+190	+268	+390	+475	+590	+730	+900	+1150	+1500	+1900
355	400				+114	+208	+294	+435	+530	+660	+820	+1000	+1300	+1650	+2100
400	450	+23	+40	+68	+126	+232	+330	+490	+595	+740	+920	+1100	+1450	+1850	+2400
450	500				+132	+252	+360	+540	+660	+820	+1000	+1250	+1600	+2100	+2600

注：公称尺寸小于或等于 1mm 时，基本偏差 a 和 b 均不采用。公差带 js7～js11，若 IT_n 值数是奇数，则取偏差$=\pm\frac{IT_n-1}{2}$。

表 2-6 孔的基本偏差数值（摘自 GB/T 1800.1—2009） （单位：μm）

基本偏差		下极限偏差（EI）											JS	上极限偏差（ES）								
		A	B	C	CD	D	E	EF	F	FG	G	H		J			K		M		N	
公称尺寸/mm		公差等级																				
大于	至	所有等级												6	7	8	≤8	>8	≤8	>8	≤8	>8
—	3	+270	+140	+60	+34	+20	+14	+10	+6	+4	+2	0	偏差=±IT_n/2，式中IT_n是IT值数	+2	+4	+6	0	0	−2	−2	−4	−4
3	6	+270	+140	+70	+46	+30	+20	+14	+10	+6	+4	0		+5	+6	+10	−1+Δ	—	−4+Δ	−4	−8+Δ	0
6	10	+280	+150	+80	+56	+40	+25	+18	+13	+8	+5	0		+5	+8	+12	−1+Δ	—	−6+Δ	−6	−10+Δ	0
10	14	+290	+150	+95	—	+50	+32	—	+16	—	+6	0		+6	+10	+15	−1+Δ	—	−7+Δ	−7	−12+Δ	0
14	18																					
18	24	+300	+160	+110	—	+65	+40	—	+20	—	+7	0		+8	+12	+20	−2+Δ	—	−8+Δ	−8	−15+Δ	0
24	30																					
30	40	+310	+170	+120	—	+80	+50	—	+25	—	+9	0		+10	+14	+24	−2+Δ	—	−9+Δ	−9	−17+Δ	0
40	50	+320	+180	+130																		
50	65	+340	+190	+140	—	+100	+60	—	+30	—	+10	0		+13	+18	+28	−2+Δ	—	−11+Δ	−11	−20+Δ	0
65	80	+360	+200	+150																		
80	100	+380	+220	+170	—	+120	+72	—	+36	—	+12	0		+16	+22	+34	−3+Δ	—	−13+Δ	−13	−23+Δ	0
100	120	+410	+240	+180																		
120	140	+460	+260	+200	—	+145	+85	—	+43	—	+14	0		+18	+26	+41	−3+Δ	—	−15+Δ	−15	−27+Δ	0
140	160	+520	+280	+210																		
160	180	+580	+310	+230																		
180	200	+660	+340	+240	—	+170	+100	—	+50	—	+15	0		+22	+30	+47	−4+Δ	—	−17+Δ	−17	−31+Δ	0
200	225	+740	+380	+260																		
225	250	+820	+420	+280																		
250	280	+920	+480	+300	—	+190	+110	—	+56	—	+17	0		+25	+36	+55	−4+Δ	—	−20+Δ	−20	−34+Δ	0
280	315	+1050	+540	+330																		
315	355	+1200	+600	+360	—	+210	+125	—	+62	—	+18	0		+29	+39	+60	−4+Δ	—	−21+Δ	−21	−37+Δ	0
355	400	+1350	+680	+400																		
400	450	+1500	+760	+440	—	+230	+135	—	+68	—	+20	0		+33	+43	+66	−5+Δ	—	−23+Δ	−23	−40+Δ	0
450	500	+1650	+840	+480																		

（续）

基本偏差		上极限偏差（ES）													Δ/μm					
		P～ZC	P	R	S	T	U	V	X	Y	Z	ZA	ZB	ZC						
公称尺寸/mm		公差等级																		
大于	至	≤7	>7												3	4	5	6	7	8
—	3		−6	−10	−14	—	−18	—	−20	—	−26	−32	−40	−60	0					
3	6		−12	−15	−19	—	−23	—	−28	—	−35	−42	−50	−80	1	1.5	1	3	4	6
6	10		−15	−19	−23	—	−28	—	−34	—	−42	−52	−67	−97	1	1.5	2	3	6	7
10	14		−18	−23	−28	—	−33	—	−40	—	−50	−64	−90	−130	1	2	3	3	7	9
14	18							−39	−45	—	−60	−77	−108	−150						
18	24		−22	−28	−35	—	−41	−47	−54	−63	−73	−98	−136	−188	1.5	2	3	4	8	12
24	30					−41	−48	−55	−64	−75	−88	−118	−160	−218						
30	40		−26	−34	−43	−48	−60	−68	−80	−94	−112	−148	−200	−274	1.5	3	4	5	9	14
40	50					−54	−70	−81	−97	−114	−136	−180	−242	−325						
50	65		−32	−41	−53	−66	−87	−102	−122	−144	−172	−226	−300	−405	2	3	5	6	11	16
65	80			−43	−59	−75	−102	−120	−146	−174	−210	−274	−360	−480						
80	100		−37	−51	−71	−91	−124	−146	−178	−214	−258	−335	−445	−585	2	4	5	7	13	19
100	120			−54	−79	−104	−144	−172	−210	−254	−310	−400	−525	−690						
120	140		−43	−63	−92	−122	−170	−202	−248	−300	−365	−470	−620	−800	3	4	6	7	15	23
140	160			−65	−100	−134	−190	−228	−280	−340	−415	−535	−700	−900						
160	180			−68	−108	−146	−210	−252	−310	−380	−465	−600	−780	−1000						
180	200		−50	−77	−122	−166	−236	−284	−350	−425	−520	−670	−880	−1150	3	4	6	9	17	26
200	225			−80	−130	−180	−258	−310	−385	−470	−575	−740	−960	−1250						
225	250			−84	−140	−196	−284	−340	−425	−520	−640	−820	−1050	−1350						
250	280		−56	−94	−158	−218	−315	−385	−475	−580	−710	−920	−1200	−1550	4	4	7	9	20	29
280	315			−98	−170	−240	−350	−425	−525	−650	−790	−1000	−1300	−1700						
315	355		−62	−108	−190	−268	−390	−475	−590	−730	−900	−1150	−1500	−1900	4	5	7	11	21	32
355	400			−114	−208	−294	−435	−530	−660	−820	−1000	−1300	−1650	−2100						
400	450		−68	−126	−232	−330	−490	−595	−740	−920	−1100	−1450	−1850	−2400	5	5	7	13	23	34
450	500			−132	−252	−360	−540	−660	−820	−1000	−1250	−1600	−2100	−2600						

注：1. 公称尺寸小于或等于 1mm 时，基本偏差 A 和 B 及大于 IT8 的 N 均不采用。公差带 JS7 至 JS11，若 IT_n 值数是奇数，则取偏差＝$\pm\frac{IT_n-1}{2}$。

2. 对于小于或等于 IT8 的 K、M、N 和小于或等于 IT7 的 P～ZC，所需 Δ 值从表内右侧选取。例如，18～30mm 段的 K7，$\Delta=8\mu m$，所以 $ES=-2\mu m+8\mu m=+6\mu m$。

(2) 公差带的数量　按国家标准 GB/T 1800.1—2009 提供的标准公差和基本偏差可以得到数量极多的公差带，但在生产实际中，公差带的数量太多势必会使标准繁杂，不利于生产。从经济性和满足我国实际生产需要的角度出发，为了尽可能减少零件（含备用件）定值刀具、量具和工艺装备的品种规格与数量，国家标准 GB/T 1801—2009 对公差带的数量作了限制，提供了公称尺寸至 500mm 的孔、轴公差带各 203 种；公称尺寸大于 500～3150mm 的孔公差带 82 种和轴公差带 79 种。并进一步对公差带的选择加以限制，规定了公称尺寸至 3150mm 的孔、轴公差带，其中公称尺寸至 500mm 的孔公差带 105 种，轴公差带 116 种，如图 2-16 和图 2-17 所示。

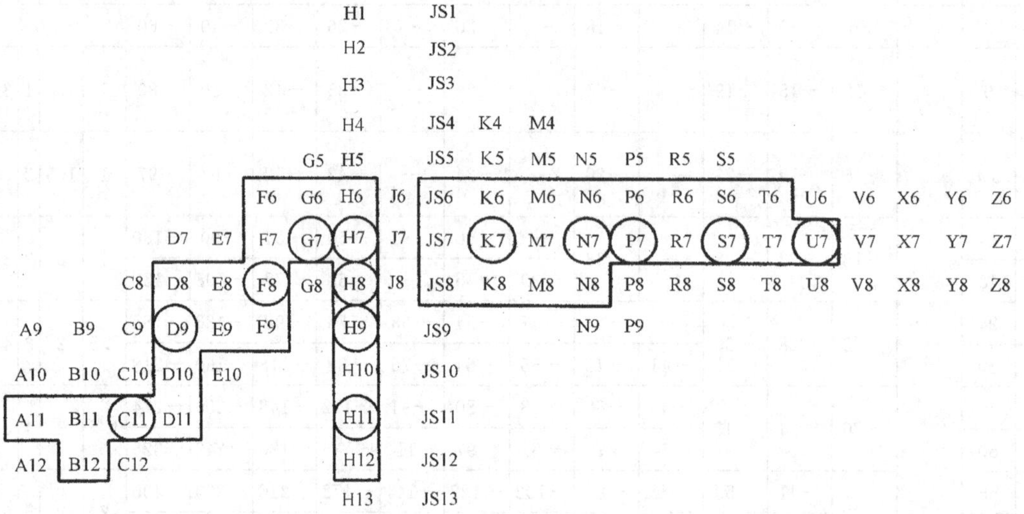

图 2-16　一般常用和优先的孔公差带（尺寸≤500mm）

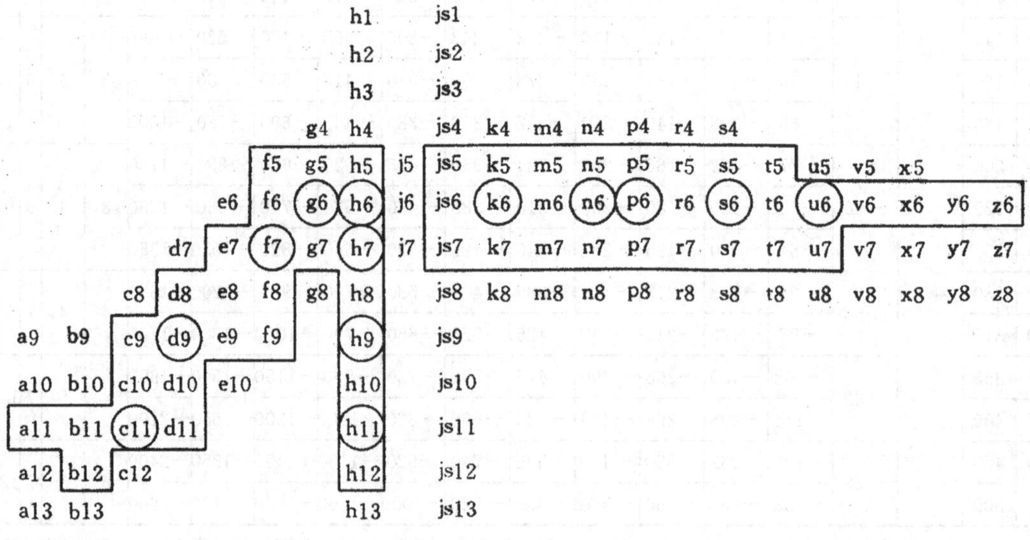

图 2-17　一般常用和优先的轴公差带（尺寸≤500mm）

图 2-16 中带圆圈的 13 种公差带应优先选用，线框内的 44 种公差带供其次选用，最后选用其他 61 种。图 2-17 中带圆圈的 13 种公差带同样应优先选用，线框内的 59 种公差带供其次选用，最后选用其他 57 种。

二、配合制

同一极限制的孔和轴组成配合的一种制度称为配合制，下面就有关配合制的问题作进一步介绍。

1. 配合的表示方法

配合是在相同的公称尺寸后加孔、轴公差带表示。孔、轴公差带写成分数形式，分子为孔公差带，分母为轴公差带。例如，ϕ50H7/f6 或 $\phi 50\dfrac{H7}{f6}$。

与公差带的表示相同，当使用有限的字母组的装置传输信息时，如 50H7/f6 可表示为两种形式：H50H7/S50F6 或 h50h7/s50f6。

2. 基准制和配合的种类

(1) 基准制　基准制是规定配合系列的基础。它是在组成配合的孔与轴中，确定一个为基准件，并使其基本偏差为一定，然后与不同基本偏差的非基准件的公差带形成各种配合。显然，以孔为基准件，轴就是非基准件；而以轴为基准件，孔就是非基准件。对本标准极限与配合制的基孔制配合中，基准孔用“H”表示，其下极限偏差 EI=0；在基轴制配合中，基准轴用基本偏差“h”表示，其上极限偏差 es=0。基孔制配合和基轴制配合是国家标准规定的两种并列的基准制。通过基孔制或基轴制均可实现各种不同配合性质的要求。采用基准制是为了统一基准件的极限偏差，从而达到减少定值刀具、量具的规格数量，获得最大的技术经济效益。

(2) 配合的种类　根据孔公差带与轴公差带的相对位置关系，两种基准制均能形成国家标准规定的间隙配合、过渡配合和过盈配合。

1) 在基孔制配合中，轴的基本偏差 a～h 用于间隙配合，j～zc 用于过渡配合和过盈配合。当轴的基本偏差（j～zc 为 ei）的绝对值大于或等于孔的标准公差时，为过盈配合；小于则为过渡配合。例如，H11/c11 为间隙配合、H7/k6 为过渡配合、H8/t7 为过盈配合。

2) 在基轴制配合中，孔的基本偏差 A～H 用于间隙配合，J～ZC 用于过渡配合和过盈配合。当孔的基本偏差（J～ZC 为 ES）的绝对值大于或等于轴的标准公差时，为过盈配合；小于则为过渡配合。例如，D9/h9 为间隙配合、N8/h6 为过渡配合、U7/h6 为过盈配合。

3) 凡分子代号为“H”的都是基孔制配合，凡分母代号为“h”的都是基轴制配合。而分子和分母的代号分别为“H”和“h”的配合，如 H9/h9、H7/h6 等，可视为基孔制配合，也可视为基轴制配合。

4) 国家标准指出，如有特殊需要，也允许采用非基准孔与非基准轴组成任一孔、轴公差带的配合，例如 M7/g6。这类配合称非基准制配合或混合配合。

5) 国家标准在尺寸≤500mm 范围内，规定基孔制常用配合 59 种，内含优先配合 13 种，见表 2-7；基轴制常用配合 47 种，内含优先配合 13 种，见表 2-8。实际中应尽量按国家标准的规定顺序选用。基本尺寸大于 500～3150mm 的配合，可按 GB/T 1801—2009 附录的规定采用配制配合（本书略）。

表 2-7 基孔制优先、常用配合

基准孔	轴																				
	a	b	c	d	e	f	g	h	js	k	m	n	p	r	s	t	u	v	x	y	z
	间隙配合								过渡配合			过盈配合									
H6						H6/f5	H6/g5	H6/h5	H6/js5	H6/k5	H6/m5	H6/n5	H6/p5	H6/r5	H6/s5	H6/t5					
H7						H7/f6	◤H7/g6	◤H7/h6	H7/js6	◤H7/k6	H7/m6	◤H7/n6	◤H7/p6	H7/r6	◤H7/s6	H7/t6	◤H7/u6	H7/v6	H7/x6	H7/y6	H7/z6
H8					H8/e7	◤H8/f7	H8/g7	◤H8/h7	H8/js7	H8/k7	H8/m7	H8/n7	H8/p7	H8/r7	H8/s7	H8/t7	H8/u7				
				H8/d8	H8/e8	H8/f8		H8/h8													
H9			H9/c9	◤H9/d9	H9/e9	H9/f9		◤H9/h9													
H10			H10/c10	H10/d10				H10/h10													
H11	H11/a11	H11/b11	◤H11/c11	H11/d11				◤H11/h11													
H12		H12/b12						H12/h12													

注：1. $\frac{H7}{p6}$在公称尺寸小于或等于 3mm 和$\frac{H8}{r7}$在小于或等于 100mm 时，为过渡配合。

2. 标注◤的配合为优先配合。

表 2-8 基轴制优先、常用配合

基准轴	孔																				
	A	B	C	D	E	F	G	H	JS	K	M	N	P	R	S	T	U	V	X	Y	Z
	间隙配合								过渡配合			过盈配合									
h5						F6/h5	G6/h5	H6/h5	JS6/h5	K6/h5	M6/h5	N6/h5	P6/h5	R6/h5	S6/h5	T6/h5					
h6						F7/h6	◤G7/h6	◤H7/h6	JS7/h6	◤K7/h6	M7/h6	◤N7/h6	◤P7/h6	R7/h6	◤S7/h6	T7/h6	◤U7/h6				
h7					E8/h7	◤F8/h7		◤H8/h7	JS8/h7	K8/h7	M8/h7	N8/h7									
h8				D8/h8	E8/h8	F8/h8		H8/h8													
h9				◤D9/h9	E9/h9	F9/h9		◤H9/h9													
h10				D10/h10				H10/h10													
h11	A11/h11	B11/h11	◤C11/h11	D11/h11				◤H11/h11													
h12		B12/h12						H12/h12													

注：标注◤的配合为优先配合。

三、标准参考温度

该极限与配合制规定的尺寸的标准参考温度为20℃。这一规定一方面是指图样上规定或标注的极限与配合的标准温度；另一方面是指检验时工件和计量器具的标准温度。当工件温度与计量器具温度不一致时，所产生的误差按公式 $\Delta l=l(\alpha_1\Delta t_1-\alpha_2\Delta t_2)$计算。式中，$\alpha$ 为材料的线胀系数；Δt_1 和 Δt_2 分别为工件和计量器具相对标准温度的偏离值。

四、线性尺寸的一般公差（未注公差）

国家标准 GB/T 1804—2000 对 GB/T 1804—1992《一般公差　线性尺寸的未注公差》和GB/T 11335—1989《未注公差角度的极限偏差》进行了修订，从而使我国的未注公差尺寸的一般公差标准尽可能与国际的一致或等同。该标准适用于金属切削加工的尺寸，也适用于一般冲压加工的尺寸，非金属材料和其他工艺方法加工的尺寸可参照采用。

一般公差（general tolerances）是指在车间通常加工条件下可保证的公差。采用一般公差的尺寸，在该尺寸后不需注出其极限偏差数值。

凡对功能上无特殊要求的要素，均可给出一般公差。一般公差可应用于线性尺寸、角度尺寸、形状和位置等几何要素，分精密 f、中等 m、粗糙 c、最粗 v 共 4 个公差等级。国家标准按未注公差的线性尺寸和角度尺寸分别给出了各公差等级的极限偏差数值。表 2-9 仅列出了一般公差的线性尺寸的极限偏差数值（其他表格略）。

采用一般公差的要素在图样上可不单独注出其公差，而是在图样标题栏附近技术要求或技术文件（如企业标准）中作出总的说明。例如，选取中等等级时，其说明为“GB/T 1804—m”。

线性尺寸的一般公差主要用于低精度的非配合尺寸。采用一般公差的尺寸在正常车间精度保证条件下，一般可不检验。因此，采用一般公差可简化设计制图与检验，有利于质量管理。

表 2-9　线性尺寸的极限偏差数值　　（单位：mm）

公差等级	公称尺寸分段							
	0.5～3	>3～6	>6～30	>30～120	>120～400	>400～1000	>1000～2000	>2000～4000
精密 f	±0.05	±0.05	±0.1	±0.15	±0.2	±0.3	±0.5	—
中等 m	±0.1	±0.1	±0.2	±0.3	±0.5	±0.8	±1.2	±2
粗糙 c	±0.2	±0.3	±0.5	±0.8	±1.2	±2	±3	±4
最粗 v	—	±0.5	±1	±1.5	±2.5	±4	±6	±8

第四节　极限与配合标准的应用及尺寸精度设计示例

一、极限与配合标准的应用

极限与配合标准的应用是机械精度设计中不可缺少的重要环节。它包括从极限与配合标准中合理选择标准公差等级、基准制和配合种类三个方面。

1. 标准公差等级的选择

1）标准公差等级的选择原则。合理地选择标准公差等级是为了具体解决机械零件的使用要求与制造工艺成本之间的矛盾。选择依据的原则是：在满足使用要求的前提下，尽可能选用较低的公差等级。精度要求应与生产的可能性协调一致，使之既能充分利用现有设备，制订合理的加工工艺方法从而降低成本，又能保证产品的使用要求。

对有配合要求的零件选取适当的公差等级是十分重要的。因为在多数情况下，它将决定配合零件的工作性能、使用寿命及可靠性，同时还决定零件的制造成本与生产效率。

通常，公差等级的选择主要采用类比法，表 2-10 为公差等级的应用，可供选用时参考。

表 2-10 公差等级的应用

应 用	公 差 等 级 (IT)																			
	01	0	1	2	3	4	5	6	7	8	9	10	11	12	13	14	15	16	17	18
量 块																				
量 规																				
配合尺寸																				
特别精密零件的配合																				
非配合尺寸（大制造公差）																				
原材料公差																				

表中配合尺寸的应用范围约为 IT5～IT13，现说明如下。

IT5：较少使用，用于对间隙和过盈的一致性要求比较高的特别精密的配合。

IT6 和 IT7：用于机构的重要配合。适用于为了保证零件的机械强度、精确位移、平稳运行、连接的密封等性能及保证零件精确装配的需要，对间隙和过盈方面有较高要求的场合。

IT8 和 IT9：用于对间隙或过盈的一致性要求较低，但能保证零件完成传力、位移等一定使用功能的配合；也用于保证中等装配精度的配合。

IT10：用于装配或使用条件允许间隙在较大范围内波动的情况。该公差等级可用于与 IT9 情况相同的间隙配合。

IT11 和 IT12：用于需要大间隙且允许间隙有很大波动（粗装配）的结合中，如盖、凸缘、间隔圈等机器的不重要的配合处，以及冲压件和塑料零件处。

总之，间隙或过盈的变动即配合的一致性与稳定性受孔、轴公差等级的影响，故公差等级应根据配合要求特性和重要程度来选择。

2）兼顾设计要求、工艺的可能性与经济性，慎用高等级。对加工精度作出最佳选择是一个非常复杂的技术经济性问题。因为它涉及加工成本、装配成本以及产品使用性能和产品技术经济指标等诸多因素。图 2-18 所示为公差等级与相对加工成本的关系曲线。从图中可以看出，对较高公差等级（如高于 IT8 级时），等级越高，加工成本上升越多，故选择高等级时必须慎重；而对于较低等级，可考虑有一定的精度储备。

表 2-11 给出了 20 种常用加工方法可能达到的公差等级，表 2-12 推荐了与各公差等级对应的经济加工方法，可供选用时参考。

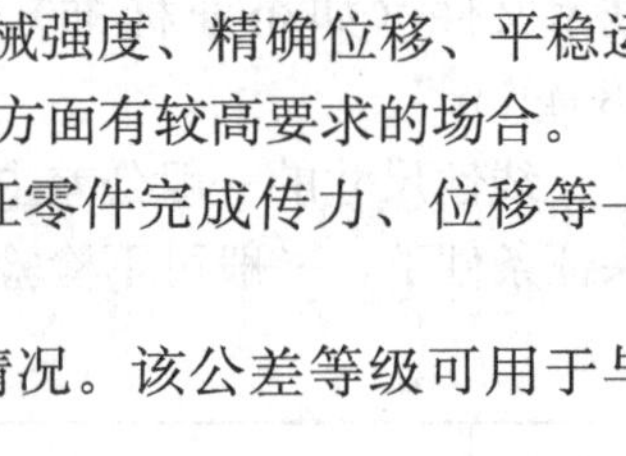

图 2-18 公差等级与相对加工成本的关系

3）应满足不同用途产品所提出的配合精度要求，保证配合特性配合精度可用配合公差 T_f 来表示。T_f 等于孔公差 T_h 与轴公差 T_s 之和，但 T_h 和 T_s 的大小要根据配合尺寸所属范围、所采用公差等级的高低、生产的批量、加工的工艺等来确定。一般情况下，应考虑孔、轴加工的工艺等价性。对一般精度的配合，孔公差 T_h 与轴公差 T_s 宜采用相同等级；但对较高精度要求（如高于 IT8 级时），则孔应比轴的精度低一级。

2. 基准制的选择

由于基孔制配合与基轴制配合均能实现各种松紧程度配合的要求，所以基准制的选择与使用要求无多大关系。合理的选择配合制，主要应从结构特点、工艺性和经济性等几方面考虑。

1）国家标准明确规定一般情况下优先选用基孔制配合。因为从工艺上看，加工或测量较高精度中、小尺寸的孔，通常要用不可调的定值刀具或量具，而加工或测量轴则用通用刀具或量具，故采用基孔制配合可减少备用定值刀具、量具的规格和数量，从而降低生产成本，提高加工的经济性。

2）下列情况宜采用基轴制配合：

① 由于结构和原材料等原因，选用基轴制配合能降低成本。例如，由冷拉棒材制造的零件，若其配合表面已达到精度要求而无需再加工，则不同松紧程度的配合可通过改变孔的公差带来获得。

② 由于结构上的原因，在同一根轴（公称尺寸相同）的多处与孔配合，且配合性质要求不相同。

表 2-11 常用加工方法可能达到的公差等级

加工方法	公差等级（IT）																	
	01	0	1	2	3	4	5	6	7	8	9	10	11	12	13	14	15	16
研磨	—	—	—	—	—	—	—											
珩磨						—	—	—	—									
圆磨							—	—	—	—								
平磨							—	—	—	—								
金刚石车							—	—	—									
金刚石镗							—	—	—									
拉削							—	—	—	—								
铰孔								—	—	—	—	—						
车									—	—	—	—	—					
镗									—	—	—	—	—					
铣										—	—	—	—					
刨、插												—	—					
钻孔												—	—	—	—			
滚压、挤压												—	—					
冲压												—	—	—	—	—		
压铸													—	—	—	—		
粉末冶金成型								—	—	—								
粉末冶金烧结									—	—	—	—						
砂型铸造、气割																		—
锻造																	—	

表 2-12 各公差等级对应的经济加工方法

公差等级 轴	公差等级 孔	加工方法（括号内的数字，是可达公差等级的可能变化范围）
4～5	5～6	外圆精磨，精拉削（6～7），精扩孔（5～6），精抛光，精研磨，中精磨（5～6），细精磨，圆柱镗磨（6～7），精研磨，超级精加工，阳极-机械磨削（5～6），精磨削
6～7	7～8	金刚石精车削或金刚石精镗孔，金刚石细车、细镗（6～9），细铰，精铰（6～7），细拉削、精拉削，外圆细磨，平面细磨、精磨，细抛光（7～9），铰孔或铰孔后用滚珠或心轴定径加工，滚珠或滚柱滚压或扩径（6～9），细扩孔，细研磨，普通拉削，粗研磨，平面镗磨，预研磨和中研磨，阳极-机械粗磨削（6～9）、细磨削，装饰电抛光（6～9），普通机电车削（6～9）、机电细车削，机电刨削，冷冲裁——经修整和校准过的平面零件的外形尺寸

③ 当采用标准零部件作为轴时，宜选用基轴制配合。例如，电动机轴与带轮内孔的配合、普通平键与键槽的配合以及滚动轴承外圈与机座孔的配合等。

如图 2-19a 所示活塞销与活塞和连杆小头孔的配合，当活塞工作时，活塞销与连杆小头孔需有相对运动，而与活塞孔无需相对运动。因此，若采用基孔制配合（图 2-19b），不仅活塞销加工不便，且装配时活塞销需从连杆小头的孔内强行通过，容易挤伤薄壁衬套孔的内表面。而当采用基轴制配合时（图 2-19c），以上情况均不复存在，且便于高效率地组织生产（如在无心磨床上磨制活塞销）。

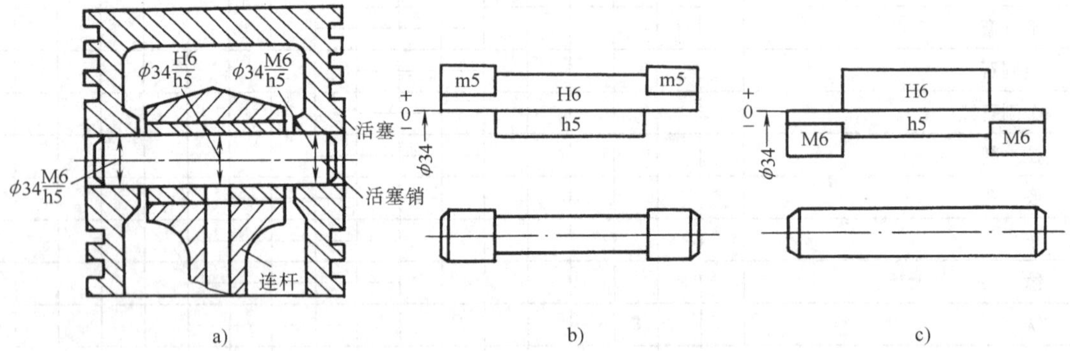

图 2-19 基轴制配合选用实例

④ 对于钟表行业等小尺寸的配合，轴的加工工艺性比孔差，可用基轴制配合。

3）某些特殊情况需采用任一孔、轴公差带组成的非基准制配合，即前述的“混合配合”。如图 2-20 所示的隔套，将两个滚动轴承隔开以作轴向定位和提高刚性用。为便于安装，隔套与齿轮轴筒的配合应选用间隙配合。但齿轮轴筒在该处同时与滚动轴承配合而已预先选定了 js6 公差带，所以隔套内孔与轴如选基准孔 H 就无法得到间隙配合了，故只能选用非基准孔公差带，如 D10，便可形成间隙配合，满足使用要求，如图 2-20b 所示。

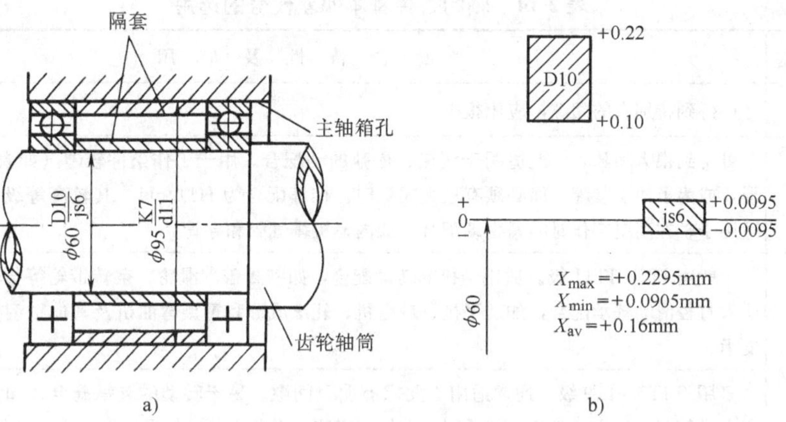

图 2-20　非基准制配合的应用

3. 配合种类的选择

配合种类的选择主要是基本偏差代号的选择。选择基本偏差代号的方法有计算法、试验法和类比法。所谓计算法是根据一定的理论或公式，算出所需间隙或过盈，但目前在生产中，能找到理论和公式进行计算的实例不多，故该法较少应用；试验法则是通过试验得出最佳极限间隙或过盈，该法虽十分可靠、精确，但代价太高，一般情况下也不予采用；类比法是依据经过实践验证的同类机械、机构和零部件以及各类手册中推荐的经验设计为参照实例，将其与所设计产品的使用性能和要求进行对比分析，然后确定设计方案，或沿用推介的成功设计再进行必要的修正。这种方法快捷、经济，是目前采用最广泛的方法，但采用该方法必须注意如下几个方面。

1）分析零件的工作状况和使用要求与所参照实例后，应适当调整配合的松紧程度。表 2-13 供分析调整时参考。

表 2-13　工作状况对间隙和过盈的影响

具体工作状况	间隙应增或减	过盈应增或减	具体工作状况	间隙应增或减	过盈应增或减
材料许用应力小	—	减	配合表面形位误差大	增	减
经常拆卸	—	减	零件装配时可能偏斜	增	减
有冲击负荷	减	增	旋转速度较高	增	增
工作时孔的温度高于轴的温度（零件材料相同）	减	增	有轴向运动	增	—
			润滑油的粘度较大	增	—
工作时轴的温度高于孔的温度（零件材料相同）	增	减	表面较粗糙	减	增
			装配精度较高	减	减
结合长度较大	增	减	装配精度较低	增	增

2）应了解各种配合的基本特性与应用情况。表 2-14 给出了基孔制配合中轴的各种基本偏差代号选用说明，供选择时参考；基轴制配合中孔的各种基本偏差的选用与同名代号轴的情况相似。表 2-15 列出了基孔制优先配合与基轴制优先配合的选用说明，可供选择时参考。

表 2-14 轴的各种基本偏差代号的选用

配合	基本偏差	配合特性及应用
间隙配合	a，b	可得到特别大的间隙，应用很少
	c	可得到很大间隙，一般适用于缓慢、松弛的动配合。用于工作条件较差（如农业机械），受力变形，或为了便于装配，而必须有较大间隙时。推荐配合为 H11/c11。其较高等级的配合，如 H8/c7 适用于轴在高温工作时的紧密动配合，如内燃机排气阀和导管
	d	一般用 IT7～IT11 级。适用于松的转动配合，如密封盖、滑轮、空转带轮等与轴的配合；也适用于大直径滑动轴承配合，如透平机、球磨机、轧滚成形和重型弯曲机及其他重型机械中的一些滑动支承
	e	多用于 IT7～IT9 级。通常适用于要求有明显间隙、易于转动的支承配合，如大跨距支承、多支点支承等配合。高等级的 e 轴适用于大的、高速、重载支承，如涡轮发电机、大的电动机的支承等；也适用于内燃机主要轴承、凸轮轴支承、摇臂支承等配合
	f	多用于 IT6～IT8 级的一般转动配合。当温度差别不大，对配合基本上没有影响时，被广泛用于普通润滑油（或润滑脂）润滑的支承，如齿轮箱、小电动机、泵等的转轴与滑动支承的配合
	g	多用于 IT5～IT7 级，配合间隙很小，制造成本高，除很轻负荷的精密装置外，不推荐用于转动配合。最适合不回转的精密滑动配合，也用于插销等定位配合，如精密连杆轴承、活塞及滑阀、连杆销等
	h	多用于 IT4～IT11 级。广泛用于无相对转动的零件，作为一般的定位配合。若没有温度、变形的影响，也用于精密滑动配合
过渡配合	js	为完全对称偏差（±IT/2）。多用于 IT4～IT7 级，要求间隙比 h 轴配合时小，并允许略有过盈的定位配合，如联轴器、齿圈与钢制轮毂，一般可用手或木锤装配
	k	适用于 IT4～IT7 级，推荐用于要求稍有过盈的定位配合，如为了消除振动用的定位配合。一般用木棰装配
	m	适用 IT4～IT7 级，一般可用木棰装配；但在最大过盈时，要求相当的压入力
	n	平均过盈比用 m 轴时稍大，很少得到间隙，适用 IT4～IT7 级。用棰或压力机装配。通常推荐用于紧密的组件配合。H6/n5 为过盈配合
过盈配合	p	与 H6 或 H7 孔配合时是过盈配合，而与 H8 孔配合时为过渡配合。对非铁类零件，为较轻的压入配合，当需要时易于拆卸。对钢、铸铁或铜—钢组件装配，是标准的压入配合。对弹性材料，如轻合金等，往往要求很小的过盈，可采用 p 轴配合
	r	对铁类零件，为中等打入配合；对非铁类零件，为轻的打入配合。当需要时，可以拆卸。与 H8 孔配合，直径在 100mm 以上时为过盈配合，直径小时为过渡配合
	s	用于钢和铁制零件的永久性和半永久性装配，过盈量充分，可产生相当大的结合力。当用弹性材料，如轻合金时，配合性质与铁类零件的 p 轴相当。例如，套环压在轴上、阀座等配合。尺寸较大时，为了避免损伤配合表面，需用热胀或冷缩法装配
	t，u，v x，y，z	过盈量依次增大，除 u 外，一般不推荐

表 2-15 优先配合选用说明

优先配合	说明
$\frac{H11}{c11}$，$\frac{C11}{h11}$	间隙极大。用于转速很高，轴、孔温差很大的滑动轴承；要求大公差、大间隙的外露部分；要求装配极方便的配合
$\frac{H9}{d9}$，$\frac{D9}{h9}$	间隙很大。用于转速较高、轴颈压力较大、精度要求不高的滑动轴承
$\frac{H8}{f7}$，$\frac{F8}{h7}$	间隙不大。用于中等转速、中等轴颈压力、有一定精度要求的一般滑动轴承；要求装配方便的中等定位精度的配合
$\frac{H7}{g6}$，$\frac{G7}{h6}$	间隙很小。用于低速转动或轴向移动的精密定位的配合；需要精确定位又经常装拆的不动配合
$\frac{H7}{h6}$，$\frac{H8}{h7}$，$\frac{H9}{h9}$，$\frac{H11}{h11}$	最小间隙为零。用于间隙定位配合，工作时一般无相对运动；也用于高精度低速轴向移动的配合。公差等级由定位精度决定
$\frac{H7}{k6}$，$\frac{K7}{h6}$	平均间隙接近于零。用于要求装拆的精密定位的配合
$\frac{H7}{n6}$，$\frac{N7}{h6}$	较紧的过渡配合。用于一般不拆卸的更精密定位的配合
$\frac{H7}{p6}$，$\frac{P7}{h6}$	过盈很小。用于要求定位精度高、配合刚性好的配合；不能只靠过盈传递载荷
$\frac{H7}{s6}$，$\frac{S7}{h6}$	过盈适中。用于靠过盈传递中等载荷的配合
$\frac{H7}{u6}$，$\frac{U7}{h6}$	过盈较大。用于靠过盈传递较大载荷的配合。装配时需加热孔或冷却轴

二、尺寸精度设计示例

1. 已知设计要求，选择配合代号的实例

例 2-5 某配合的公称尺寸为 ϕ40mm，要求其间隙为＋10～＋52μm，试选择其配合代号。

解 1）确定配合制。因其不受原材料、标准件和结构上的限制，故按国家标准推荐顺序选用基孔制配合。

2）确定孔、轴公差等级。由已知条件可知允许配合的松紧变动量为

$$T_f' = |X'_{max} - X'_{min}| = |52-10|\ \mu m = 42\mu m$$

由 $T_f = T_h + T_s$ 可知，所选孔、轴公差之和应在 42μm 左右，同时应考虑所选孔、轴加工的等经济性：如高于或等于 7 级，则一般取孔比轴低一级的配合，如低于 8 级，则一般取孔、轴同级配合。

查表 2-2，得 ϕ40IT7＝25μm，ϕ40IT6＝16μm，所以 ϕ40IT7＋ϕ40IT6＝(25＋16)μm＝41μm，接近于允许值 42μm，故可选孔、轴公差等级分别为 7 级和 6 级。

3）确定孔、轴公差带。因为是基孔制配合，且孔的公差等级为 IT7，所以孔的公差带为 $\phi40H7(^{+0.025}_{0})$；又由于是间隙配合，所以轴的公差带在零线的下方，基本偏差为上极限偏差 es。

因为要求的最小间隙 X'_{min}＝＋10μm，而 X_{min}＝EI－es＝0－es＝－es，所以轴的基本偏差 es 应接近于－10μm。

查表 2-5，取轴的基本偏差为 g，此时，es＝－9μm，ei＝es－ϕ40IT6＝(－9－16)μm＝－25μm。因此，将轴的公差带代号预选为 $\phi40g6(^{-0.009}_{-0.025})$。

4）分析。根据所选配合代号为 ϕ40H7/g6 可知：

最大间隙　X_{max}＝＋0.025mm－(－0.025)mm＝＋0.050mm（比要求值小 0.002mm）

最小间隙　X_{min}＝0mm－(－0.009)mm＝＋0.009mm（比要求值小 0.001mm）

图 2-21 为设计要求和预选代号的配合公差带图，图中的两个配合公差值显然有差异（一般来说设计提出的要求与所选代号很难完全一致），差异值 Δ_1 将影响使用性能，差异值 Δ_2 则影响经济性。为了限制所选配合代号对工作性能和生产成本的影响，一般对大批量生产，所选配合代号的极限间隙或极限过盈与原要求的极限间隙或极限过盈之差的绝对值应不超过原要求配合公差值的 10％。

在本例中，$\dfrac{\Delta_1}{T_f'}=\dfrac{|9-10|}{42}=\dfrac{1}{42}<10\%$，$\dfrac{\Delta_2}{T_f'}=\dfrac{|50-52|}{42}=\dfrac{2}{42}<10\%$，故以上所选配合代号 ϕ40H7/g6 是适合的。

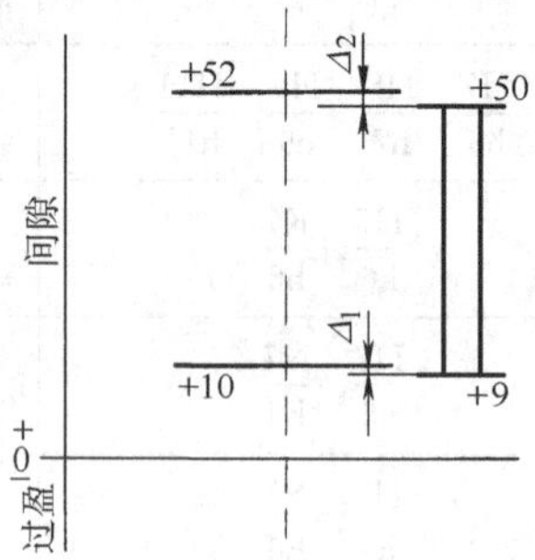

图 2-21　例 2-5 的配合公差带图

2. 若干配合实例

表 2-16 列举了生产实际中选用配合的若干典型实例，可供初学者分析与参考。

表 2-16　极限与配合选用实例

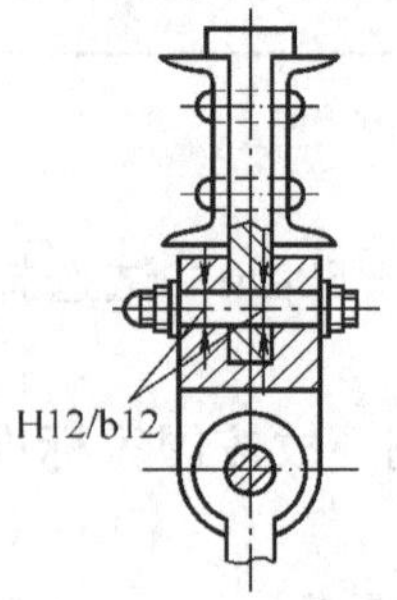 起重机吊钩的铰链	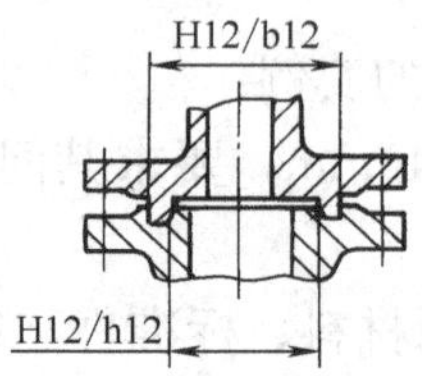 管道法兰的联接	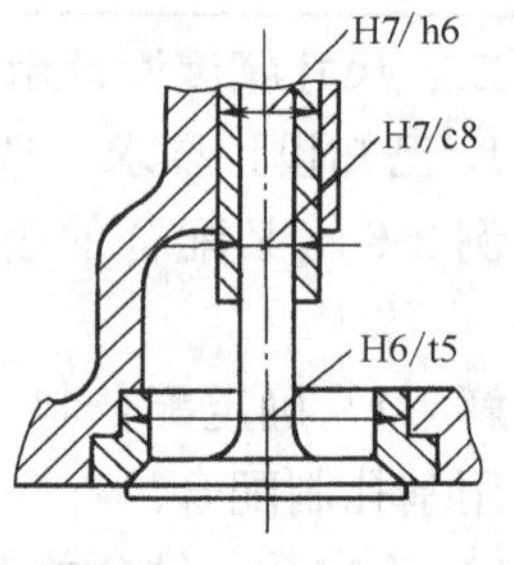 内燃机排气阀杆与座
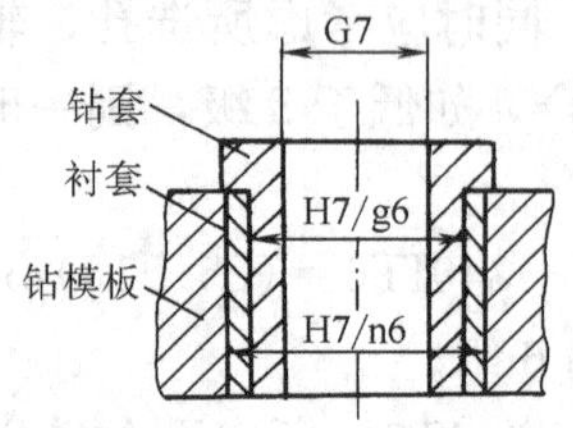 钻套与衬套	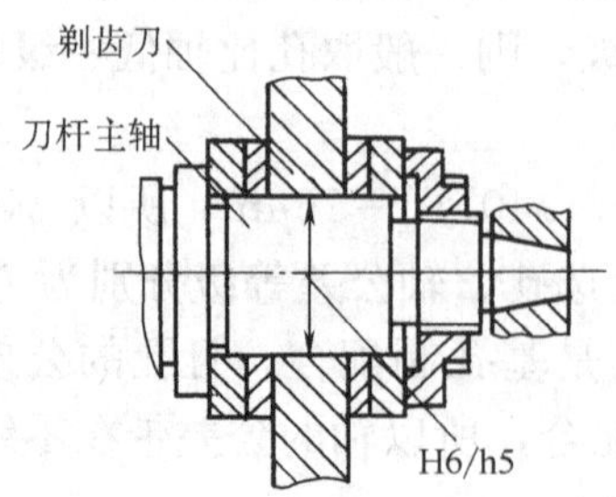 剃齿刀与刀杆主轴	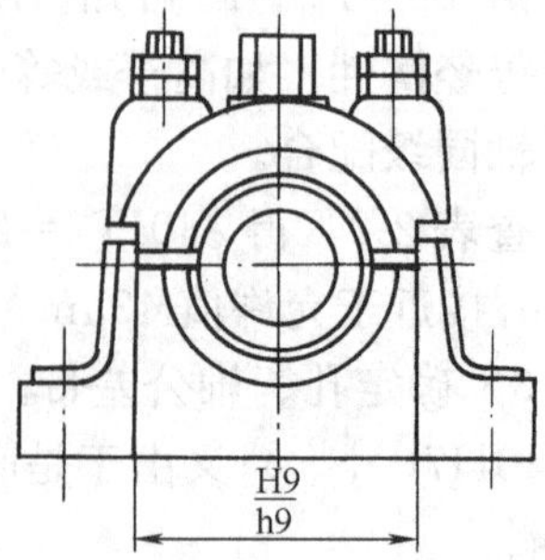 剖分式滑动轴承壳体的配合

（续）

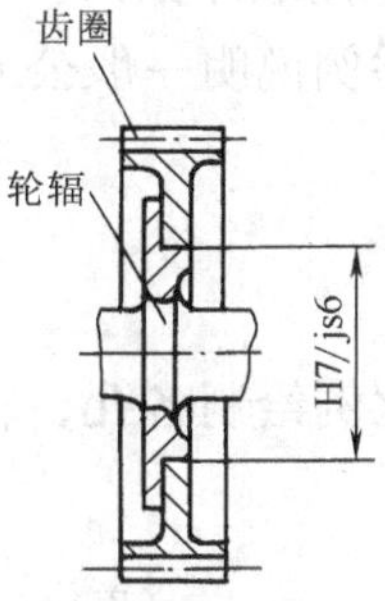	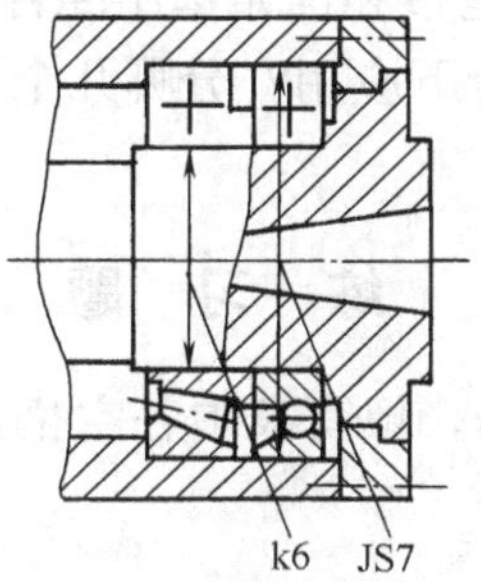	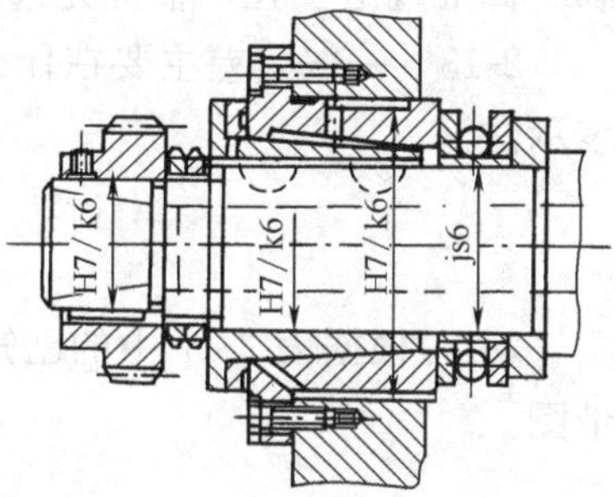
齿圈与钢轮辐	滚动轴承内、外圈的配合	减速器轴与齿轮
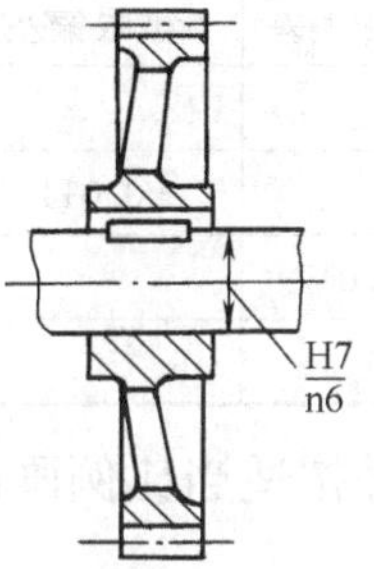	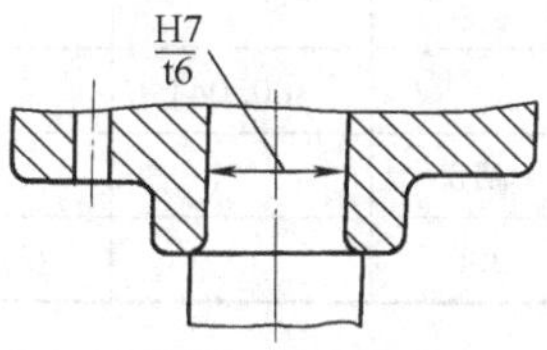	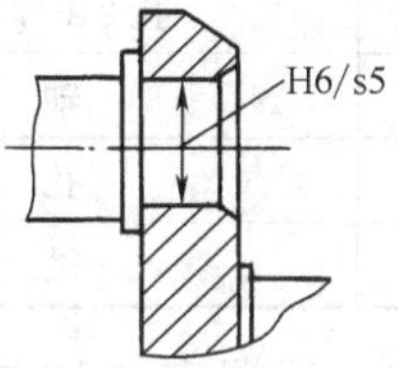
压力机齿轮与轴	联轴器与轴	曲柄销与曲拐

思 考 题

2-1 什么是标准公差、基本偏差和极限偏差？它们有何区别与联系？

2-2 什么是作用尺寸和实际（组成）要素？什么是体外作用尺寸和体内作用尺寸？在什么情况下，体外作用尺寸和体内作用尺寸相同？

2-3 什么叫极限尺寸、极限间隙和极限过盈？什么是极限制和配合制？

2-4 什么叫最大实体状态和最大实体尺寸？它们与极限尺寸有何关系？

2-5 尺寸公差带与配合公差带有何区别和联系？怎样正确绘制尺寸公差带图与配合公差带图？

2-6 什么是标准公差因子？每一公称尺寸都有不同的标准公差因子与之对应吗？为什么？

2-7 国家标准对标准公差和基本偏差各作了哪些规定？规定标准公差和基本偏差的目的是什么？

2-8 什么叫配合？配合有哪几类？各类配合主要应用在什么场合？

2-9 GB/T 1800.1—2009 规定了哪两种配合的基准制？各基准制是如何定义的？在生产实际中应如何选用基准制？

2-10 公差带与配合的选择应解决哪几个问题？解决各问题的原则和方法是什么？是否遵循极限与配合制标准的选择结果均具有唯一性？为什么？

2-11 为什么要优先选用基孔制配合？为什么要慎用高精度等级？

2-12 为什么国家标准对所选公差带与配合的数量要作必要的限制？我国“极限与配合制”标准规定了孔、轴优先选用公差带和优先选用配合各多少种？选用顺序如何？

2-13 一般公差主要在什么场合下应用？分哪几个公差等级？举例说明一般公差的图样表示法。

练 习 题

2-1 根据表 2-17 中的已知数据，填写表中各空格，并按适当比例绘制各孔、轴的公差带图。

表 2-17 （单位：mm）

序号	尺寸标注	公称尺寸	极限尺寸		极限偏差		公差
			上极限尺寸	下极限尺寸	上极限偏差	下极限偏差	
1	孔 $\phi40^{+0.039}_{0}$						
2	轴		ϕ60.041			+0.011	
3	孔	ϕ15			+0.017		0.011
4	轴	ϕ90		ϕ89.978			0.022

2-2 根据表 2-18 中三组配合的已知数据，填写表中各空格，并按适当比例画出尺寸公差带图和配合公带带图。

表 2-18 （单位：mm）

公称尺寸	孔			轴			X_{max} 或 Y_{min}	X_{min} 或 Y_{max}	X_{av} 或 Y_{av}	T_f	配合种类
	ES	EI	T_h	es	ei	T_s					
ϕ30		0				0.021	+0.074		+0.047		
ϕ50		−0.050				0.016		−0.083	−0.0625		
ϕ40			0.030	0			+0.028	−0.021			

2-3 查表确定下列公差带的极限偏差，并标注在括号内。

(1) ϕ50d8（ ） (2) ϕ90r8（ ） (3) ϕ40n6（ ）

(4) ϕ40R7（ ） (5) ϕ50D9（ ） (6) ϕ30M7（ ）

(7) ϕ85p8（ ） (8) ϕ40JS6（ ） (9) ϕ50P7（ ）

2-4 根据表 2-19 中的已知数据，填写其空格。

表 2-19 （单位：mm）

公称尺寸	极限偏差				极限松紧程度		配合代号
	ES	EI	es	ei	最松值	最紧值	
ϕ30	+0.021	0	+0.015	+0.002			
ϕ50	+0.064	+0.025	0	−0.025			
ϕ40	−0.025	−0.050	+0.033	+0.017			

2-5 已知 $\phi30e6\left(^{-0.040}_{-0.053}\right)$，$\phi30r7\left(^{+0.049}_{+0.028}\right)$ 和 $\phi30r8\left(^{+0.061}_{+0.028}\right)$，试按换算规则求出下列孔的极限偏差。

（1）ϕ30E7（　　）（2）ϕ30R7（　　）（3）ϕ30R8（　　）（4）ϕ30E8（　　）

2-6　判断题（对的在括号内填上"√"，错的填上"×"）

1. 过渡配合的孔轴连接，由于有些可能得到间隙，有些可能得到过盈，因此，过渡配合可能是间隙配合，也可能是过盈配合。（　　）

2. 孔与轴的加工精度越高，则其配合精度也越高。（　　）

3. 偏差可为正、负或零值，而公差只能为正值。（　　）

4. 若某配合的最大间隙为 20μm，配合公差为 30μm，则该配合一定是过滤配合。（　　）

5. 孔与轴的配合性质可用极限间隙或极限过盈来表示。（　　）

6. 基孔制就是孔的精度一定，通过改变轴的精度来获得不同配合的制度。（　　）

7. 一般来说，零件的实际（组成）要素越接近公称尺寸就越好。（　　）

8. 零件尺寸的加工成本取决于公差等级的高低，而与配合种类无关。（　　）

2-7　选择题

1. 配合的松紧程度取决于________。

A. 标准公差　　B. 基本偏差　　C. 孔与轴实际尺寸之差　　D. 极限尺寸

2. 作用尺寸是________。

A. 设计给定的　　B. 测量得到的　　C. 加工后形成的　　D. 装配时产生的

3. 从加工过程看，零件尺寸进入合格范围的"起始尺寸"是________。

A. 最大实体尺寸　　B. 最小实体尺寸　　C. 上极限尺寸　　D. 下极限尺寸

4. 比较相同尺寸的精度，取决于________；比较不同尺寸的精度，取决于________。

A. 基本偏差值的大小　　B. 公差值的大小

C. 标准公差因子　　D. 公差等级系数的大小

5. 国家标准规定优先选用基孔制配合，是________。

A. 因为孔比轴难加工　　B. 为了减少孔和轴的公差带数量

C. 为了减少定尺寸孔用刀具、量具的规格数量

6. 当轴的基本偏差为________时，与 H 基准孔配合形成间隙配合。

A. a～h　　B. j～n　　C. p～zc

2-8　设某配合的公称尺寸为 ϕ30mm，要求装配后的间隙在＋0.018～＋0.088mm 范围内，试按基孔制配合确定它们的配合代号。

2-9　对图 2-22 所示简图，试根据表 2-20 的配合要求，选择配合种类。

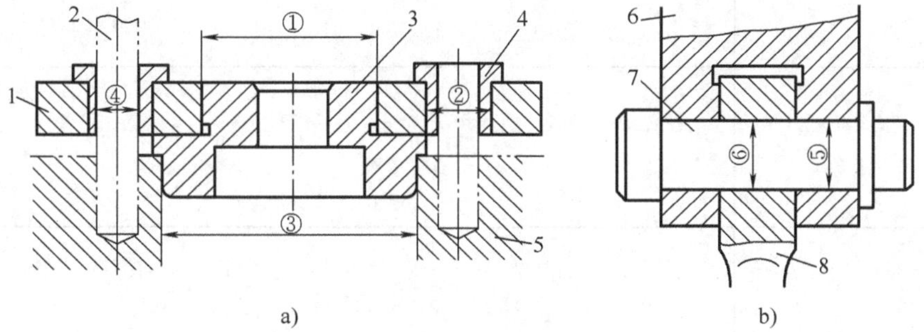

图　2-22

1—钻模具　2—钻头　3—定位套　4—钻套　5—工件　6—叉头　7—轴　8—拉杆

表 2-20

配合部位	配合要求	配合种类
①	有定心要求，不可拆连接	
②	有定心要求，可拆连接（钻套磨损后可更换）	
③	有定心要求，孔、轴间需有轴向移动	
④	有导向要求，轴、孔间需有相对的高速运动	
⑤	有定心要求，无相对运动，但要求易拆卸	
⑥	有相对运动，但间隙不能太大	

2-10 如图 2-23 所示，齿轮与轴用键联接，滚动轴承与轴和机座的配合分别采用 ϕ50k6 和 ϕ110J7。试选择部位①、②和③的配合代号标注在图 2-23 上，并说明选择的理由，见表 2-21。

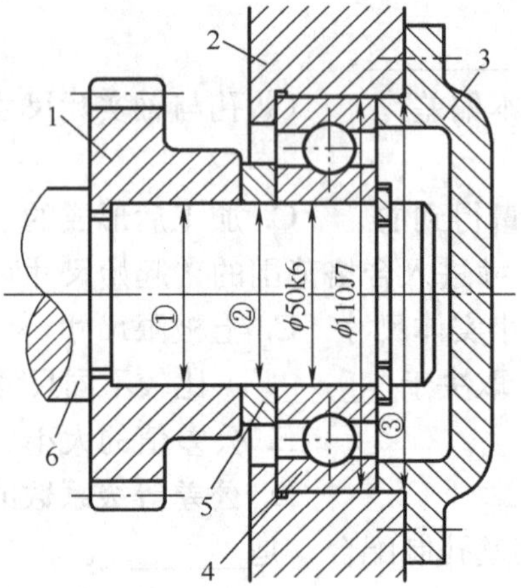

图 2-23

1—齿轮 2—机座 3—端盖 4—滚动轴承 5—挡环 6—轴

表 2-21

部位	配合代号	选择的理由
①		
②		
③		

2-11 判断下列各对配合的配合性质是否相同，并说明理由。

（1）ϕ25H7/g6 与 ϕ25G7/h6　　（2）ϕ60H8/f8 与 ϕ60F8/h8

（3）ϕ40K7/h6 与 ϕ40H7/k6　　（4）ϕ50K6/h6 与 ϕ50H6/k6

（5）ϕ40H7/s7 与 ϕ40S7/h7　　（6）ϕ60H7/s6 与 ϕ60S7/h6

2-12 有一孔、轴配合，要求镀铬后应满足 ϕ50H8/f7 的配合要求，镀铬层厚度为 0.008～0.012mm。试确定镀铬前孔、轴加工的公差带代号。

2-13 已知两孔、轴配合为 ϕ50H8/k7 和 ϕ50H7/js6，设孔、轴的实际偏差属正态分布，分布范围等于公差，分布中心与公差带中心重合。试求：（1）间隙和过盈的概率；（2）配合的分布范围（74.22%，25.78%，+28μm，−18μm；99.43%，0.57%，+27.3μm，−2.3μm）。

第三章　测量技术基础

制造业的发展离不开检测技术及其发展。机械产品的设计、制造及检测都是互换性生产中的重要环节。要实现互换性，保证机械零件、部件的质量，除了按标准合理设计技术参数的公差及正确地进行加工以外，还要进行正确的测量。所以，测量是机械制造不可缺少的重要组成部分。在测量过程中，应保证计量单位的统一和量值的准确，正确地选择计量器具和测量方法，并分析测量误差产生的原因和正确处理测量数据等。

第一节　测量的基本概念

一、测量的定义

在认识自然、改造自然的过程中，往往需要对一些现象或物体进行定量的描述，并以量值来表示。量值是指用一个数和一个合适的计量单位表示的量，如 1m、5kg 等。

测量就是为确定被测对象量值而进行的实验过程。也就是将被测的量与作为单位或标准的量，在数量上进行比较，从而确定两者比值的实验认识过程。用公式表示为

$$L = qE$$

式中，L 为被测量值；E 为计量单位；q 为测量所得的比值，即用计量单位表示被测量的数值。

本章所研究的测量是几何量测量，包括长度、角度、表面粗糙度、几何误差等的测量。

二、测量的四要素

测量的过程是一个比较的过程。在这一过程中，除了明确被测对象、计量单位以外，还需要采用一定的方法，选用合适的计量器具，以及判定测量结果是否准确可靠。因此，一个完整的测量过程应包括被测对象、计量单位、测量方法以及测量精度四个要素。

1. 被测对象

机械制造中的被测对象是各式各样的，要测量的参数也多种多样。对于被测对象的特性、被测参数的定义、有关标准和测量的要求等，都必须有清晰而明确的理解和认识，才能正确地进行测量。

2. 计量单位

计量单位是进行测量的依据。被指定作为计量单位的量值应该稳定不变，能够复现，便于应用，并且应该是统一的。我国从 1984 年起实行法定计量单位，确定以米制作为我国的基本计量制度。其中，长度计量的基本单位是米（m），其他常用长度单位有毫米（$1mm=10^{-3}m$）、微米（$1\mu m=10^{-3}mm$）和纳米（$1nm=10^{-3}\mu m$）；角度单位是弧度（rad），其他常用角度单位还有度（°）、分（′）和秒（″）。

3. 测量方法

测量方法是指测量时所采用的测量原理、计量器具和测量条件的总和。包括测量的原理、方式和步骤，以及根据被测对象的特性，如精度、大小、重量、材质、结构形状及数量

等选用计量器具和辅助用具，以及测量时的主、客观条件（如温度、湿度、振动、噪声、环境及操作人员的水平、心理素质和情绪）等。

4. 测量精度

测量精度是指测量结果与被测量真值的一致性程度。任何测量总是存在误差的，即测得值与真值之间总存在着差异，这个差异称之为测量误差。由于测量误差的存在，任何测量结果都是以一近似值表示。因此，不知道测量精度的测量结果是不完整的。

对测量的基本要求是：必须将测量误差控制在允许的限度内，保证所需的测量效率，并做到经济合理。

第二节 长度基准和量值的传递

一、长度基准及长度单位

1. 长度基准

为了保证长度测量的准确度，首先需要建立统一、可靠的长度基准。长度基准是指定义、复现、保存长度单位并通过它传递给其他计量器具的物体。对长度基准的要求是：稳定不变、便于保存和易于复现。

2. 长度单位

长度单位“米”是国际单位制的七个基本单位之一。1983 年第十七届国际计量大会通过的“米”的定义为：米是光在真空中 1/299792458s 时间间隔内所经过的距离。近年来，由于激光频率稳定技术和频率测量技术取得了重大进展，故采用激光波长作为长度基准，它具有很好的稳定性和复现性。

二、长度量值传递系统

上述长度基准显然是无法直接应用于生产实际和科学研究中的测量工作的。为了保证长度量值的统一和准确，必须建立一套从长度基准到实际测量工作中使用的各种计量器具，直至被测零件的量值传递系统，并从组织上和技术上保证量值传递的准确性，如图 3-1 所示。

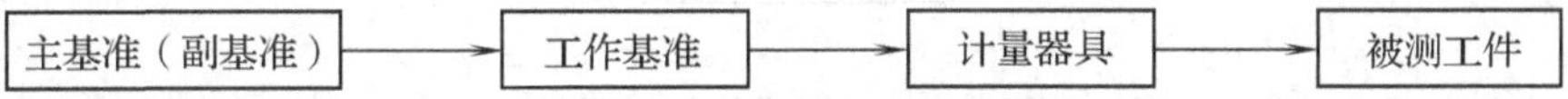

图 3-1 量值传递系统

长度量值的传递有两种基准实物体：刻线线纹尺和端面量具（量块），如图 3-2 所示。在机械制造中尤以量块的应用更为广泛。

三、量块

量块是一种高精度的平面平行端面量具。它主要用于长度量值的传递、计量器具的检定和校准以及机床、设备、夹具等的精密调整、工件的精密划线和精密测量等。

量块通常为矩形截面的长方体。它有一对相互平行的、十分光洁平整的测量面（$Ra \leqslant 0.01\mu m$ 或 $0.016\mu m$），测量面间具有非常精确的尺寸，如图 3-3 所示。量块的测量面可以和另一量块的测量面相研合而组合使用，也可以和具有类似表面质量的辅助体表面相研合而用于长度的测量。

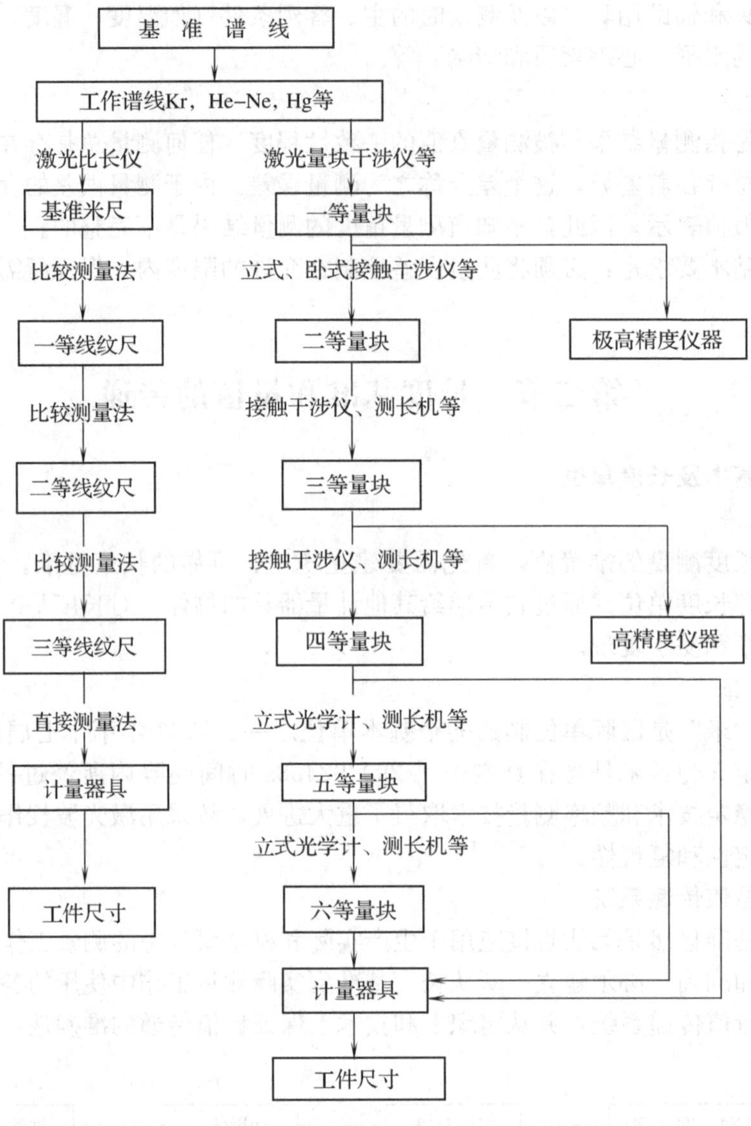

图 3-2 长度量值传递系统

量块多用优质钢或能被精加工成容易研合表面的其他类似耐磨材料制造。钢制量块的线胀系数为 $(11.5\pm1.0)\times10^{-6}$℃$^{-1}$。经过复杂特殊的热处理后，其表面硬度不低于 63HRC，且具有耐磨性好、不易变形、性质稳定等特点。

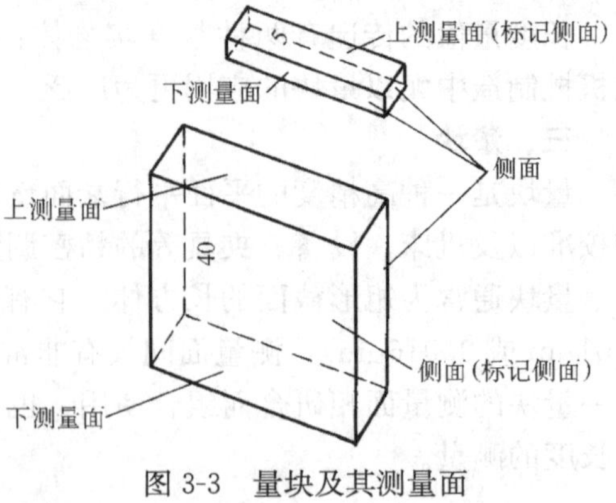

图 3-3 量块及其测量面

1. 量块的定义

(1) 量块长度 l　量块一个测量面上的任意点到与其相对的另一测量面相研合的辅助体表面之间的垂直距离，辅助体的材料和表面质量应与量块相同，如图 3-4a 所示。

(2) 量块中心长度 lc　对应于量块未研合

测量面中心点的量块长度，如图 3-4a 所示。

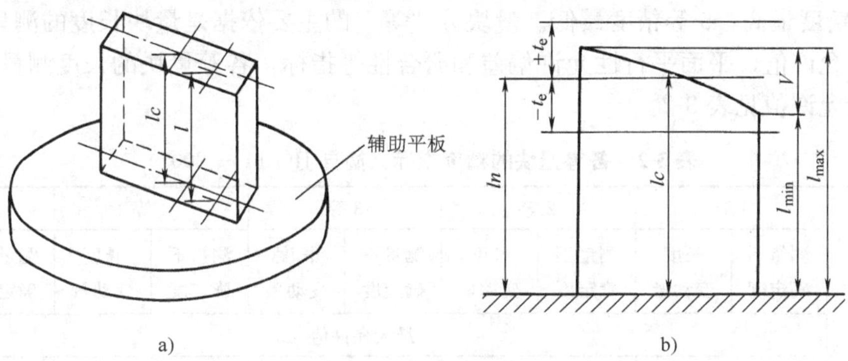

图 3-4　有关量块长度的定义

（3）量块标称长度 ln　标记在量块上，用以表明其与主单位之间关系的量值，也称为量块长度的示值，如图 3-4b 所示。

（4）任意点的量块长度相对于标称长度的偏差 e　指代数差 $l-ln$。

（5）量块长度变动量 V　量块测量面上任意点中的最大长度 l_{max} 与最小长度 l_{min} 之差，如图 3-4b 所示。

（6）研合性　量块的一个测量面与另一量块测量面或与另一经精加工的类似量块测量面的表面，通过分子力的作用而相互粘合的性能。

2. 量块的精度

为了满足不同场合的需要，我国的标准对量块规定了若干精度等级。

1）根据 GB/T 6093—2001《几何量技术规范（GPS）　长度标准　量块》的规定，量块按其制造精度分为五级，即 0、1、2、3 和 K 级。其中，0 级精度最高，3 级精度最低，K 级为校准级。量块分“级”的主要依据是量块长度极限偏差 $\pm t_e$ 和量块长度变动量最大允许值 t_v，见表 3-1。

表 3-1　各级量块的精度指标（摘自 GB/T 6093—2001）　（单位：μm）

标称长度 ln/mm	K 级		0 级		1 级		2 级		3 级	
	量块测量面上任意点长度相对于标称长度的极限偏差 $\pm t_e$	量块长度变动量最大允许值 t_v	量块测量面上任意点长度相对于标称长度的极限偏差 $\pm t_e$	量块长度变动量最大允许值 t_v	量块测量面上任意点长度相对于标称长度的极限偏差 $\pm t_e$	量块长度变动量最大允许值 t_v	量块测量面上任意点长度相对于标称长度的极限偏差 $\pm t_e$	量块长度变动量最大允许值 t_v	量块测量面上任意点长度相对于标称长度的极限偏差 $\pm t_e$	量块长度变动量最大允许值 t_v
$ln\leqslant10$	0.20	0.05	0.12	0.10	0.20	0.16	0.45	0.30	1.00	0.50
$10<ln\leqslant25$	0.30	0.05	0.14	0.10	0.30	0.16	0.60	0.30	1.20	0.50
$25<ln\leqslant50$	0.40	0.06	0.20	0.10	0.40	0.18	0.80	0.30	1.60	0.55
$50<ln\leqslant75$	0.50	0.06	0.25	0.12	0.50	0.18	1.00	0.35	2.00	0.55
$75<ln\leqslant100$	0.60	0.07	0.30	0.12	0.60	0.20	1.20	0.35	2.50	0.60
$100<ln\leqslant150$	0.80	0.08	0.40	0.14	0.80	0.20	1.60	0.40	3.00	0.65
$150<ln\leqslant200$	1.00	0.09	0.50	0.16	1.00	0.25	2.00	0.40	4.00	0.70
$200<ln\leqslant250$	1.20	0.10	0.60	0.16	1.20	0.25	2.40	0.45	5.00	0.75

注：距离测量面边缘 0.8mm 范围内不计。

2）根据JJG 146—2003《量块检定规程》的规定，量块按其检定精度分为1～5共五等。其中，1等精度最高，5等精度最低。量块分“等”的主要依据是量块长度的测量不确定度、长度变动量允许值、平面平行性允许偏差和研合性等指标，各等量块的长度测量不确定性及长度变动量允许值见表3-2。

表3-2　各等量块的精度指标（摘自JJG 146—2003）

标称长度 ln/mm	1等		2等		3等		4等		5等	
	测量不确定度	长度变动量	测量不确定度	长度变动量	测量不确定度	长度变动量	测量不确定度	长度变动量	测量不确定度	长度变动量
	最大允许值/μm									
$ln \leqslant 10$	0.022	0.05	0.06	0.10	0.11	0.16	0.22	0.30	0.6	0.50
$10 < ln \leqslant 25$	0.025	0.05	0.07	0.10	0.12	0.16	0.25	0.30	0.6	0.50
$25 < ln \leqslant 50$	0.030	0.06	0.08	0.10	0.15	0.18	0.30	0.30	0.8	0.55
$50 < ln \leqslant 75$	0.035	0.06	0.09	0.12	0.18	0.18	0.35	0.35	0.9	0.55
$75 < ln \leqslant 100$	0.040	0.07	0.10	0.12	0.20	0.20	0.40	0.35	1.0	0.60
$100 < ln \leqslant 150$	0.05	0.08	0.12	0.14	0.25	0.20	0.50	0.40	1.2	0.65
$150 < ln \leqslant 200$	0.06	0.09	0.15	0.16	0.30	0.25	0.60	0.40	1.5	0.70
$200 < ln \leqslant 250$	0.07	0.10	0.18	0.16	0.35	0.25	0.70	0.45	1.8	0.75

注：1. 距离测量面边缘0.8mm范围内不计。
2. 表内测量不确定度置信概率为0.99。

3. 量块的使用

量块的精度有上述两种表达方式，与之对应，量块的使用也有两种方法。

1）按“级”使用，应以量块标称长度作为工作尺寸。显然，该尺寸包含了量块的实际制造误差。

2）按“等”使用，应以经检定后所给出的量块中心长度的实测值作为工作尺寸。显然，该尺寸不包含制造误差，但包含了量块检定时相对较小的测量误差。所以，按“等”使用的测量精度比按“级”使用的高。我国进行长度量值传递时用“等”；许多工厂在精密测量中也常按“等”使用量块，因为除可提高测量精度外，还能延长量块的使用期限。

4. 量块的组合

量块不仅具有尺寸准确、性质稳定、表面耐磨等特性，还具有研合性。由于量块是一种单值的定值量具，为了满足一定范围内不同的尺寸要求，可以利用量块的研合性，将不同尺寸的量块进行研合而构成所需要的工作尺寸。这样，既为量块的成套生产创造了条件，又解决了实际应用问题。根据GB/T 6093—2001的规定，我国生产的成套量块有91块、83块、46块、38块等17种套别。表3-3为从标准中摘录的几套量块的尺寸系列。

为减少量块组的累积误差，获得较高的尺寸精度，在量块组合时应力求用最少的块数来组成所需的尺寸（一般不超过四块）。选用量块时，应从消去所需尺寸的最后一位或两位数字开始，逐一选取，称之为“去尾数”原则。

表 3-3 成套量块的组合尺寸（摘自 GB/T 6093—2001）

套别	总块数	级别	尺寸系列/mm	间隔/mm	块数
1	91	0，1	0.5	—	1
			1	—	1
			1.001，1.002，…，1.009	0.001	9
			1.01，1.02，…，1.49	0.01	49
			1.5，1.6，…，1.9	0.1	5
			2.0，2.5，…，9.5	0.5	16
			10，20，…，100	10	10
2	83	0，1，2	0.5	—	1
			1	—	1
			1.005	—	1
			1.01，1.02，…，1.49	0.01	49
			1.5，1.6，…，1.9	0.1	5
			2.0，2.5，…，9.5	0.5	16
			10，20，…，100	10	10
3	46	0，1，2	1	—	1
			1.001，1.002，…，1.009	0.001	9
			1.01，1.02，…，1.09	0.01	9
			1.1，1.2，…，1.9	0.1	9
			2，3，…，9	1	8
			10，20，…，100	10	10

例 3-1 试从83块一套的量块中组成所需要的尺寸：58.865mm

	58.865	所需量块组尺寸
−	1.005	第一块量块尺寸
	57.86	
−	1.36	第二块量块尺寸
	56.5	
−	6.5	第三块量块尺寸
	50	第四块量块尺寸

即
$$58.865\text{mm}=(1.005+1.36+6.5+50)\text{mm}$$

第三节 计量器具与测量方法

一、计量器具的分类

计量器具是用于直接或间接测出被测对象量值的量具、计量仪器（仪表）和计量装置的统称。

1. 量具

量具是指结构比较简单、能以固定形式复现量值的计量器具，包括单值量具、多值量具以及标准量具等。

1）单值量具指复现单一量值的量具，如量块、角度块等。通常成套使用。

2）多值量具指能复现同一物理量一系列不同量值的量具，如线纹尺等。

3）标准量具用作计量标准，供量值传递或检定校准计量器具用，如量块、多面棱体等。

4）量规是专用的没有刻度的检验工具。它用于检验零件尺寸、形状与位置误差等的综合结果是否超越极限边界，因而只能判断零件是否合格，而不能测出具体的量值。

2. 计量仪器

计量仪器是指能将被测量转换为可供直接观测的指示值或等效信息的计量器具，一般具有敏感元件（测头）、放大系统和指示（读数）装置，这是它与量具的显著区别。根据其原始信号转换的原理，计量仪器（简称量仪）可分为以下几种：

1）机械式量仪是指用机械方法实现原始信号转换的量仪，如指示表、杠杆比较仪、扭簧比较仪等。在这类量仪中，被测量的变化使测头产生位移，并通过杠杆、齿轮、弹簧等机械变换器进行转换（放大）。其特点是结构简单、性能稳定和使用方便。

2）光学式量仪是指用光学方法实现原始信号转换的量仪，如光学比较仪、测长仪、工具显微镜、干涉仪、激光准直仪等。这类量仪主要是利用光学成像的放大或缩小、光束方向改变、光波干涉和光量变化等原理，以实现对被测量值的转换。其特点是精度高、性能稳定。

3）电动式量仪是指将原始信号转换为电量形式信息的量仪，如电感测微仪、电容测微仪、圆度仪以及表面粗糙度检查仪等。这类量仪是将被测信号（如测头的位移等）转换为电阻、电容及电感等电量的变化，产生电压或电流输出，经放大和计算后进行显示。其特点是精度高，测量信号便于传输并与计算机连接，故易于实现测量和数据处理的自动化。

4）气动式量仪是指以压缩空气为介质，通过气动系统流量或压力的变化来实现原始信号转换的量仪，如浮标式气动量仪、水柱式气动量仪等。这类量仪的特点是结构简单，测量精度和效率高，操作方便，但示值范围小。

5）光机电综合类量仪是指综合应用光、机、电技术进行测量的，且一般都配有计算机系统进行自动检测、数据处理、结果输出的量仪，如三坐标测量机、齿轮测量中心等。这类量仪的特点是测量精度高、自动化程度高，能测量较为复杂的零件和参数。

3. 计量装置

计量装置是指为确定被测量值所必需的计量仪器、量具和辅助设备（测量夹具、测量变换器以及辅助用具和电源等）的总体。这类量仪能够测量较多的几何参数和较复杂的零件，有助于实现检测自动化或半自动化。

二、计量器具的技术性能指标

计量器具的技术性能指标是合理选择和使用计量器具的重要依据，其主要指标如图 3-5 所示。

（1）标尺间距 c　指计量器具标尺或分度盘上相邻两刻线中心之间的距离或圆弧长度。考虑到人眼在明视距离的分辨能力，一般标尺间距为 1～2.5mm。

（2）分度值 i　指计量器具标尺或分度盘上每一标尺间距所代表的量值。由于分度值表示计量器具所能读出的被测量值的最小单位，所以一般地说，分度值越小，计量器具的精度越高。

（3）示值范围 b　指计量器具标尺的指示范围，即计量器具所能显示或指示的最低值到最高值的范围。

（4）测量范围 B　指计量器具在允许的误差限内所能测量的被测量值的范围。

（5）灵敏度 K　指计量器具对被测量变化的反应能力。对于一般的长度计量器具，灵

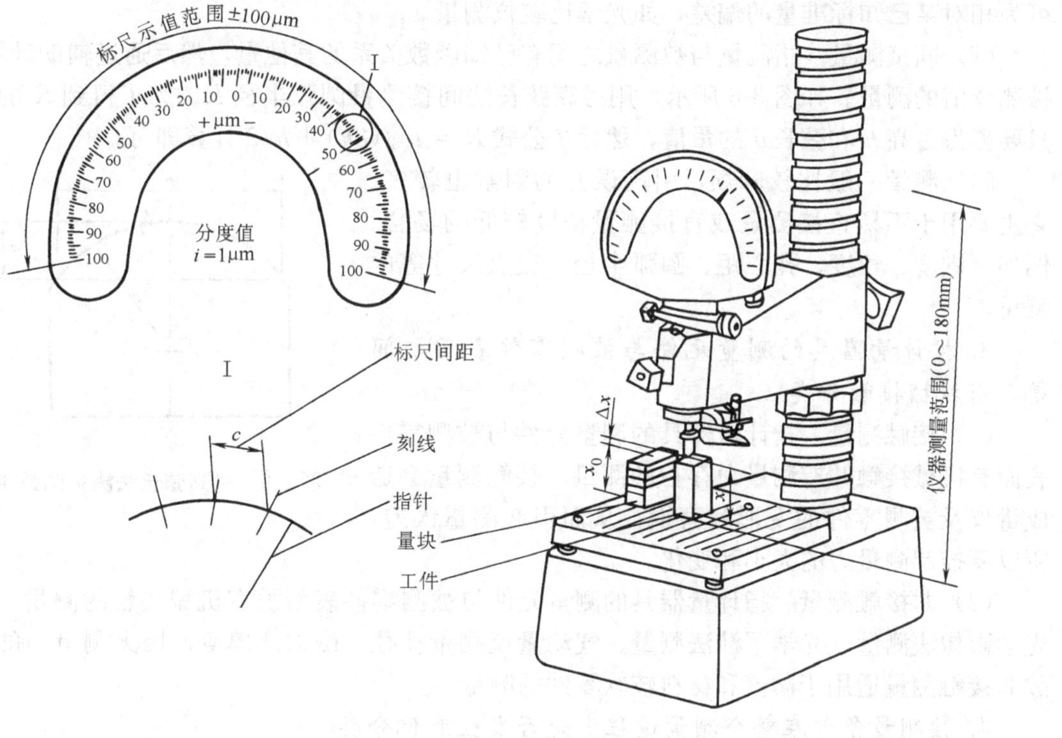

图 3-5　机械式比较仪的技术性能指标

敏度又称放大比。对于具有等分刻度的标尺或度盘的量仪，放大比 K 等于标尺间距 c 与分度值 i 之比，即 $K=c/i$ 。一般地说，分度值越小，计量器具的灵敏度就越高。

（6）示值误差　指量具标称值或量仪的示值与被测量真值的代数差。

（7）示值变动　指在测量条件不作任何变动的情况下，对同一被测量进行多次重复测量（一般 5～10 次）时，其结果的最大差异。

（8）不确定度　指由于测量误差的存在而使测量结果不能肯定的程度。

（9）修正值　指为了消除或减少系统误差，用代数法加到测量结果上的数值，它与示值误差的绝对值相等，而符号相反。例如，示值误差为＋0.003mm，则修正值为－0.003mm。

三、测量方法的分类

1. 按示值方式不同分类

（1）绝对测量　指计量器具显示或指示的示值为被测量的全值的测量。例如，用游标卡尺、外径千分尺测量轴径的大小。

（2）相对测量（比较测量）　指计量器具显示或指示的示值仅仅是被测量相对于某已知标准量的偏差值的测量。被测量值等于已知标准量与偏差值的代数和。如图 3-5 所示，用机械比较仪测量工件尺寸 x，所用标准件量块的尺寸为 x_0。若量仪示值为 Δx，则工件尺寸 $x=x_0+\Delta x$ 。

一般地说，比较测量法的测量精度较高，操作也简单，广泛用于长度的精密测量中。

2. 按测量结果获得方法不同分类

（1）直接测量　指无需将被测量与其他量进行函数关系的辅助计算，而直接得到被测量值的测量。从计量器具读数装置读出的示值，可为被测量的全值，如用外径千分尺测量；也可为相对某已知标准量的偏差，如光学比较仪测量。

（2）间接测量　指测量与被测量之间有已知函数关系的其他量，然后通过辅助计算得到被测量值的测量。如图 3-6 所示，用弓高弦长法间接测量圆弧半径 R。为了得到 R 的量值，只要测得弓高 h 和弦长 b 的量值，然后按公式 $R=b^2/(8h)+h/2$ 计算即可。

间接测量一般比较麻烦，引起误差的因素也较多。它主要用于不易直接测量或直接测量精度较低的场合。例如，锥度、角度、孔心距、圆弧半径、交点尺寸等的测量。

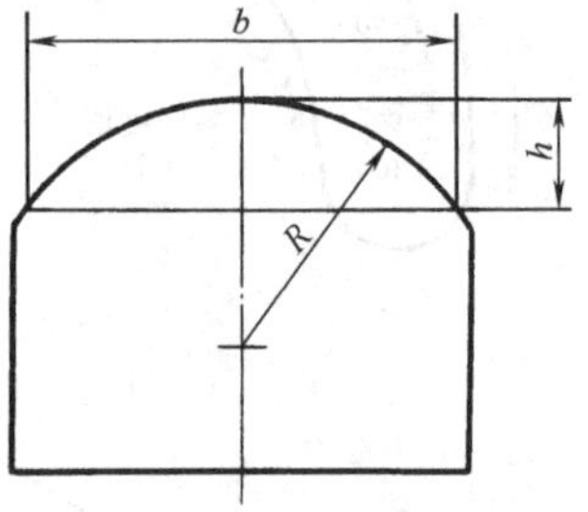

图 3-6　弓高弦长法测量圆弧半径

3. 按计量器具的测量元件与被测零件表面之间是否有机械接触分类

（1）接触测量　指计量器具的测量元件与被测零件表面有机械接触并有测量力存在的测量。接触测量会造成量仪及被测零件的变形和磨损，从而引起测量误差，所以要控制测量力的大小和变化。

（2）非接触测量　指计量器具的测量元件与被测零件表面没有机械接触的测量。例如，光学影像法测量、光学干涉法测量、气动量仪测量孔径、磁力测厚等。因无测量力的存在，故非接触测量适用于薄壁和材料较软零件的测量。

4. 按测量条件在整个测量过程中是否发生变化分类

（1）等精度测量　指在整个测量过程中，决定测量精度的全部因素或条件不发生变化的测量。例如，由同一观测者使用同一台仪器，在同样的条件下，以同样的方法，同样仔细地对同一被测量进行多次重复的测量。

（2）不等精度测量　指在整个测量过程中，决定测量精度的全部因素或条件可能完全或部分发生改变的测量。显然，其测量结果的可靠性和精确程度各不相同。

5. 按零件上同时被测参数的多少及参数的特性分类

（1）单项测量　指单独地测量被测零件上的各个参数的测量。例如，用影像法分别测量螺纹的螺距、牙侧角、中径。这种测量方法主要用于刀具、量具等高精度零件的测量，以及产品质量分析、工序检验、工艺分析、机床调整等。

（2）综合测量　指测量被测零件上几个相关参数的综合效应或综合参数，从而综合地判断零件是否合格的测量。例如，用螺纹塞规或环规测量被测螺纹是否合格。这种测量方法主要用于完工检验，其主要特点是效率高，适用于大批量生产。

6. 按在工艺过程中的作用分类

（1）主动测量　指在零件加工过程中进行的测量。其测量结果直接用来控制被测零件的加工过程，决定是否需要继续加工或者判断工艺过程是否正常。它使测量与加工有机地结合，可防止废品的产生，因此又称积极测量。

（2）被动测量　指零件加工一道工序或所有工序完成以后所进行的测量。其测量结果只能用于发现和剔除废品，因此又称消极测量。

7. 按测量时计量器具的测量元件与被测零件之间是否有相对运动分类

（1）静态测量　指在测量过程中，被测量或被测零件与计量器具的测量元件之间处于相对静止状态的测量，如用卧式测长仪测量卡规尺寸等。

（2）动态测量　指在测量过程中，被测量或被测零件与计量器具的测量元件之间处于相对运动状态的测量，如用圆度仪测量圆度误差。

第四节　测量误差及数据处理

一、测量误差及其表示方法

由于计量器具本身的误差以及测量方法和条件的限制，任何测量过程都不可避免地存在误差，即测量结果并非被测量的真实量值。

1. 测量误差的含义

测量误差是测得值与被测量真值之间的差异在数值上的表现形式。一般来说，被测量的真值是不知道的。在实际测量时，常用约定真值、相对真值或不存在系统误差情况下的多次测量的算术平均值来代表真值。例如，用按“等”使用的量块检定千分尺，对于千分尺的示值来说，量块的实际尺寸就可视为真值。

2. 测量误差的表示方法

测量误差可用绝对误差和相对误差表示。

（1）绝对误差 δ　指被测量的测得值（量仪的指示值）x 与其真值 x_0 之差，即

$$\delta=x-x_0 \tag{3-1}$$

例如，用分度值为 0.02mm 的游标卡尺测得某零件的尺寸为 30.06mm，而该零件用高精度量仪测量的结果为 30.035mm（相对真值），则可认为该游标卡尺的绝对误差为

$$\delta=30.06-30.035=+0.025\text{mm}$$

绝对误差 δ 的绝对值越小，说明测得值越接近真值，因此测量精度就越高；反之，测量精度就越低。

（2）相对误差 ε　指测量值绝对误差的绝对值与被测量真值之比。实际应用中，可用被测量的测得值代替其真值进行估算。用公式表示为

$$\varepsilon=\frac{|x-x_0|}{x_0}=\frac{|\delta|}{x_0}\approx\frac{|\delta|}{x}\times100\% \tag{3-2}$$

对于上例，若以相对误差表示，则有 $\varepsilon=0.025/30.035\times100\%=0.08\%$。

在长度计量中，相对误差应用较少，通常所说的测量误差，一般是指绝对误差。

由于种种原因，测量误差的大小也是变化的，但它总有一个范围。通常把测量绝对误差的变化范围叫做测量极限误差，用 $\delta_{\lim}$ 表示。即在一定置信概率下，所求真值 x_0 必处于测得值 x 附近的最小范围。用公式表示则有

$$x-\delta_{\lim}\leqslant x_0\leqslant x+\delta_{\lim}$$

或

$$x_0=x\pm\delta_{\lim} \tag{3-3}$$

二、测量误差的来源及其减小措施

在实际工作中，为了提高测量精度，减小测量误差，有必要了解测量误差产生的原因和减小测量误差的途径。在实际测量中，测量误差的来源主要有计量器具误差、测量方法误差、环境误差及人员误差等。

1. 计量器具误差

计量器具误差是指计量器具本身所具有的误差，包括计量器具的设计（即工作原理）、

制造、安装调试等项误差。

(1) 基准件误差　计量器具均有基准件，如刻线尺、分度盘、量块等，这些基准件不可避免地存在误差。例如，测长仪基准刻线尺的刻线误差、调整比较仪用的量块中心长度误差。显然，基准件误差将直接反映到测量结果中，且为计量器具误差的主要来源之一。为此，要提高测量精度，就要提高对基准件的精度要求，并对基准件的误差进行修正。

(2) 原理误差　指计量器具工作原理与结构布置上造成的测量误差。例如，在计量器具设计中，为简化结构，常用近似机构代替理论上所要求的机构而引起测量误差。又如，当计量器具的结构布置或测量零件尺寸时违背阿贝原则，就会引起阿贝误差。阿贝原则是指在设计计量器具或测量零件时，应将被测长度与基准长度安置在同一直线上的原则。因此，在使用类似不符合阿贝原则的计量器具时，应在测量过程中尽可能将被测长度靠近基准长度，以减少阿贝误差。

(3) 测量力引起的误差　测量力是指测量过程中被测表面承受的测量压力。测量力的存在必将引起被测零件和测量装置产生变形，从而引起测量误差。为了既保证接触可靠，又减小测量力引起的测量误差，多数计量器具都确定了合适的测量力的大小，并装有测量力的稳定装置。

(4) 读数误差　包括瞄准误差和视差两部分。通常，瞄准误差与对准方式、测线宽度、被测件形状、人眼的分辨能力等有关；而视差除了与测量者的主观因素有关外，还取决于读数装置的结构。

(5) 计量器具的制造与安装误差　计量器具是由许多零部件组成的，它们在制造和安装中均不可避免地存在误差，从而引起计量器具的误差而给测量过程带来测量误差。例如，导轨的直线度误差、分划板的刻线误差、安装偏心误差以及传动件的间隙等。

2. 测量方法误差

测量方法误差是指测量方法不完善或被测件安装定位方式不当、位置不正等所引起的测量误差。例如，用两点法测量圆度误差、间接测量中采用近似计算、测量基准与工艺基准或设计基准不重合、测头偏离被测长度等。

3. 环境误差

环境误差是指测量时的环境条件不符合标准条件而引起的测量误差。

精密测量时，若室温偏离标准温度（20℃）或被测件与基准件有温差或室温变化，都会产生测量误差。再则，由于被测件与计量器具或基准件的材料不同，也将引起测量误差。

由偏离标准温度而引起的被测件尺寸的变化量 Δx 可按式（3-4）计算

$$\Delta x = x[\alpha_2(t_2-20)-\alpha_1(t_1-20)]$$

即

$$\Delta x = x[(\alpha_2-\alpha_1)(t_2-20)+\alpha_1(t_2-t_1)] \tag{3-4}$$

由被测件与基准件温差和室温变化而引起的被测件尺寸的变化量 $\delta_{\lim}$ 为

$$\delta_{\lim} = \pm x\sqrt{(\alpha_2-\alpha_1)^2(\Delta t)^2+\alpha_1^2(t_2-t_1)^2} \tag{3-5}$$

式中，x 为被测尺寸（mm）；α_1、α_2 为基准件、被测件材料的线胀系数，（10^{-6}℃$^{-1}$）；t_1、t_2 为基准件、被测件的温度（℃）；Δt 为室温变化（℃）。

4. 人员误差

人员误差是指测量者的主观因素（如技术熟练程度、工作疲劳程度、测量习惯、思想情绪等）而引起的测量误差。例如，测量者使用计量器具的方法不正确或操作不当等。

三、测量误差的分类及处理

根据测量误差的特点和性质不同，可将测量误差分为随机误差、系统误差和粗大误差三类。

1. 随机误差

（1）随机误差的定义 随机误差是指在相同条件下多次测量同一量值时，其误差的大小和符号以不可预见的方式变化的误差。它是测量过程中许多独立的、微小的、随机的、一时不便于控制的因素引起的综合结果。例如，计量器具中机构的间隙、运动件间的摩擦力变化、测量力的不恒定和温度、湿度的波动等引起的测量误差。

随机误差是不能够消除的，原因是随机误差的存在与变化不受人为支配与控制。单次测量值或各测量值之间无确定的规律可循，不可能由前一次误差预测后一次误差。但是，对同一被测量进行多次重复测量，其随机误差从总体上却能反映出一定的统计规律，运用概率与统计数学的方法可对其进行描述与处理。通过处理，可以减小随机误差对测量结果的影响，并评定出影响程度。

（2）随机误差的分布及其特性 随机误差的分布及其特性可用实验统计的方法加以说明。

例 3-2 对同一被测量进行等精度的150次测量，将 150 个测得值按等间隔分成 11 组，各组的尺寸范围及相应的中值 x_i 出现的次数 n_i 和频率 n_i/N 列于表 3-4。显然总测量次数 $N=\sum n_i$；$\sum n_i/N=1$。

根据表 3-4 的数据，以横坐标代表各组的中值 x_i，纵坐标代表频率 n_i/N，可作出如图 3-7a 所示频率直方图。连接各矩形顶边中心，得到折线所示的随机误差实际分布曲线。当 $N\to\infty$，$\Delta x\to 0$ 时，则得到图 3-7b 所示的光滑曲线——随机误差的正态分布曲线。

表 3-4 数据表

序号 i	测量值范围	测量中值 x_i	出现次数 n_i	频率 n_i/N
1	7.1305～7.1315	7.131	1	0.007
2	7.1315～7.1325	7.132	3	0.020
3	7.1325～7.1335	7.133	8	0.054
4	7.1335～7.1345	7.134	18	0.120
5	7.1345～7.1355	7.135	28	0.187
6	7.1355～7.1365	7.136	34	0.227
7	7.1365～7.1375	7.137	29	0.193
8	7.1375～7.1385	7.138	17	0.113
9	7.1385～7.1395	7.139	9	0.060
10	7.1395～7.1405	7.140	2	0.013
11	7.1405～7.1415	7.141	1	0.007

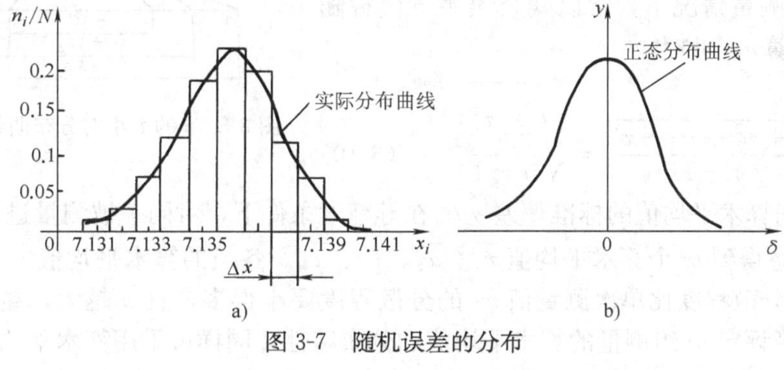

图 3-7 随机误差的分布

由正态分布曲线可以看出，随机误差具有以下四个分布特性：

1）单峰性。绝对值小的随机误差比绝对值大的随机误差出现的概率大。

2）对称性。绝对值相等、符号相反的随机误差出现的概率相等。

3）有界性。在一定的测量条件下，随机误差的绝对值不会超出一定的界限。

4）抵偿性。随着测量次数的增加，随机误差的算术平均值趋向于零。

根据概率论原理，正态分布曲线的数学表达式为

$$y=\frac{1}{\sigma\sqrt{2\pi}}e^{-\frac{\delta^2}{2\sigma^2}} \tag{3-6}$$

式中，y 为概率密度；δ 为随机误差；e 为自然对数的底；σ 为标准偏差。

（3）随机误差的评定指标

1）测量列的算术平均值 $\overline{x}$。在相同条件下，对同一被测量进行多次（n 次）重复测量时，得到一系列测得值 x_1、x_2、x_3、…、x_n。这些测得值的算术平均值为

$$\overline{x}=\frac{x_1+x_2+\cdots+x_n}{n}=\frac{1}{n}\sum_{i=1}^{n}x_i \tag{3-7}$$

当测量列中没有系统误差时，可取测量列的算术平均值 $\overline{x}$ 作为测量结果。因为它是最接近于真值 x_0 的，且测量次数越多，$\overline{x}$ 越接近 x_0，它所代表的测量结果越准确（推导略）。

2）测量列中单次测量的标准偏差 σ。它是表征对同一被测量进行 n 次测量所得值的分散性的参数。其数学表达式为

$$\sigma=\sqrt{\frac{\delta_1^2+\delta_2^2+\cdots+\delta_n^2}{n}}=\sqrt{\frac{\sum_{i=1}^{n}\delta_i^2}{n}} \tag{3-8}$$

由式（3-6）可以看出，当 δ 为零时，y 有最大值，即 $y_{max}=1/(\sigma\sqrt{2\pi})$。显然，$y_{max}$ 随标准偏差 σ 的大小而变，不同的 σ 对应不同形状的正态分布曲线。如图 3-8 所示，$\sigma_1<\sigma_2<\sigma_3$，而 $y_{max1}>y_{max2}>y_{max3}$，即 σ 越小，y_{max} 越大，分布曲线越陡峭，表明随机误差分布越集中，测量方法的精密度越高；反之亦然。

3）残余误差 v。指测量列中任一测得值 x_i 与该列的算术平均值 $\overline{x}$ 之差，即

$$v_i=x_i-\overline{x} \tag{3-9}$$

由于真值 x_0 是未知的，则随机误差 δ_i 也是未知的，故不能直接计算标准偏差 σ。实际应用中，在有限次数的测量情况下，常以残余误差 v 代替随机误差 δ 来计算 σ。此时

$$\sigma=\sqrt{\frac{v_1^2+v_2^2+\cdots+v_n^2}{n-1}}=\sqrt{\frac{\sum_{i=1}^{n}v_i^2}{n-1}} \tag{3-10}$$

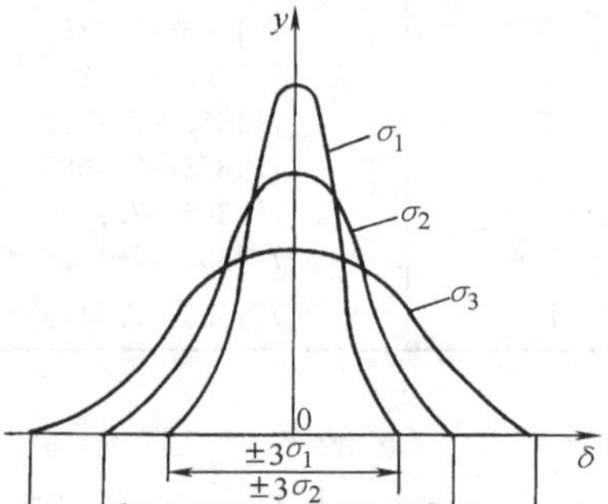

图 3-8　σ 的大小对分布曲线形状的影响

4）测量列算术平均值的标准偏差 $\sigma_{\overline{x}}$。在等精度条件下，对同一被测量进行 m 组、每组 n 次测量时，将得到 m 个算术平均值 $\overline{x}_1$、$\overline{x}_2$、…、$\overline{x}_m$。各组的算术平均值 $\overline{x}_i$ 也不会完全相同，但它们的分散程度比单次测量值 x_i 的分散程度要小得多，且 n 越大，越小得多，如图 3-9 所示。为了评定 m 组测量的算术平均值的分布特性，同样可采用算术平均值的标准偏差

$\sigma_{\overline{x}}$作为评定指标。

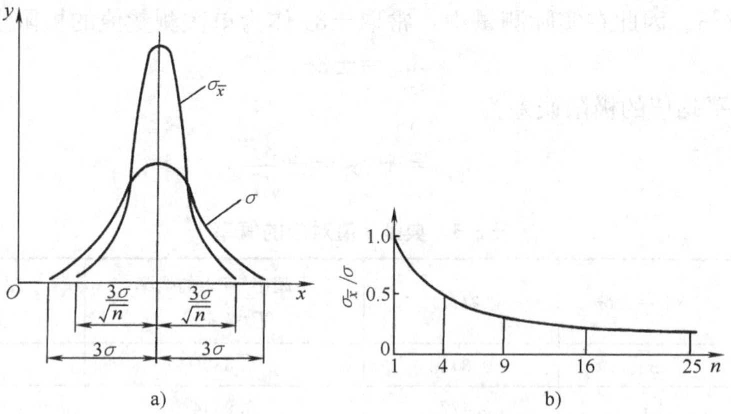

图 3-9 $\sigma_{\overline{x}}$、σ、n之间的关系

a) $\sigma_{\overline{x}}$和σ的关系 b) $\sigma_{\overline{x}}/\sigma$与$n$的关系

根据误差理论，测量列算术平均值的标准偏差$\sigma_{\overline{x}}$与测量列单次测量值的标准偏差σ存在如下关系（推导略）

$$\sigma_{\overline{x}}=\frac{\sigma}{\sqrt{n}} \tag{3-11}$$

由式（3-11）可知，增加重复测量的次数n可提高测量的精密度；但当$n>20$以后，σ_{x}减小已很缓慢，故一般取$n=10\sim15$。

5）测量极限误差$\delta_{\lim}$。测量误差可能出现的极限值。由随机误差的有界性可知，随机误差不会超过某一范围——随机误差的极限值。

如前所述，在多数情况下随机误差呈正态分布。由概率论可知，正态分布曲线与横坐标轴之间所包含的面积等于所有随机误差出现的概率总和。若随机误差落在整个分布范围（$-\infty$，$+\infty$）内，则其概率P为

$$P_{(-\infty,+\infty)}=\int_{-\infty}^{+\infty}y\mathrm{d}\delta=\int_{-\infty}^{+\infty}\frac{1}{\sigma\sqrt{2\pi}}\mathrm{e}^{-\frac{\delta^2}{2\sigma^2}}\mathrm{d}\delta$$

若随机误差落在区间（$-\delta$，$+\delta$）内，则其概率P为

$$P_{(-\delta,+\delta)}=\int_{-\delta}^{+\delta}y\mathrm{d}\delta=\int_{-\delta}^{+\delta}\frac{1}{\sigma\sqrt{2\pi}}\mathrm{e}^{-\frac{\delta^2}{2\sigma^2}}\mathrm{d}\delta$$

为计算方便，对上式进行变量置换，令$t=\delta/\sigma$，$\mathrm{d}t=\mathrm{d}\delta/\sigma$，则上式化为

$$P=\frac{1}{\sqrt{2\pi}}\int_{-t}^{+t}\mathrm{e}^{-\frac{t^2}{2}}\mathrm{d}t=\frac{2}{\sqrt{2\pi}}\int_{0}^{t}\mathrm{e}^{-\frac{t^2}{2}}\mathrm{d}t$$

令$P=2\phi(t)$，则

$$\phi(t)=\frac{1}{\sqrt{2\pi}}\int_{0}^{t}\mathrm{e}^{-\frac{t^2}{2}}\mathrm{d}t \tag{3-12}$$

函数$\phi(t)$称为拉普拉斯函数，也称正态概率积分，t称为置信系数。确定了t值，即可求出$\phi(t)$。实际使用时，可直接查正态分布积分表。

若随机误差在$\pm t\sigma$范围内出现的概率为$2\phi(t)$，则超出的概率为$1-2\phi(t)$。表 3-5 列出了几个典型的t值及其相应超出或不超$|\delta|$的概率。

从表 3-5 中可以看出，当 $t=3$ 时，在 $\delta=\pm3\sigma$ 范围内的概率为 99.73%，δ 超出该范围的概率仅为 0.27%。因此在实际测量中，常取 $\pm3\sigma$ 作为单次测量值的极限误差，即

$$\delta_{\lim}=\pm3\sigma \tag{3-13}$$

测量列算术平均值的极限误差为

$$\delta_{\lim\bar{x}}=\pm3\sigma_{\bar{x}}=\pm\frac{3\sigma}{\sqrt{n}} \tag{3-14}$$

表 3-5 典型 t 值对应的概率

$t=\delta/\sigma$	$\lvert\delta\rvert=\pm t\sigma$	$\phi(t)$	不超出 $\lvert\delta\rvert$ 的概率 $P=2\phi(t)$	超出 $\lvert\delta\rvert$ 的概率 $P=1-2\phi(t)$
1	σ	0.3413	0.6826	0.3174
2	2σ	0.4772	0.9544	0.0456
3	3σ	0.49865	0.9973	0.0027
4	4σ	0.499968	0.99936	0.00064

2. 系统误差

（1）系统误差的定义和分类　系统误差是指在相同条件下，多次重复测量同一量值时，误差的大小和符号保持不变或按一定规律变化的误差。前者称为定值系统误差，后者称为变值系统误差。

系统误差产生的原因是计量器具本身性能和测量方法不完善、仪器使用不当、环境条件变化等。理论上讲，系统误差的大小和符号是确定的、可知的，因而也是可以消除的。但实际上对于有些系统误差的确定还比较困难。故系统误差按照其掌握情况，又可分为已定系统误差和未定系统误差。已定系统误差是指大小和符号均已确定的系统误差，这种误差应在测量过程中设法消除或修正。未定系统误差是指大小和符号未经确定的系统误差，对于这种误差，由于其难以完全查明和消除，只能估计出误差的极限范围，按随机误差处理。

（2）测量列中系统误差的处理　在实际测量中，由于系统误差的绝对值往往较大，故其对测量结果的影响是不容忽视的。然而这种影响并非无规律可循，因此揭示系统误差出现的规律性，并消除其对测量结果的影响，是提高测量精度的有效措施。

1）定值系统误差的发现。由于定值系统误差的大小和符号不变，所以其对测量结果的影响也是一定值。因此它不能从测量列的处理中揭示，而只能通过实验对比法去发现，即通过改变测量条件进行不等精度测量来揭示定值系统误差。例如，在相对测量中，用量块做标准件并按其标称尺寸使用时，由量块的尺寸偏差引起的系统误差可用高精度的量仪进行检定来发现它。

2）变值系统误差的发现。变值系统误差可以从对测量列的处理和分析观察中发现。常用的方法有残余误差（简称“残差”）观察法。

残余误差观察法是指根据测量列的各个残差大小和符号的变化规律，直接由残差数据或残差曲线图形来判断有无系统误差。这种方法主要适用于发现大小和符号按一定规律变化的变值系统误差。

根据测量先后次序，将测量列的残差作图（图 3-10），观察残差的规律。若各残差大体上正、负相间，又没有显著变化（图 3-10a），则可认为不存在明显的变值系统误差；若残差

数值有规律地递增或递减（图 3-10b、c），则可判断存在线性系统误差；若各残差的大小和符号有规律地呈周期性变化（图 3-10d），则可判断存在周期性系统误差。

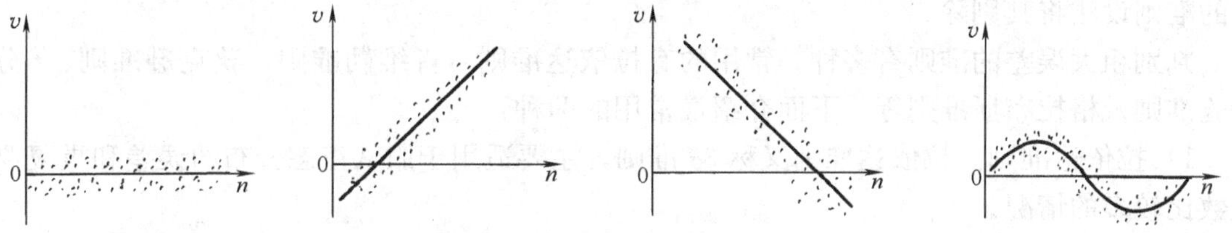

图 3-10　变值系统误差的发现

3）系统误差的消除。系统误差常用以下几种方法消除或减小。

① 根除法。这种方法要求测量者在测量前就将系统误差从产生根源上加以消除。例如，使被测零件和计量器具都处于标准温度；量块按“等”使用，以消除量块的制造和磨损误差等。

② 修正法。这种方法是预先检定出计量器具的系统误差，然后取该系统误差的相反值作为修正值，用代数法将修正值加到实际测得值上，即可得到不包含该系统误差的测量结果。

③ 抵消法。在测量过程中，控制定值系统误差的符号，使其一次出现正值，一次出现负值，然后取这两次读数的算术平均值作为测量结果。

④ 对称测量法。它是减小和消除线性系统误差较为有效的方法。按测量顺序对某一时刻对称地进行测量，取对某一中间数值两端相对称的测量值的平均值。如图 3-11 所示，取 $(\theta_1+\theta_5)/2=(\theta_2+\theta_4)/2=\theta_3$。

⑤ 半周期法。每相隔半个周期进行一次测量，以两次测量的数据的平均值作为测量结果，即可有效消除周期性误差。如图 3-12 所示，度盘安装偏心所引起的误差 Δx 以 2π 为周期呈正弦规律变化。若两次测量数据分别为 x_1 和 x_2，而被测量值为 x，e 为偏心量，则

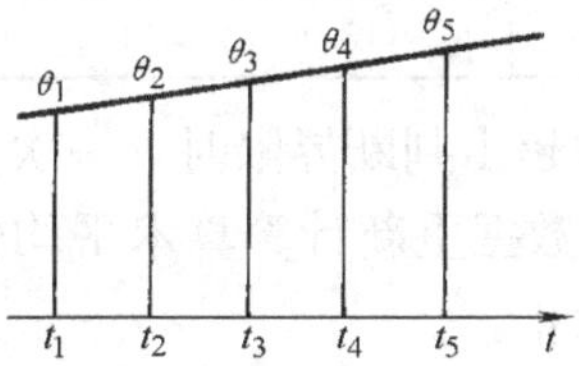

图 3-11　线性系统误差的消除方法

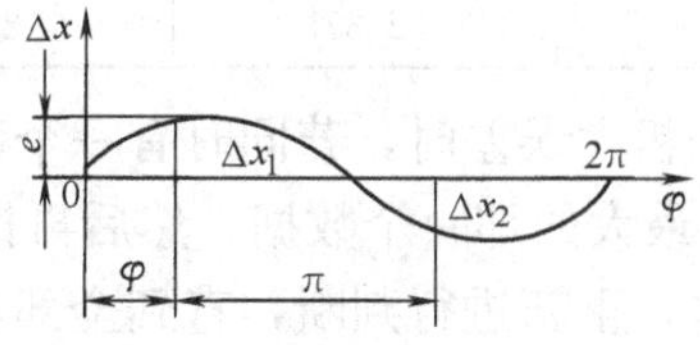

图 3-12　周期性系统误差的消除方法

$$x_1=x+\Delta x_1=x+e\sin\varphi$$

$$x_2=x+\Delta x_2=x+e\sin(180°+\varphi)=x-e\sin\varphi$$

取 x_1 和 x_2 的平均值，得 $(x_1+x_2)/2=x$，即周期误差被消除。

3. 粗大误差

（1）粗大误差的定义　粗大误差是指超出在一定测量条件下预计的测量误差，即对测量结果产生明显歪曲的测量误差。粗大误差的产生是由某些不正常的原因所造成的。例如，测量者疏忽大意造成的读数错误、记录错误；计量器具和被测件突然振动；使用计量器具的方

法不正确等。

（2）测量列中粗大误差的处理　由于粗大误差显著地歪曲测量结果，应根据判别粗大误差的准则设法将其剔除。

判别粗大误差的准则有多种。常用的有拉依达准则、肖维勒准则、狄克逊准则、t 分布检验准则及格拉布斯准则等。下面介绍最常用的两种：

1）拉依达准则。拉依达准则又称 3σ 准则，主要适用于服从正态分布的误差和重复测量次数比较多的情况。

当
$$|v_i| > 3\sigma \tag{3-15}$$
时，则认为该残差所对应的测得值 x_i 含有粗大误差，应予剔除。

2）格拉布斯准则。格拉布斯准则根据顺序统计量的某种分布规律判别粗大误差。

当
$$|v_i| > G\sigma \tag{3-16}$$
时，则认为测得值 x_i 含有粗大误差而应予剔除。式中系数 G 与测量次数 n 和置信概率 P_a 有关，见表 3-6。

表 3-6　系数 G 值

测量次数 n	置信概率 P_a		测量次数 n	置信概率 P_a	
	0.95	0.99		0.95	0.99
5	1.67	1.75	15	2.41	2.70
6	1.82	1.94	16	2.44	2.75
7	1.94	2.10	17	2.48	2.78
8	2.03	2.22	18	2.50	2.82
9	2.11	2.32	19	2.53	2.85
10	2.18	2.41	20	2.56	2.88
11	2.23	2.48	30	2.74	3.10
12	2.28	2.55	40	2.87	3.24
13	2.33	2.61	50	2.96	3.34
14	2.37	2.66	100	3.17	3.59

判别粗大误差时，若同时有一个以上的测得值的残差超出判断界限时，一次只能剔除其中 $|v_i|$ 最大的那一个数据，然后再按剩下的（$n-1$）个数据重新计算算术平均值、残差和标准偏差，重新进行判断，直到全部数据不含粗大误差为止。

四、测量精度的分类

测量精度是指被测量的测得值与其真值一致的程度。它和测量误差是从两个不同的角度来说明同一个概念。

1. 精密度

表示测量结果中随机误差的影响程度。它是指在一定测量条件下多次测量所得的各测得值的一致程度。若随机误差小，则精密度高。

2. 正确度

表示测量结果中系统误差的影响程度。它是指在一定测量条件下多次测量所得到的各测得值的分布中心或其算术平均值与真值的符合程度。若系统误差小，则正确度高。

3. 准确度（精确度）

表示测量结果中随机误差和系统误差综合影响的程度。它是指在一定测量条件下多次测量所得的各测得值与真值的一致程度。若系统误差和随机误差都小，则准确度高。

五、测量误差合成及数据处理

1. 直接测量数据的处理

直接测量时，被测量值的测量结果的精确度与可靠性仅与这一测量过程有关。在测得值中，可能含有系统误差（已定系统误差及未定系统误差）、随机误差和粗大误差，故应对测量数据进行处理。

通常，已定系统误差按“代数和”合成，即

$$\Delta x = \Delta x_1 + \Delta x_2 + \cdots + \Delta x_n = \sum_{i=1}^{n} \Delta x_i \tag{3-17}$$

式中，Δx_i 为各类误差来源的系统误差；Δx 为测量结果总的系统误差。

对于服从正态分布，且彼此相互独立的随机误差和未定系统误差，按“方和根法”合成，即

$$\delta_{\lim} = \pm\sqrt{\delta_{\lim 1}^2 + \delta_{\lim 2}^2 + \cdots + \delta_{\lim n}^2} = \pm\sqrt{\sum_{i=1}^{n} \delta_{\lim i}^2} \tag{3-18}$$

式中，$\delta_{\lim i}$ 为各类误差来源的随机误差和未定系统误差；$\delta_{\lim}$ 为测量结果总的极限误差。

（1）单次测量数据的处理　单次测量结果表示为

$$x_0 = (x - \Delta x) \pm \delta_{\lim} \tag{3-19}$$

式中，x 为单次测量（或多次测量中任意一次测量）的测得值。

例 3-3　用外径千分尺测量黄铜材料轴的直径。测得的实际直径 $d_a = 60.125\text{mm}$；车间温度为 (23 ± 5)°C，等温后被测轴与外径千分尺的温差不超过 1°C；外径千分尺零点不准确，有 $+0.005\text{mm}$ 的示值误差；外径千分尺的极限误差 $\delta_{\lim 1} = \pm5\mu\text{m}$，试估算测量误差，并写出测量结果（已知 $\alpha_1 = 11.5\times10^{-6}$℃$^{-1}$，$\alpha_2 = 18\times10^{-6}$℃$^{-1}$）。

解　1）确定各类误差。

① 单次测量一般都比较谨慎，故可认为没有粗大误差。

② 已定系统误差。千分尺的误差，$\Delta x_1 = +0.005\text{mm} = +5\mu\text{m}$；温度引起的误差，根据式（3-4）有

$$\begin{aligned}\Delta x_2 &= x[(\alpha_2 - \alpha_1)(t_2 - 20) + \alpha_1(t_2 - t_1)] \\ &= 60.125\times[(18 - 11.5)\times3 + 0]\times10^{-6}\text{mm} \\ &= +0.0012\text{mm} \approx +1\mu\text{m}\end{aligned}$$

③ 随机误差。千分尺的极限误差，$\delta_{\lim 1} = \pm5\mu\text{m}$；由车间温度变化和被测轴与千分尺的温度差所引起的未定系统误差，根据式（3-5）有

$$\begin{aligned}\delta_{\lim 2} &= \pm x\sqrt{(\alpha_2 - \alpha_1)^2\Delta t^2 + \alpha_1^2(t_2 - t_1)^2} \\ &= \pm60.125\sqrt{(18 - 11.5)^2\times5^2 + 11.5^2\times1^2}\times10^{-6}\text{mm} \\ &= \pm0.002\text{mm} = \pm2\mu\text{m}\end{aligned}$$

2）各类误差合成。

总的已定系统误差　$\Delta x = \Delta x_1 + \Delta x_2 = (+5+1)\mu\text{m} = +6\mu\text{m}$

总的极限误差 $\delta_{\lim}=\pm\sqrt{\delta_{\lim1}^2+\delta_{\lim2}^2}=\pm\sqrt{5^2+2^2}\mu m\approx\pm5.4\mu m$

3）测量结果。

$$\begin{aligned}d&=(d_a-\Delta x)\pm\delta_{\lim}\\&=[(60.125-0.006)\pm0.0054]mm\\&\approx(60.119\pm0.005)mm\end{aligned}$$

（2）多次测量数据的处理　多次测量结果表示为

$$x_0=(\bar{x}-\Delta x)\pm\delta_{\lim} \tag{3-20}$$

例 3-4　在立式光学比较仪上，用工作尺寸 $L_0=30mm$ 的四等量块作基准，测量公称尺寸为 30mm 的光滑极限量规。测量时室温为（20±1）℃，测量前有等温过程。若所用的立式光学比较仪有+0.3μm 的零位误差，所用量块中心长度的实际偏差为−0.2μm，检定四等量块的测量不确定度为±0.3μm，重复 10 次测量的读数（即量规相对于量块的偏差）见表 3-7 第 2 列所示，试计算测量结果。

表 3-7　数据处理计算表

序号	$x_i/\mu m$	$(v_i=x_i-\bar{x})$ /μm	$v_i^2/\mu m^2$	$(v_i'=x_i-\bar{x}')$ /μm	$v'^2_i/\mu m^2$
1	+4.5	+0.5	0.25	+0.14	0.02
2	+4.3	+0.3	0.09	−0.06	0.004
3	+4.4	+0.4	0.16	+0.04	0.002
4	+4.4	+0.4	0.16	+0.04	0.002
5	+4.2	+0.2	0.04	−0.16	0.026
6	+4.4	+0.4	0.16	+0.04	0.002
7	+4.3	+0.3	0.09	−0.06	0.004
8	+0.8	−3.2	10.24	—	—
9	+4.2	+0.2	0.04	−0.16	0.026
10	+4.5	+0.5	0.25	+0.14	0.02
	$\bar{x}=+4.0$	$\sum v_i=0$	$\sum v_i^2=11.48$	$\sum v'_i\approx0$	$\sum v'^2_i=0.106$

解　1）计算测量列的算术平均值。$\bar{x}=\frac{1}{n}\sum_{i=1}^{n}x_i=\frac{1}{10}\sum_{i=1}^{10}x_i=+4.0\ \mu m$

2）计算残余误差。其计算结果列入表中第 3 列。

3）检查有无显著变值系统误差。根据残差观察法，这些残差没有明显的变化规律，因而可以认为测量列中不存在变值系统误差。

4）计算标准偏差。$\sigma=\sqrt{\dfrac{\sum_{i=1}^{n}v_i^2}{n-1}}=\sqrt{\dfrac{11.48}{10-1}}\mu m\approx1.13\mu m$

5）根据格拉布斯准则判断有无粗大误差。取置信概率 $P_a=0.99$，$n=10$，查表 3-6，得 $G=2.41$，故 $G\sigma=2.41\times1.13\mu m=2.72\mu m$。由表中数据可知，$|v_8|>G\sigma$，所以 x_8 应予剔除。

6）重新计算算术平均值、残差和标准偏差。

① $\overline{x}'=\frac{1}{9}\sum_{i=1}^{9}x_i=+4.36\mu m$。

② 各残余误差值列入表 3-7 中第 5 列。

③ $\sigma'=\sqrt{\frac{0.106}{9-1}}\mu m=0.12\mu m$。

7）再次判断有无粗大误差。查表 3-6 得，$G'=2.32$，故 $G'\sigma'=0.27\mu m$。由表中数据可知，$|v_i'|<G'\sigma'$，所以已无粗大误差。

8）计算已定系统误差。已定系统误差有

立式光学比较仪的零位误差　　　$\Delta x_1=+0.3\mu m$

量块中心长度的实际偏差　　　　$\Delta x_2=-0.2\mu m$

由于被测零件与量块材料的线胀系数接近，且测量时的温度与标准温度相差较小，测量前又经过等温处理，所以温度所引起的误差可忽略不计。因此

$$\Delta x=\Delta x_1+\Delta x_2=(+0.3-0.2)\mu m=+0.1\mu m$$

9）计算测量的极限误差。

四等量块的测量不确定度　　　$\delta_{lim1}=\pm0.3\mu m$

测量列算术平均值 $\overline{x}$ 的极限误差　　$\delta_{lim2}=\pm\frac{3\sigma'}{\sqrt{n}}=\pm\frac{0.36}{\sqrt{9}}\mu m=\pm0.12\mu m$

所以　$$\delta_{lim}=\pm\sqrt{\delta_{lim1}^2+\delta_{lim2}^2}=\pm\sqrt{0.3^2+0.12^2}\mu m=\pm0.32\mu m$$

10）计算测量结果。

① 被测量规的尺寸为 $d=(d_0+\overline{x}'-\Delta x)=(30+0.0044-0.0001)mm=30.0043mm$。

② 最终测量结果可表示为 $d=(30.0043\pm0.0003)mm$。

2. 间接测量数据的处理

间接测量时，欲测量的量 y 是根据其他有关量 x_1，x_2，…，x_m 的直接测量结果，按一定的函数关系式，即

$$y=f(x_1,x_2,\cdots,x_m)$$

通过计算求得的。因此间接测量的误差，不仅与 x_1，x_2，…，x_m 直接测量的误差有关，还受函数关系式的影响，即间接测量的测量误差是其他直接测量的有关量的测量误差的函数。

若各直接测量的量均为彼此无关的独立变量，则被测量的测量误差按下述方法求得。

（1）已定系统误差的处理　若直接测量的各有关量的测量值 x_i 存在已定系统误差 Δx_i，则可求得被测量 y 的系统误差为

$$\Delta y=\frac{\partial f}{\partial x_1}\Delta x_1+\frac{\partial f}{\partial x_2}\Delta x_2+\cdots+\frac{\partial f}{\partial x_m}\Delta x_m=\sum_{i=1}^{m}\frac{\partial f}{\partial x_i}\Delta x_i \tag{3-21}$$

式中，$\frac{\partial f}{\partial x_i}$为各测量值 x_i 的误差传递系数。

（2）随机误差的处理　若直接测量的各有关量的测量值 x_i 存在随机误差，则函数 y（即被测量）也相应存在随机误差。根据误差理论，函数 y 的标准偏差 σ_y 与各直接测量值的标准偏差 σ_{x_i} 的关系为

$$\sigma_y=\sqrt{\left(\frac{\partial f}{\partial x}\right)^2\sigma_{x_1}^2+\left(\frac{\partial f}{\partial x_2}\right)^2\sigma_{x_2}^2+\cdots+\left(\frac{\partial f}{\partial x_m}\right)^2\sigma_{x_m}^2}=\sqrt{\sum_{i=1}^{m}\left(\frac{\partial f}{\partial x_i}\right)^2\sigma_{x_i}^2} \tag{3-22}$$

如果各直接测量值的随机误差服从正态分布，因 $\delta_{\text{lim}}=\pm3\sigma$，所以将式（3-22）的等号两边同乘以 3，则得间接测量的测量极限误差为

$$\begin{aligned}\delta_{\text{lim}y}&=\pm\sqrt{\left(\frac{\partial f}{\partial x_1}\right)^2\delta_{\text{lim}x_1}^2+\left(\frac{\partial f}{\partial x_2}\right)^2\delta_{\text{lim}x_2}^2+\cdots+\left(\frac{\partial f}{\partial x_m}\right)^2\delta_{\text{lim}m}^2}\\&=\pm\sqrt{\sum_{i=1}^{m}\left(\frac{\partial f}{\partial x_i}\right)^2\delta_{\text{lim}x_i}^2}\end{aligned}\tag{3-23}$$

式中，$\delta_{\text{lim}x_i}$ 为各直接测量值的极限误差；$\delta_{\text{lim}y}$ 为函数（被测量）的测量极限误差。

例 3-5 如图3-6所示，用弓高弦长法测量圆弧半径 R。测得弓高 $h=10\text{mm}$，弦长 $b=40\text{mm}$，它们的系统误差和测量极限误差分别为 $\Delta h=+0.0008\text{mm}$，$\delta_{\text{lim}h}=\pm0.0015\text{mm}$，$\Delta b=-0.002\text{mm}$，$\delta_{\text{lim}b}=\pm0.002\text{mm}$。试求圆弧半径 R 的测量结果。

解 1）列出函数关系式 $R=\dfrac{b^2}{8h}+\dfrac{h}{2}$

2）计算圆弧半径 R_a $\quad R_a=\left(\dfrac{40^2}{8\times10}+\dfrac{10}{2}\right)\text{mm}=25\text{mm}$

3）计算误差传递系数

$$\frac{\partial f}{\partial b}=\frac{b}{4h}=\frac{40}{4\times10}=1\qquad\frac{\partial f}{\partial h}=\frac{1}{2}-\frac{b^2}{8h^2}=\frac{1}{2}-\frac{40^2}{8\times10^2}=-1.5$$

4）计算圆弧半径 R 的系统误差 ΔR

$$\begin{aligned}\Delta R&=\frac{\partial f}{\partial b}\Delta b+\frac{\partial f}{\partial h}\Delta h=\frac{b}{4h}\Delta b+\left(\frac{1}{2}-\frac{b^2}{8h^2}\right)\Delta h\\&=\{1\times(-0.002)+[-1.5\times(+0.0008)]\}\text{mm}=-0.0032\text{mm}\end{aligned}$$

5）计算圆弧半径 R 的测量极限误差 $\delta_{\text{lim}R}$

$$\begin{aligned}\delta_{\text{lim}R}&=\pm\sqrt{\left(\frac{b}{4h}\right)^2\delta_{\text{lim}b}^2+\left(\frac{1}{2}-\frac{b^2}{8h^2}\right)\delta_{\text{lim}h}^2}\\&=\pm\sqrt{1^2\times0.002^2+(-1.5)^2\times0.0015^2}\,\text{mm}=\pm0.003\text{mm}\end{aligned}$$

6）测量结果为 $R=(R_a-\Delta R)\pm\delta_{\text{lim}R}=\{[25-(-0.0032)]\pm0.003\}\text{mm}$

$$=(25.0032\pm0.003)\text{mm}$$

此时的置信概率为 99.73%。

例 3-6 用分度值为0.02mm 的游标卡尺测量图 3-13 所示之两轴的中心距 L，已知测量各量的极限误差分别为：$\delta_{\text{lim}L_1}=\pm0.045\text{mm}$，$\delta_{\text{lim}L_2}=\pm0.06\text{mm}$，$\delta_{\text{lim}d_1}=\delta_{\text{lim}d_2}=\pm0.04\text{mm}$。试确定测量方案并比较它们的测量精度。

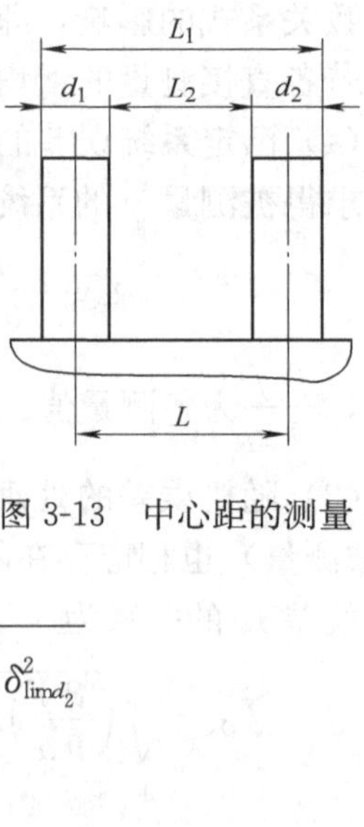

图 3-13 中心距的测量

解 1）确定测量方案

方案 1：$L=L_2+(d_1+d_2)\ /2$

方案 2：$L=L_1-(d_1+d_2)\ /2$

方案 3：$L=(L_1+L_2)\ /2$

2）三种方案的测量精度比较

方案 1：$$\delta_{\text{lim}_1}=\pm\sqrt{\left(\frac{\partial f}{\partial L_2}\right)^2\delta_{\text{lim}L_2}^2+\left(\frac{\partial f}{\partial d_1}\right)^2\delta_{\text{lim}d_1}^2+\left(\frac{\partial f}{\partial d_2}\right)^2\delta_{\text{lim}d_2}^2}$$

$$=\pm\sqrt{1\times6^2+\left(\frac{1}{2}\right)^2\times4^2+\left(\frac{1}{2}\right)^2\times4^2\times10^{-2}}\text{mm}=\pm0.066\text{mm}$$

方案 2：$$\delta_{\lim_2}=\pm\sqrt{\left(\frac{\partial f}{\partial L_1}\right)^2\delta^2_{\lim L_1}+\left(\frac{\partial f}{\partial d_1}\right)^2\delta^2_{\lim d_1}+\left(\frac{\partial f}{\partial d_2}\right)^2\delta^2_{\lim d_2}}$$

$$=\pm\sqrt{1\times4.5^2+\left(-\frac{1}{2}\right)^2\times4^2+\left(-\frac{1}{2}\right)^2\times4^2\times10^{-2}}\text{mm}=\pm0.053\text{mm}$$

方案 3：$$\delta_{\lim_3}=\pm\sqrt{\left(\frac{\partial f}{\partial L_1}\right)^2\delta^2_{\lim L_1}+\left(\frac{\partial f}{\partial d_2}\right)^2\delta^2_{\lim L_2}}$$

$$=\pm\sqrt{\left(\frac{1}{2}\right)^2\times4.5^2+\left(\frac{1}{2}\right)^2\times6^2\times10^{-2}}\text{mm}=\pm0.038\text{mm}$$

$\delta_{\lim_1}>\delta_{\lim_2}>\delta_{\lim_3}$，即方案 3 的测量精度最高，方案 2 次之，方案 1 最低。

思 考 题

3-1 测量的实质是什么？一个测量过程包括哪些要素？

3-2 我国法定计量单位中的长度单位是什么？它是如何定义的？

3-3 量块主要有哪些用途？它是如何分级、分等的？使用时有何区别？

3-4 计量器具的主要度量指标有哪些？举例说明示值范围和测量范围的区别。

3-5 举例说明绝对测量与比较测量以及直接测量与间接测量之间的区别。

3-6 什么叫绝对误差？什么叫相对误差？测量误差的主要来源有哪些？

3-7 测量误差按性质可分为哪几类？它们各具有什么特性？

3-8 系统误差有哪些类型？如何发现和消除系统误差？

3-9 如何处理和评定随机误差？测量中能否消除随机误差？

3-10 如何处理和评价粗大误差？

3-11 通过对工件的多次重复测量求得测量结果，可以减少哪类误差？为什么？

练 习 题

3-1 判断题（对的在括号内填上“√”，错的填上“×”）

1. 多次重复测量不能提高测量正确度。（ ）

2. 某计量器具的分度值为 1μm，因此其测量极限误差为±1μm。（ ）

3. 标准偏差 σ 越小，则随机误差分布曲线越平坦。（ ）

4. 量块分“级”的主要依据是量块长度极限偏差和量块长度变动量的允许值。（ ）

5. 若已知光学比较仪的示值误差为＋0.3μm 时，则其修正值为－0.3μm。（ ）

6. 格拉布斯准则判别粗大误差，只与测量次数 n 有关，而与置信概率 P_a 无关。（ ）

7. 当测量列中发现多个粗大误差时，应一次将它们全部剔除。（ ）

3-2 填空题

1. 欲从 83 块一套的 1 级量块中组合尺寸 87.985mm，所选各量块的公称尺寸应分别为__________ mm，该量块组按“级”使用时尺寸的极限误差为________ mm。

2. 两轴颈的测量值分别为 15.006mm 和 189.992mm，它们的绝对误差分别为＋0.004mm 和－0.007mm，其测量精确度较高的测量值是__________ mm。

3. 用公称尺寸为 20mm 的量块调整比较仪零位后测量塞规尺寸，比较仪的读数为 $+10\mu m$。若量块的实际尺寸为 19.996mm，不计仪器示值误差，则该仪器的调零误差为________mm，修正值为________mm。塞规的实际尺寸为________mm。

4. 用比较仪测量某一零件的尺寸为 40mm。设恒温室的温度为 (20±2)℃，等温后零件与量块之间的温度差不超过 0.5℃。若 $\alpha_1=11.5\times10^{-6}$/℃，$\alpha_2=23\times10^{-6}$/℃，则由温度引起的测量误差为________mm。

5. 已知一重复测量 15 次的测量列的标准偏差 $\sigma=1.3\mu m$，则测量列算术平均值的标准偏差 $\sigma_{\bar{x}}=$________μm，算术平均值的测量极限误差 $\delta_{\lim\bar{x}}=$________μm。

6. 测量的"四要素"是____________。

7. 周期性系统误差的消除可用________办法。

8. 已知某仪器的测量极限误差 $\delta_{\lim}=\pm3\sigma=\pm0.004$mm。当用该仪器测量时，要使测量结果的极限误差不超过±0.002mm，则重复测量的次数 n 应该是________次。

3-3 选择题

1. 正确度是表示测量结果中______影响的程度。

A. 系统误差　B. 随机误差　C. 系统误差和随机误差

2. 表示测量结果与其真值的一致程度称______。

A. 精密度　B. 正确度　C. 精确度或准确度

3. 在等精度测量中，多次重复测量同一量值是为了减小______误差的影响。

A. 粗大　B. 随机　C. 系统

4. 标准偏差 σ 是评定测量的______误差的指标。σ 越小，则测量______越______。当测量方法一定时，σ 为______。

A. 系统　B. 随机　C. 精密度　D. 正确度

E. 高　F. 低　G. 常数　H. 变数

5. 定值系统误差对随机误差分布曲线的______有影响。

A. 位置　B. 形状　C. 分散程度

6. "绝对值越小的随机误差出现的概率越大，反之则越小"的特性，是反映了随机误差正态分布的______。

A. 单峰性　B. 对称性　C. 有界性　D. 抵偿性

3-4 对某几何量进行 15 次等精度测量，设定值系统误差已消除，各测得值 x_i 见表 3-8。试求出表中空格的值（如有粗大误差按 3σ 准则剔除，表中 v'_i 表示剔除粗大误差后的残余误差），并求测量结果。

表 3-8

序号	x_i/mm	$v_i/\mu m$	$v_i^2/\mu m^2$	$v'_i/\mu m$	$v'^2_i/\mu m^2$
1	30.004				
2	30.008				
3	30.007				
4	30.005				
5	30.008				

（续）

序号	x_i/mm	v_i/μm	v_i^2/μm²	v'_i/μm	v'^2_i/μm²
6	30.004				
7	29.991				
8	30.008				
9	30.007				
10	30.004				
11	30.003				
12	30.005				
13	30.006				
14	30.009				
15	30.006				
	$\bar{x}=$	$\sum v_i=$	$\sum v_i^2=$	$\sum v'_i=$	$\sum v'^2_i=$

3-5　已知立式光学计的刻线尺的刻度误差为±0.05μm，光学系统及传动机构调整误差为±0.03μm，用量块调整零位时引入的系统误差为±0.1μm，刻线瞄准和估读误差为±0.06μm，试求立式光学计总的测量误差。

3-6　由公称尺寸为20mm和1.5mm两块2级量块组成量块组。若它们的检定精度为“4等”，且两者修正量分别为+0.3μm和−0.2μm，试分别计算按“级”使用或按“等”使用时，该量块组的工作尺寸和极限误差。

3-7　如图3-14所示，用正弦规测一锥体角度α。正弦规两圆柱中心长度L为100mm，量块高度h=40mm。已知它们的系统误差分别为$\Delta_L=-0.004$mm和$\Delta_h=+0.002$mm，极限误差分别为$\delta_{\lim L}=\pm0.003$mm和$\delta_{\lim h}=\pm0.0007$mm，试求不计入指示表的示值误差和正弦规的平行度误差时的角度α及其测量极限误差$\delta_{\lim\alpha}$（提示：$\sin\alpha=h/L$）。

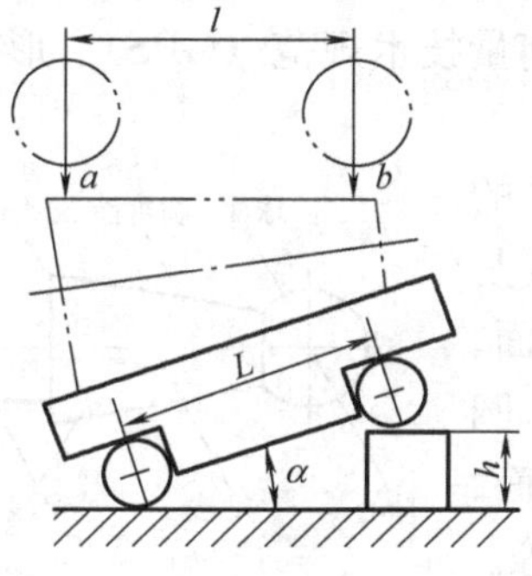

图　3-14

第四章　几何精度设计

第一节　概　　述

零件在加工过程中由于受各种因素的影响，其几何要素不可避免地会产生几何误差。如在车削圆柱表面时，刀具的运动轨迹若与工件的旋转轴线不平行，会使完工零件表面产生圆柱度误差；铣削轴上的键槽时，若铣刀杆轴线的运动轨迹相对于零件的轴线有偏离或倾斜，则会使加工出的键槽产生对称度误差等。而零件的圆柱度误差会影响圆柱结合要素的配合均匀性，齿轮轴线的平行度误差会影响齿轮的啮合精度和承载能力，键槽的对称度误差会使键的安装困难和安装后的受力状况恶化等。因此，对零件的几何精度进行合理的设计并规定适当的几何公差是十分重要的。

一、几何公差标准

我国几何公差国家标准，近年来根据科学技术和经济发展的需要，按照与国际标准接轨的原则，进行了几次修订，目前推荐使用的标准为：

GB/T 1182—2008《产品几何技术规范（GPS）　几何公差　形状、方向、位置和跳动公差标注》

GB/T 1184—1996《形状和位置公差　未注公差值》

GB/T 4249—2009《产品几何技术规范（GPS）　公差原则》

GB/T 16671—2009《产品几何技术规范（GPS）　几何公差　最大实体要求、最小实体要求和可逆要求》

GB/T 1958—2004《产品几何量技术规范（GPS）　形状和位置公差　检测规定》

二、几何公差的研究对象

几何公差的研究对象是零件的几何要素（简称为“要素”），就是构成零件几何特征的点、线、面。如图 4-1 所示零件的球心、锥顶、圆柱面和圆锥面的素线、轴线、球面、圆柱面和圆锥面、槽的中心平面等。

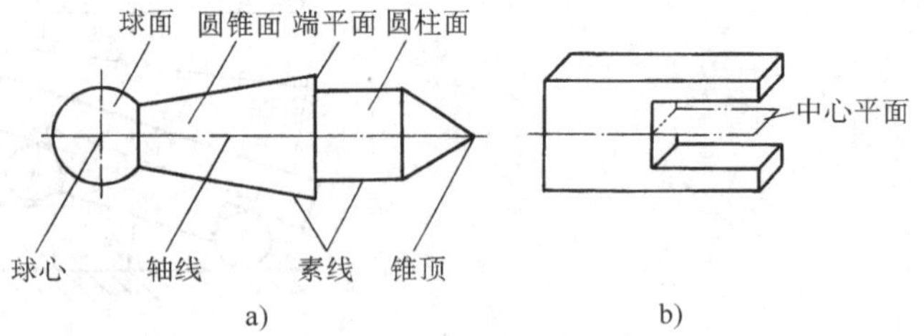

图 4-1　零件的几何要素

几何要素可从不同的角度分类如下：

1. 按存在的状态分为理想要素（公称要素）和实际要素（提取要素）

理想要素（公称要素）：具有几何学意义的要素，它们不存在任何误差。机械零件图样上表示的要素均为理想要素。

实际要素（提取要素）：零件上实际存在的要素。通常都以测得（提取）要素来代替。

2. 按结构特征分为组成要素和导出要素

组成要素：零件轮廓上的点、线、面，即可触及的要素。组成要素还分为提取组成要素（非理想形状的）和拟合组成要素（具有理想形状的）。

导出要素：可由轮廓要素导出的要素。如中心点、中心面或回转表面的轴线。标准规定："轴线"和"中心平面"用于表述理想形状的导出要素，称为拟合导出要素；"中心线"和"中心面"用于表述非理想形状的导出要素，称为提取导出要素。

3. 按所处地位分为基准要素和被测要素

基准要素：用来确定理想被测要素的方向或（和）位置的要素。

被测要素：在图样上给出了几何公差要求的要素，是检测的对象。

4. 按功能关系分为单一要素和关联要素

单一要素：仅对要素本身给出形状公差要求的要素。

关联要素：对基准要素有功能关系要求而给出方向、位置和跳动公差要求的要素。

三、几何公差的特征项目及其符号

GB/T 1182—2008 规定了 14 种形状、方向和位置等公差的特征项目符号。各几何公差项目的名称及其符号见表 4-1。

表 4-1　几何公差特性项目及其符号

公差类型		几何特征	符　号	有无基准
形状	形状	直线度	—	无
		平面度	▱	无
		圆　度	○	无
		圆柱度	⌭	无
形状方向或位置	轮廓	线轮廓度	⌒	有或无
		面轮廓度	⌓	有或无

公差类型		几何特征	符　号	有无基准
方向位置跳动	定向	平行度	∥	有
		垂直度	⊥	有
		倾斜度	∠	有
	定位	位置度	⌖	有或无
		同轴度 同心度	◎	有
		对称度	⌯	有
	跳动	圆跳动	↗	有
		全跳动	⌰	有

四、几何公差的标注方法

几何公差在图样上用框格的形式标注，如图 4-2 所示。

几何公差框格由二至五格组成。形状公差一般为两格，方向、位置和跳动公差一般为三至五格。框格中的内容从左到右顺序填写：公差特征符号、几何公差值（单位为 mm）和有关符号、基准字母及有关符号。代表基准的字母（包括基准符号方框内的字母）用大写英文字母（为不引起误解，其中 E、I、J、M、Q、O、P、L、R、F 一般不用）表示。若几何公差值的数字前加注有 ϕ 或 $S\phi$，则表示其公差带为圆形、圆柱形或球形。如果要求在几何公差带内进一步限定被测要素的形状，则应在公差值后或框格上、下加注相应的符号，见表 4-2。

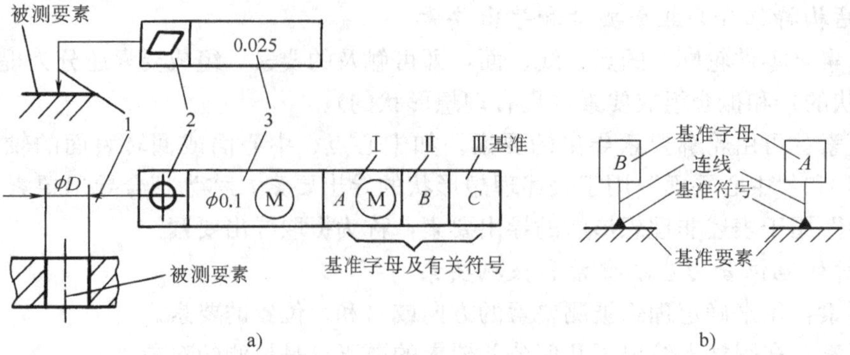

图 4-2 公差框格及基准符号

1—指引箭头 2—项目符号 3—几何公差值及有关符号

表 4-2 对被测要素说明与限制符号

含　义	符号	举　例	含　义	符号	举　例
公共公差带	CZ	— | t CZ	线素	LE	// | t | A LE
不凸起	NC	⏥ | t NC	任意横截面	ACS	ACS ◎ | ϕt | A

对被测要素的数量说明，应标注在几何公差框格的上方，如图 4-3a 所示；其他说明性要求应标注在几何公差框格的下方，如图 4-3b 所示；如对同一要素有一个以上的几何公差特征项目的要求，其标注方法又一致时，为方便起见，可将一个框格放在另一个框格的下方，如图 4-3c 所示；当多个被测要素有相同的几何公差（单项或多项）要求时，可以从框格引出的指引线上绘制多个指示箭头并分别与各被测要素相连，如图 4-3d 所示。

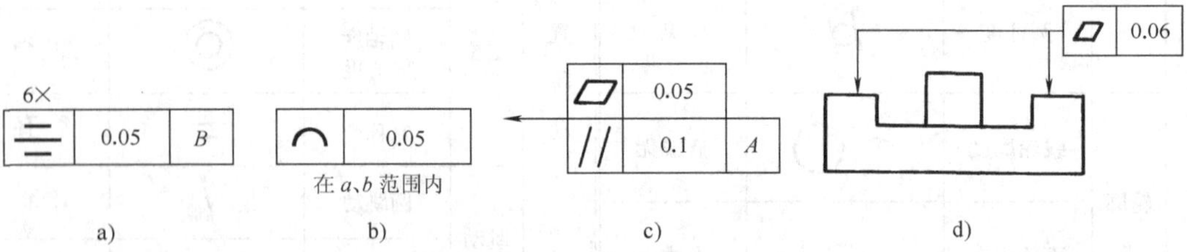

a)　b)　c)　d)

图 4-3 几何公差的标注

1. 被测要素的标注

设计要求给出几何公差的要素用带指示箭头的指引线与公差框格相连。指引线一般与框格一端的中部相连，如图 4-2 所示；也可以与框格任意位置水平或垂直相连。

当被测要素为组成要素（轮廓线或轮廓面）时，指示箭头应直接指向被测要素或其延长线上，并与尺寸线明显错开，如图 4-4 所示。

当被测要素为导出要素（中心点、中心线、中心面等）时，指示箭头应与被测要素相应的组成要素的尺寸线对齐，如图 4-5 所示。指示箭头可代替一个尺寸线的箭头。

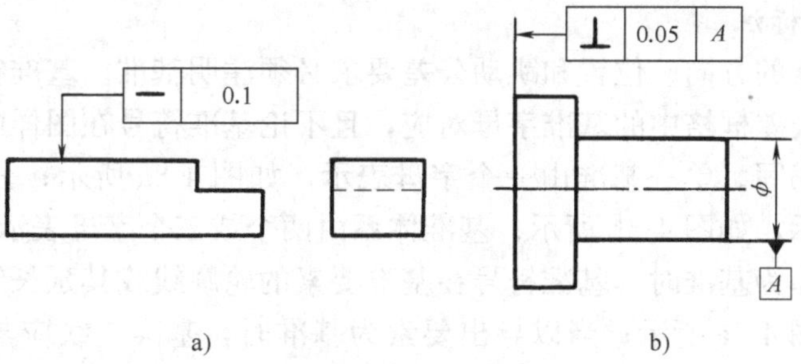

图 4-4 被测要素是组成要素时的标注

对被测要素任意局部范围内的公差要求，应将该局部范围的尺寸标注在几何公差值后面，并用斜线隔开，如图 4-6a 表示圆柱面素线在任意 100mm 长度范围内的直线度公差为 0.05mm；图 4-6b 表示箭头所指平面在任意边长为 100mm 的正方形范围内的平面度公差是 0.01mm；图 4-6c 表示上平面对下平面的平行度公差在任意 100mm 长度范围内为 0.08mm。

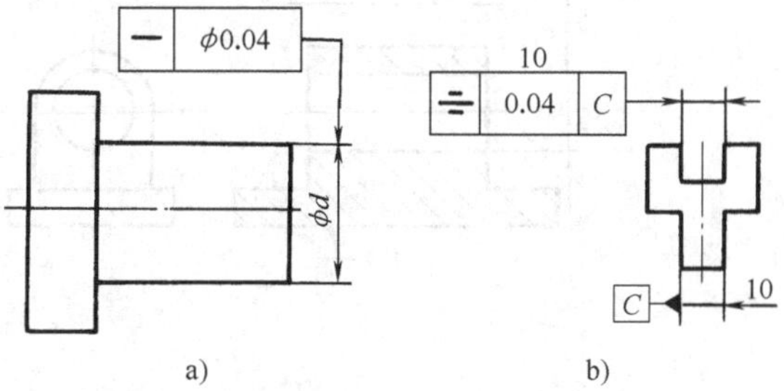

图 4-5 被测要素是导出要素时的标注

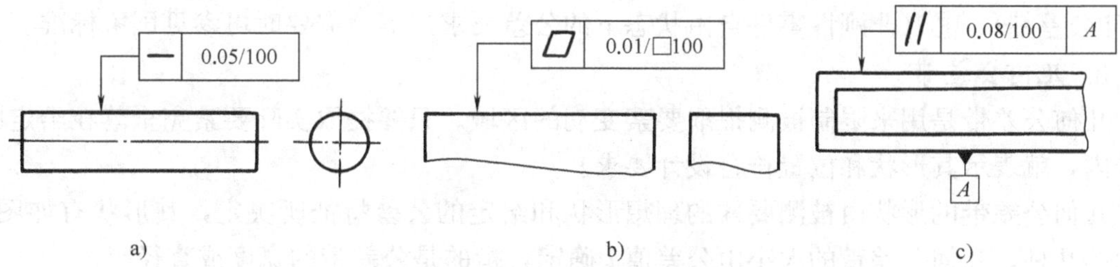

图 4-6 被测要素任意范围内几何公差要求的标注

当被测要素为视图上的整个轮廓线（面）时，应在指示箭头的指引线的转折处加注全周符号。如图 4-7a 所示线轮廓度公差 0.1mm 是对该视图上全部轮廓线的要求。其他视图上的轮廓不受该公差要求的限制。以螺纹、齿轮、花键的轴线为被测要素时，应在几何公差框格下方标明节径 PD、大径 MD 或小径 LD，如图 4-7b 所示。

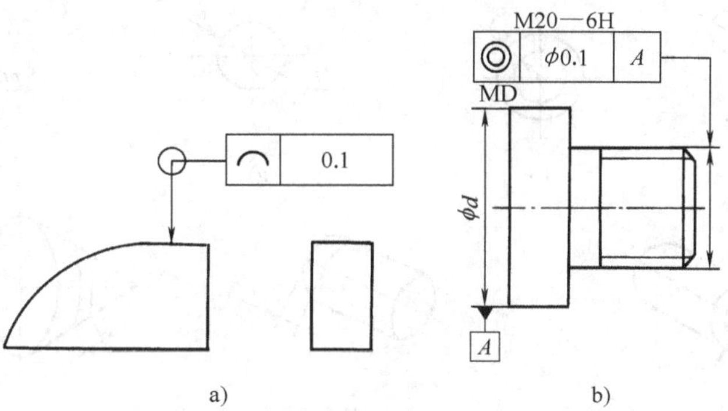

图 4-7 被测要素的其他标注

2. 基准要素的标注

对关联被测要素的方向、位置和跳动公差要求必须注明基准。基准符号如图 4-2b 所示，方框内的字母应与公差框格中的基准字母对应，且不论基准符号在图样中的方向如何，方框内的字母均应水平书写。单一基准由一个字母表示，如图 4-8a 所示；公共基准采用由横线隔开的两个字母表示，如图 4-8b 所示；基准体系由两个或三个字母表示，如图 4-2a 所示。

当以组成要素作为基准时，基准符号在基准要素的轮廓线或其延长线上，且与轮廓的尺寸线明显错开，如图 4-8a 所示；当以导出要素为基准时，基准连线应与相应的组成要素的尺寸线对齐，如图 4-8b 所示（基准符号可以是涂黑的或空白的三角形）。

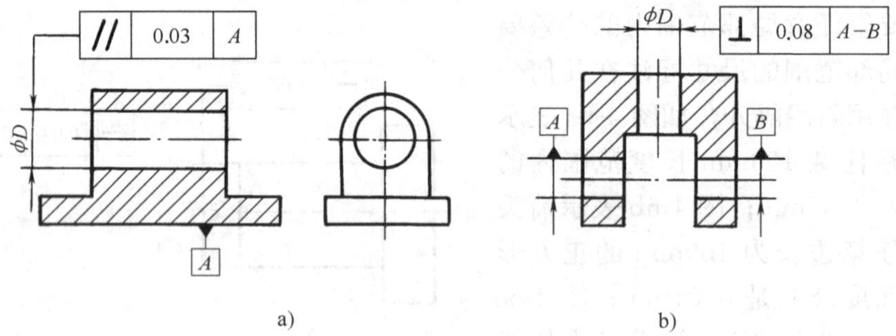

图 4-8 基准要素的标注

此外，国家标准中还规定了一些其他特殊符号，如 Ⓔ Ⓜ Ⓛ Ⓡ（详见本章第四节）及 Ⓟ（延伸公差带）、Ⓕ（非刚性零件自由状态下的公差要求）等，需要时可参见国家标准。

3. 几何公差带

几何公差带是用来限制被测提取要素变动的区域。只要提取实际要素完全落在给定的公差带内，就表示其形状和位置符合设计要求。

几何公差带的形状由被测要素的理想形状和给定的公差特征所决定，其形状有如图 4-9 所示的几种。几何公差带的大小由公差值 t 确定，指的是公差带的宽度或直径等。

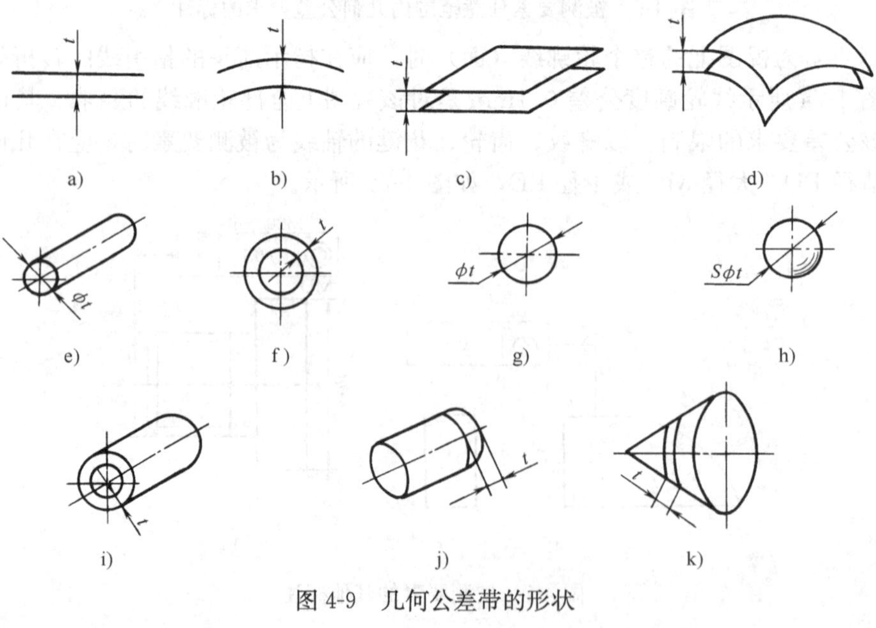

图 4-9 几何公差带的形状

第二节 形状公差与形状误差

一、形状公差与公差带

形状公差是指单一提取要素的形状所允许的变动全量。形状公差带是限制实际被测要素形状变动的一个区域。形状公差带的定义、标注示例和解释见表 4-3。

表 4-3 形状公差带的定义、标注示例和解释

项目	公差带的定义	标注示例和解释
直线度	公差带为在给定平面内和给定方向上，间距等于公差值 t 的两平行直线所限定的区域 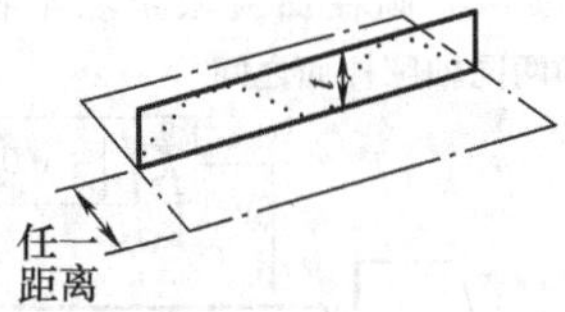	在任一平行于图示投影面的平面内，上平面的提取（实际）线应限定在间距等于 0.1mm 的两平行直线之间 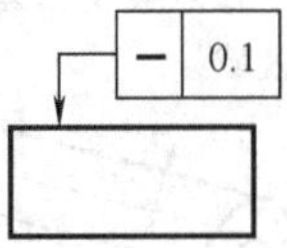
	公差带为间距等于公差值 t 的两平行平面所限定的区域 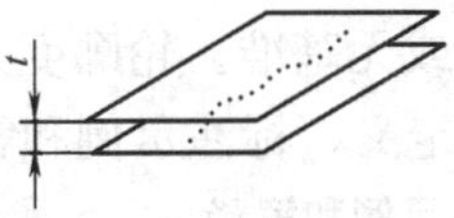	提取（实际）刀口尺的棱边应限定在间距等于 0.03mm 的两平行平面内 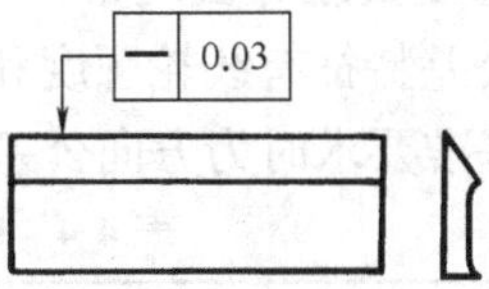
	公差带为直径等于公差值 ϕt 的圆柱面所限定的区域 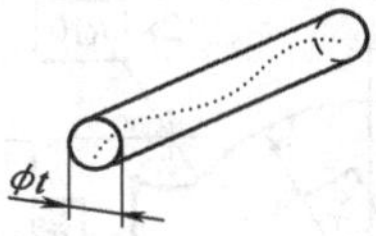	圆柱面的提取（实际）中心线应限定在直径等于公差值 ϕ0.08mm 的圆柱面内 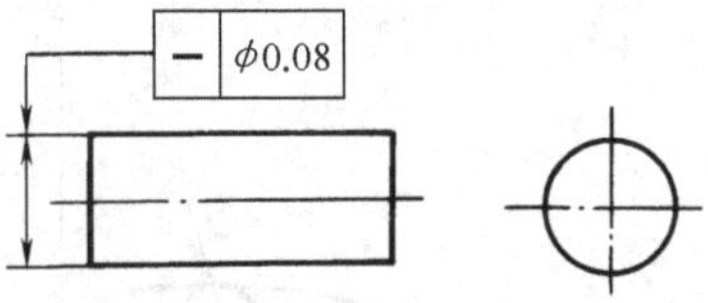
平面度	公差带为间距等于公差值 t 的两平行平面所限定的区域 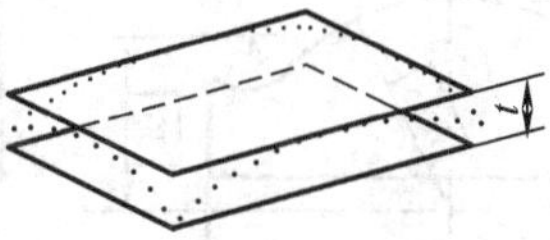	提取（实际）表面应限定在间距等于 0.06mm 的两平行平面之间 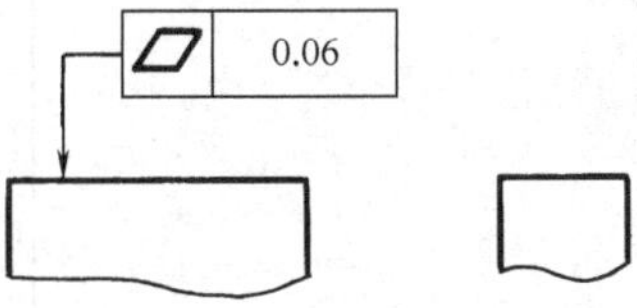

（续）

项目	公差带的定义	标注示例和解释
圆度	公差带为在给定横截面内，半径差为公差值 t 的两同心圆所限定的区域 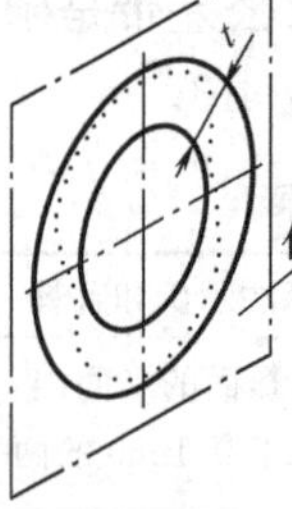 	在圆柱面的任意横截面内，提取（实际）圆周应限定在半径差为公差值 0.02mm 的两共面同心圆之间 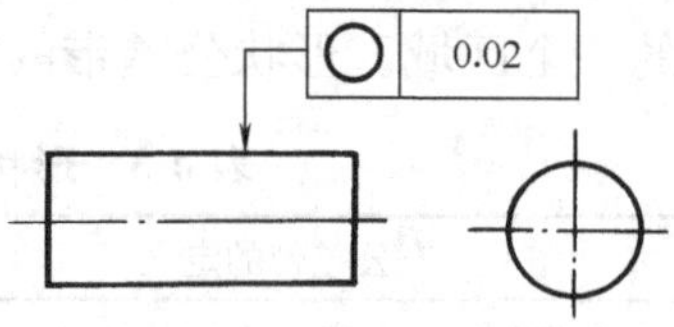
圆柱度	公差带为半径差等于公差值 t 的两同轴圆柱面所限定的区域 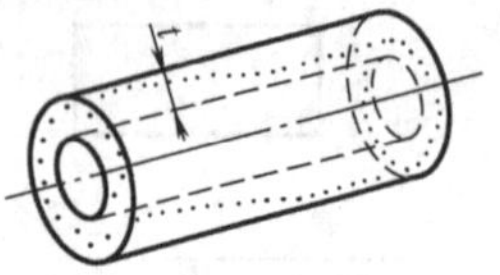	提取（实际）圆柱面应限定在半径差等于公差值 0.05mm 的两同轴圆柱面之间 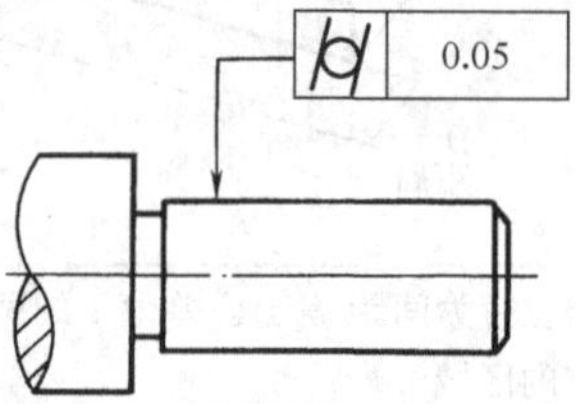

二、轮廓度公差与公差带

轮廓度公差特征有线轮廓度和面轮廓度，均可有基准或无基准。轮廓度无基准要求时为形状公差，有基准要求时为方向公差或位置公差。其公差带定义、标注示例和解释见表 4-4。

表 4-4　轮廓度公差带的定义、标注示例和解释

项目	公差带的定义	标注示例和解释
线轮廓度	公差带为直径等于公差值 t、圆心位于被测要素理论正确几何形状上的一系列圆的两包络线所限定的区域 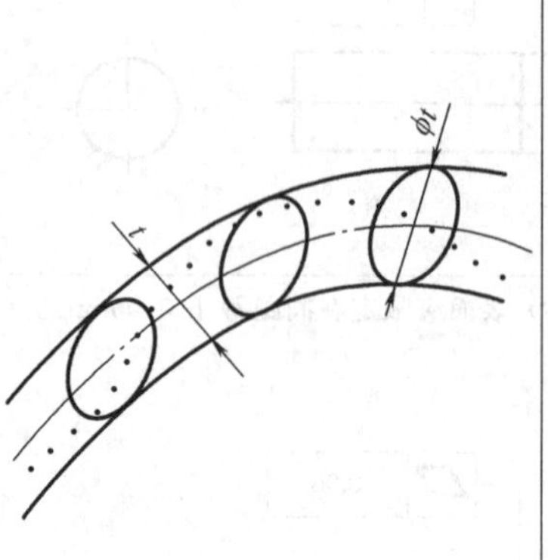 	在任一平行于图示投影面的截面内，提取（实际）轮廓线应限定在直径为公差值 ϕ0.04mm，圆心位于被测要素理论正确几何形状上的一系列圆的两等距包络线之间 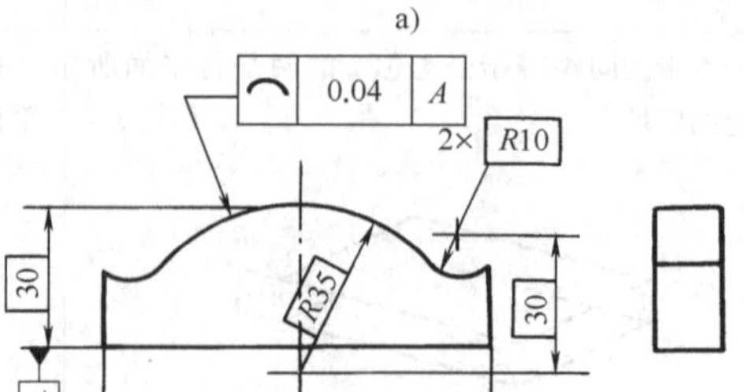 a) 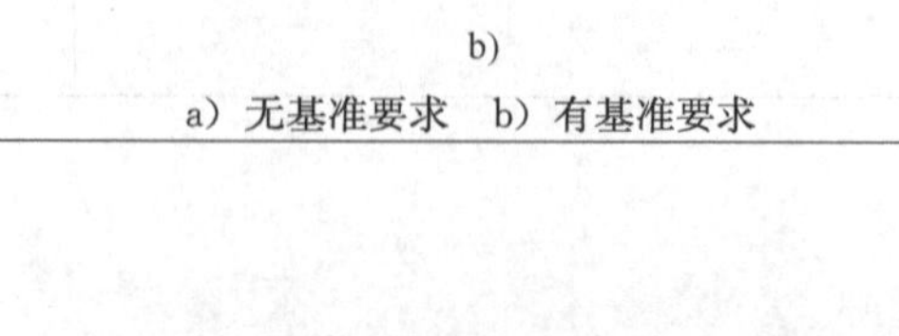 b) a）无基准要求　b）有基准要求

（续）

项目	公差带的定义	标注示例和解释
面轮廓度	公差带是直径为公差值 t，球心位于被测要素理论正确几何形状上的一系列圆球的两包络面所限定的区域 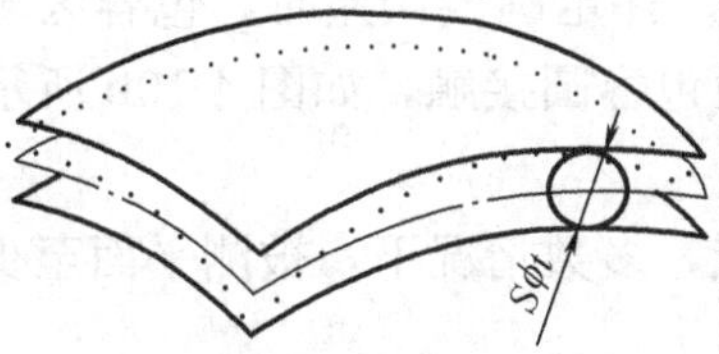	提取（实际）轮廓面应限定在球径为 $S\phi 0.02$mm，球心位于被测要素理论正确几何形状上的一系列圆球的两等距包络面之间 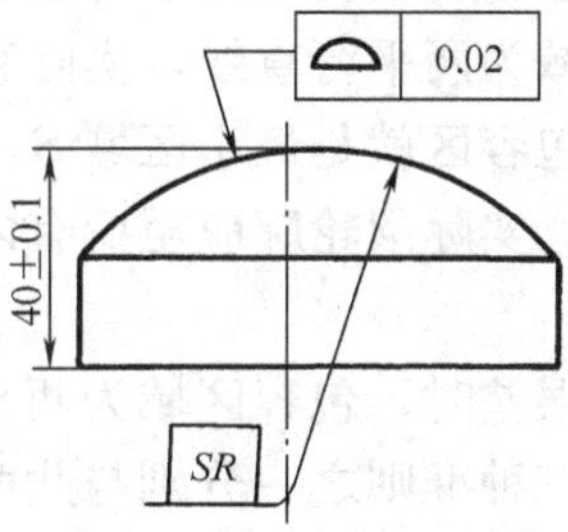

形状公差带（有基线的线、面轮廓度除外）的特点是不涉及基准，其方向和位置随相应实际要素的不同而不同。

三、形状误差及其评定

形状误差是被测提取（实际）要素的形状对其拟合（理想）要素的变动量。当被测提取实际要素与拟合要素进行比较时，由于拟合要素所处的位置不同，得到的最大变动量也会不同。为了正确和统一地评定形状误差，就必须明确拟合要素的位置，即规定形状误差的评定准则。

1. 形状误差的评定准则——最小条件

最小条件是指被测提取要素对其拟合要素的最大变动量为最小。如图 4-10 中，拟合直线Ⅰ、Ⅱ、Ⅲ处于不同的位置，被测提取要素相对于拟合要素的最大变动量分别为 f_1、f_2、f_3 且 $f_1<f_2<f_3$，所以拟合直线Ⅰ的位置符合最小条件。

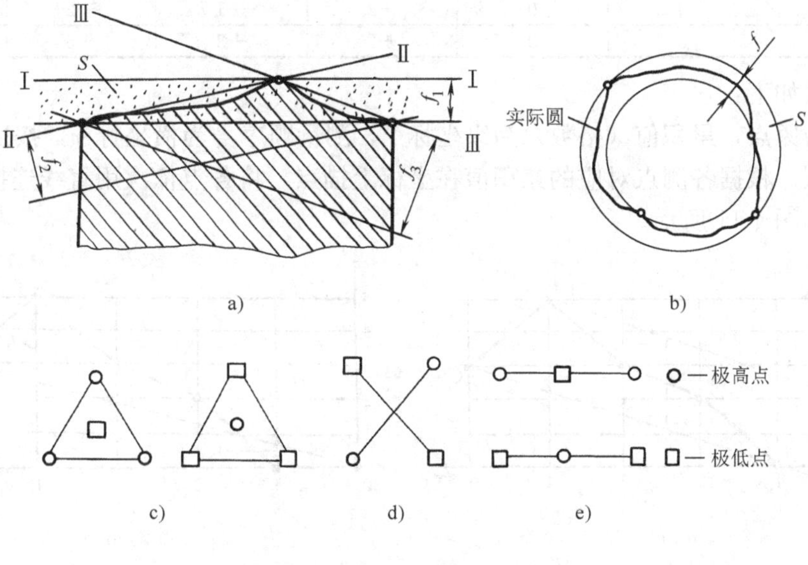

图 4-10　最小条件和最小区域

2. 形状误差的评定方法——最小区域法

形状误差值用拟合要素的位置符合最小条件的最小包容区域的宽度或直径表示。最小包容区域是指包容被测提取要素时，具有最小宽度 f 或直径 ϕf 的包容区域。最小包容区域的形状与其公差带相同。

最小区域是根据被测提取要素与包容区域的接触状态判别的。如评定给定平面内的直线度误差，包容区域为两平行直线，实际直线应至少与包容直线有两高夹一低、或两低夹一高三点接触，这个包容区就是最小区域 S，如图 4-10a 所示。评定圆度误差时，包容区域为两同心圆间的区域，实际圆轮廓应至少有内外交替四点与两包容圆接触，如图 4-10b 所示的最小区域 S。

评定平面度误差时，包容区域为两平行平面间的区域，多数情况下，被测平面至少有三点或四点按下列三种准则之一分别与此两平行平面接触。

(1) 三角形准则　三个极高点与一个极低点（或相反），其中一个极低点（或极高点）位于三个极高点（或极低点）构成的三角形之内，如图 4-10c 所示。

(2) 交叉准则　两个极高点的连线与两个极低点的连线在包容平面上的投影相交，如图 4-10d 所示。

(3) 直线准则　两平行包容平面与实际被测表成接触为高低相间的三点，且它们在包容平面上的投影位于同一直线上，如图 4-10e 所示。

例 4-1　用合像水平仪测量一窄长平面的直线度误差，仪器的分度值为 0.01mm/m，选用的桥板节距 L=165mm，测量记录数据见表 4-5，要求用作图法求被测平面的直线度误差。表中相对值为 a_0-a_i，a_0 可取任意数，但要有利于数字的简化，以便作图，本例取 a_0=497 格，累积值为将各点相对值顺序累加。

表 4-5　测量读数值　（单位：格）

测点序号	0	1	2	3	4	5
读数值 a_i	—	497	495	496	495	499
相对值 a_0-a_i	0	0	+2	+1	+2	−2
累积值	0	0	+2	+3	+5	+3

作图方法如下：

以 0 点为原点，累积值（格数）为纵坐标 Y，测量顺序号为横坐标 x，按适当的比例建立直角坐标系。根据各测点对应的累积值在坐标上描点，将各点依次用直线连接起来，即得误差折线，如图 4-11 所示。

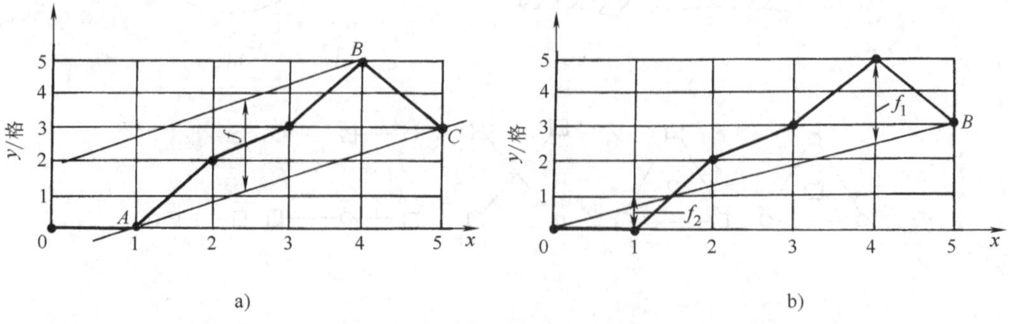

图 4-11　直线度误差的评定

（1）用两端点的连线法评定误差值（图 4-11b） 以折线首尾两点的连线作为评定基准（理想要素），折线上最高点和最低点到该连线的 y 坐标绝对值之和，就是直线度误差的格数，即

$$f_{端}=(f_1+f_2)\times0.01\times L=(2.5+0.6)\times0.01\times165\mu m\approx5.1\mu m$$

（2）用最小包容区域法评定误差值（图 4-11a） 若两平行包容直线与误差图形的接触状态符合相间准则（即符合“两高夹一低”或“两低夹一高”的判断准则）时，此两平行包容直线沿纵坐标方向的距离为直线度误差格数。显然，在图 4-11a 中，A、C 属最低点，B 为夹在 A、C 间的最高点，故 AC 连线和过 B 点且平行于 AC 连线的直线是符合相间准则的两平行包容直线，两平行线沿纵坐标方向的距离为 2.8 格，故按最小包容区域法评定的直线度误差为

$$f_{包}=2.8\times0.01\times165\mu m\approx4.6\mu m$$

一般情况下，两端点连线法的评定结果大于最小包容区域法，即 $f_{端}>f_{包}$。只有当误差图形位于两端点连线的一侧时，两种方法的评定结果才相同。但按 GB/T 1958—2004 的规定，有时允许用两端点连线法来评定直线度误差，但如发生争议，则以最小包容区域法来仲裁。

例 4-2 用打表法测量一块350×350 的平板，各测点的读数值如下，用最小包容区域法求平面度误差值。

$$\begin{array}{|ccc|}\hline a_1 & a_2 & a_3 \\ b_1 & b_2 & b_3 \\ c_1 & c_2 & c_3 \\ \hline\end{array} = \begin{array}{|ccc|}\hline 0 & +15 & +7 \\ -12 & +20 & +4 \\ +5 & -10 & +2 \\ \hline\end{array}$$

用最小包容区域法求平面度误差值：将第一列的数都+7，而将第三列的数都−7，将结果列表后，再将第一行都−5，而将第三行都+5，又将结果列表，可见

$$\begin{array}{ccc} +7 & \vdots & -7 \\ \end{array}$$

$$\begin{array}{|ccc|}\hline 0 & +15 & +7 \\ -12 & +20 & +4 \\ +5 & -10 & +2 \\ \hline\end{array} \cdots\rightarrow \begin{array}{|ccc|}\hline +7 & +15 & 0 \\ -5 & +20 & -3 \\ +12 & -10 & -5 \\ \hline\end{array} \begin{array}{c} -5 \\ \cdots\rightarrow \\ +5 \end{array} \begin{array}{|ccc|}\hline +2 & +10 & -5 \\ -5 & +20 & -3 \\ +17 & -5 & 0 \\ \hline\end{array}$$

经两次坐标变换后，符合三角形准则，故平面度误差值为

$$f=|+20-(-5)|\mu m=25\mu m$$

第三节 方向、位置、跳动公差与方向、位置、跳动误差

方向、位置和跳动公差是关联提取要素对基准允许的变动全量。

一、方向公差与公差带

方向公差是关联提取要素对基准在方向上允许的变动全量。方向公差有平行度、垂直度和倾斜度三项。它们都有面对面、线对面、面对线和线对线几种情况。典型的方向公差的公差带定义、标注示例和解释见表 4-6。

表 4-6 方向公差带定义、标注示例和解释

特征		公差带定义	标注示例和解释
平行度	面对面	公差带是间距为公差值 t，平行于基准平面的两平行平面所限定的区域 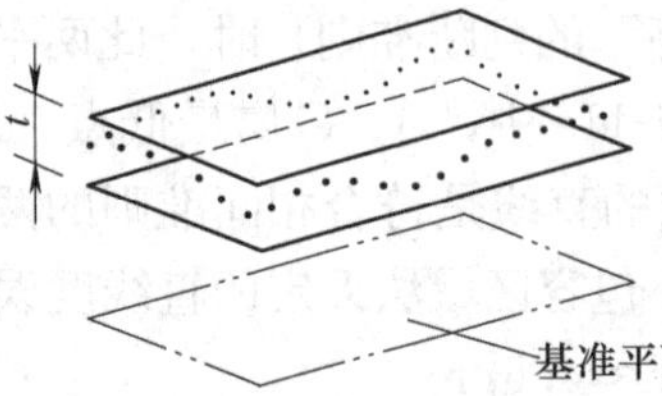 	提取（实际）表面应限定在间距为 0.05mm，平行于基准平面 A 的两平行平面之间 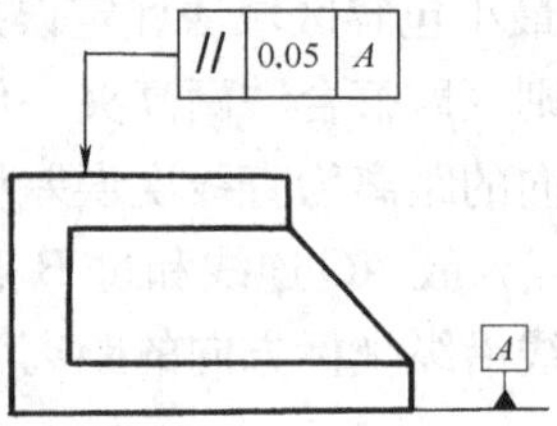
	线对面	公差带是平行于基准平面，间距为公差值 t 的两平行平面所限定的区域 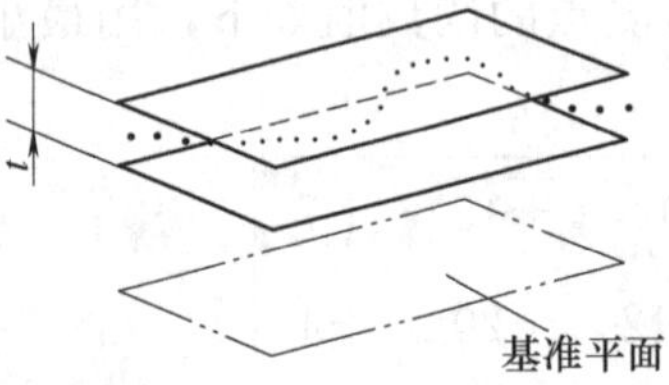 	提取（实际）中心线应限定在平行于基准平面 A，间距等于 0.03mm 的两平行平面之间 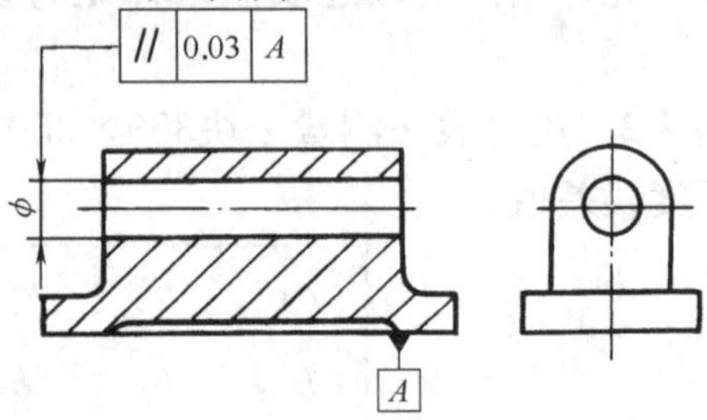
	面对线	公差带是间距为公差值 t，平行于基准轴线的两平行平面所限定的区域 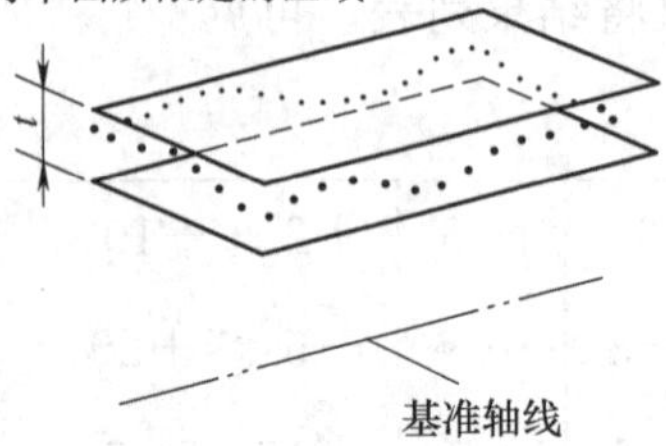 	提取（实际）表面应限定在间距等于 0.05mm，平行于基准轴线 A 的两平行平面之间 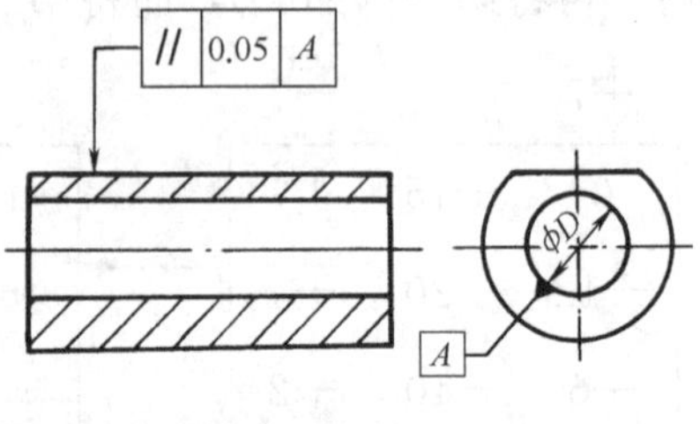
	线对基准体系	公差带为间距等于公差值 t，平行于两基准的两平行平面所限定的区域 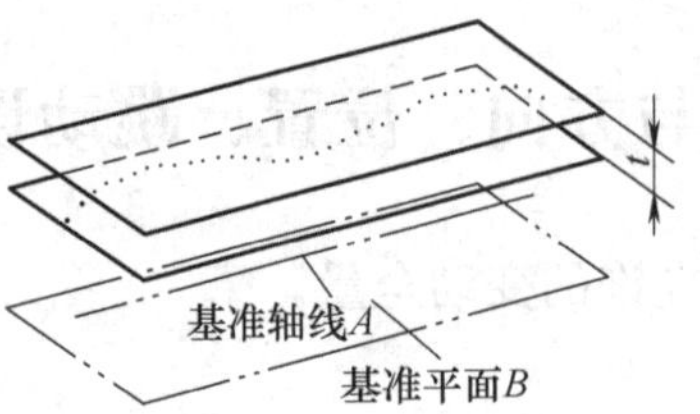 	提取（实际）中心线应限定在间距等于 0.1mm，平行于基准轴线 A 和基准平面 B 的两平行平面之间 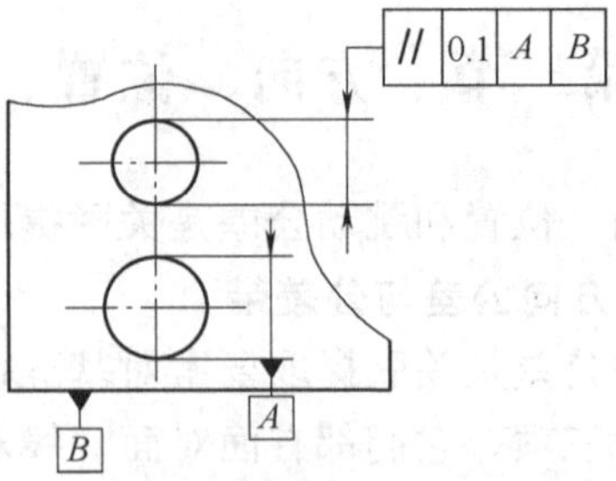

（续）

特征		公差带定义	标注示例和解释
平行度	线对线	公差带为平行于基准轴线，直径等于公差值 ϕt 的圆柱面所限定的区域 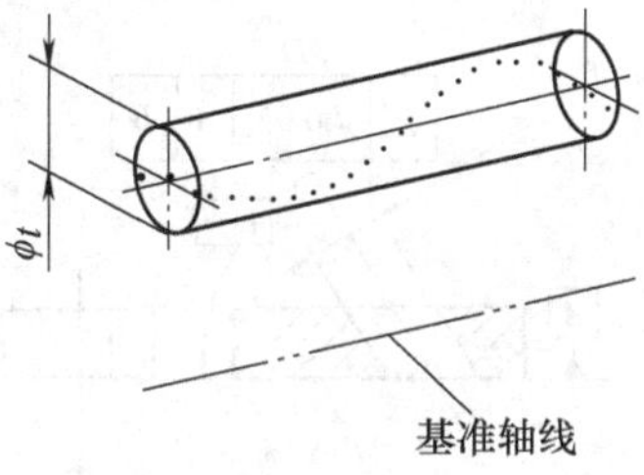	提取（实际）中心线应限定在平行于基准轴线 B，直径等于 ϕ0.1mm 的圆柱面内 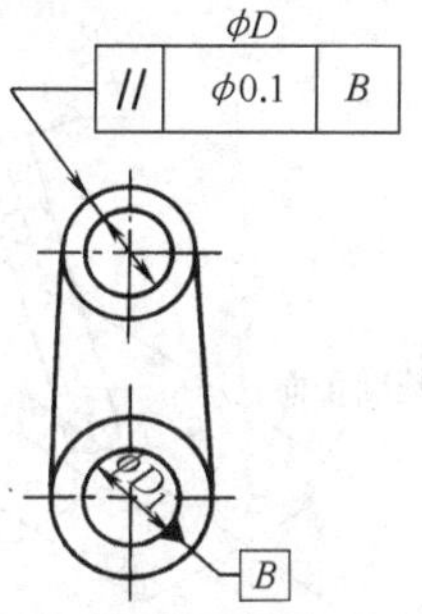
垂直度	面对线	公差带是间距为公差值 t，且垂直于基准轴线的两平行平面所限定的区域 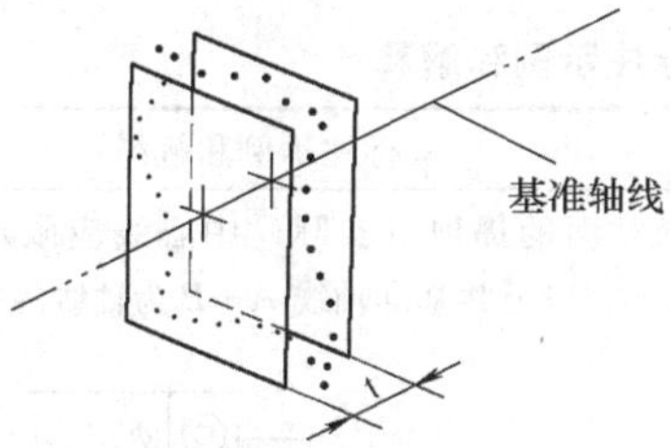	提取（实际）表面应限定在间距等于 0.05mm 的两平行平面之间，该两平行平面垂直于基准轴线 A 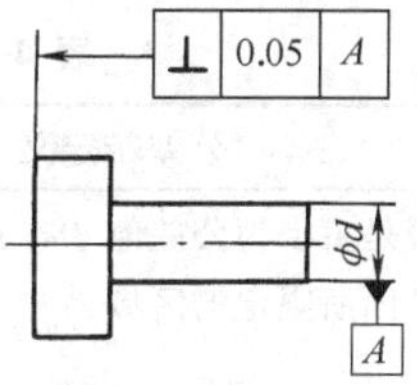
垂直度	线对面	公差带是直径为公差值 ϕt，轴线垂直于基准平面的圆柱面所限定的区域 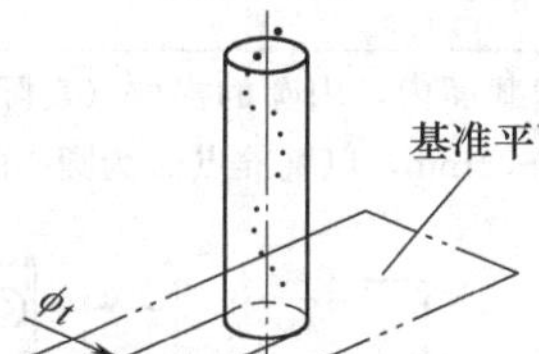	提取（实际）中心线应限定在直径等于 ϕ0.05mm，垂直于基准平面 A 的圆柱面内 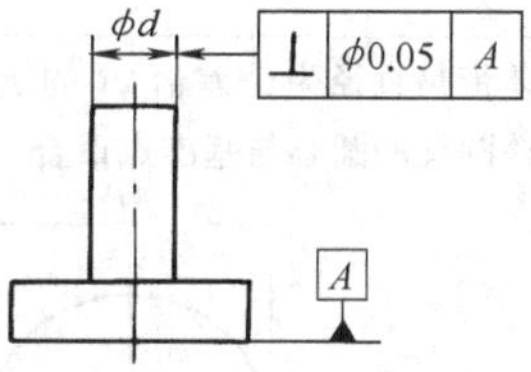
倾斜度	面对面	公差带为间距等于公差值 t 的两平行平面所限定的区域，该两平行平面按给定角度倾斜于基准平面 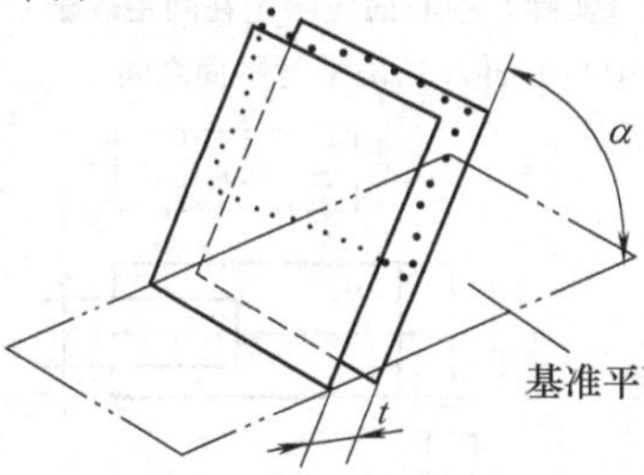	提取（实际）表面应限定在间距等于 0.08mm 的两平行平面之间，该两平行平面按 45°理论正确角度倾斜于基准平面 A 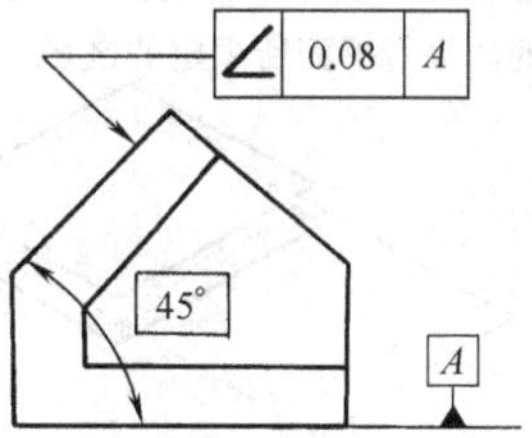

（续）

特征		公差带定义	标注示例和解释
倾斜度	线对面	公差带为直径等于公差值 ϕt 的圆柱面所限定的区域，且与基准平面（底平面）成理论正确角度 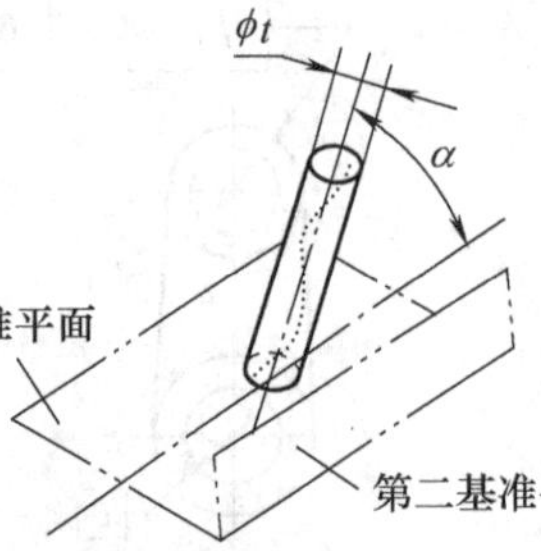	提取（实际）中心线应限定在直径等于 $\phi0.05$mm 的圆柱面内，该圆柱面的中心线按理论正确角度60°倾斜于基准平面 A 且平行于基准平面 B 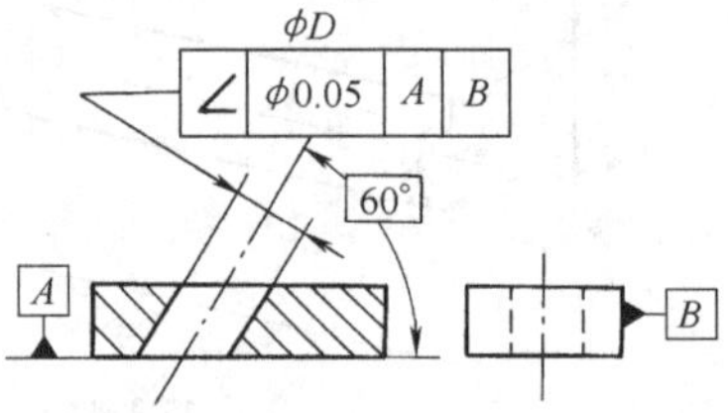

二、位置公差与公差带

位置公差是关联提取要素对基准在位置上所允许的变动全量。位置公差有同轴度（对中心点称为同心度）、对称度和位置度，其公差带的定义、标注示例和解释见表 4-7。

表 4-7 位置公差带定义、标注示例和解释

特征	公差带定义	标注示例和解释
同轴度	公差带是直径为公差值 ϕt，且以基准轴线为轴线的圆柱面所限定的区域 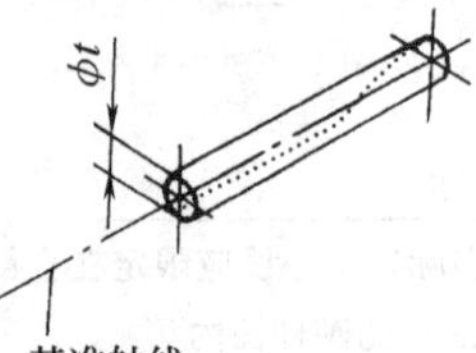	大圆柱面的提取（实际）中心线应限定在直径等于 $\phi0.1$mm，以公共基准轴线 $A—B$ 为轴线的圆柱面内 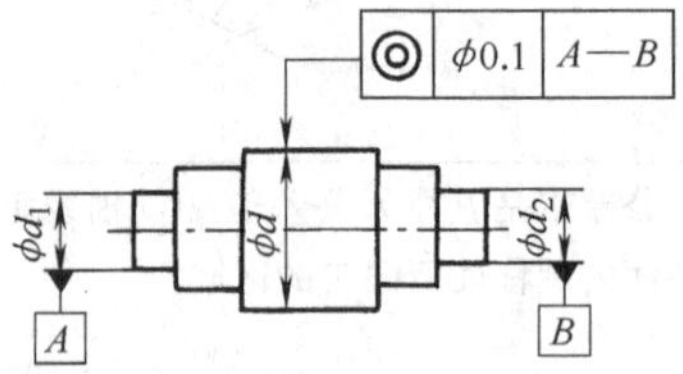
同心度	公差带是直径为公差值 ϕt 的圆周所限定的区域。该圆周的圆心与基准点重合 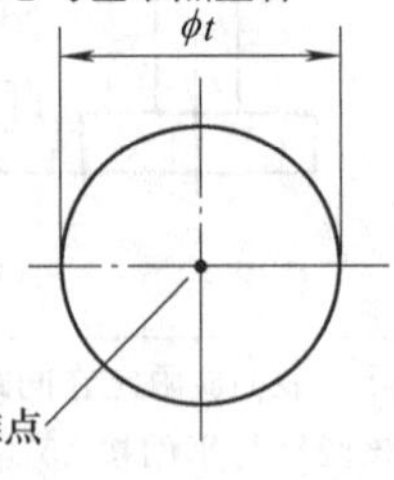	在任意横截面内，内圆的提取（实际）中心应限定在直径等于 $\phi0.1$mm，以基准点 B 为圆心的圆周内 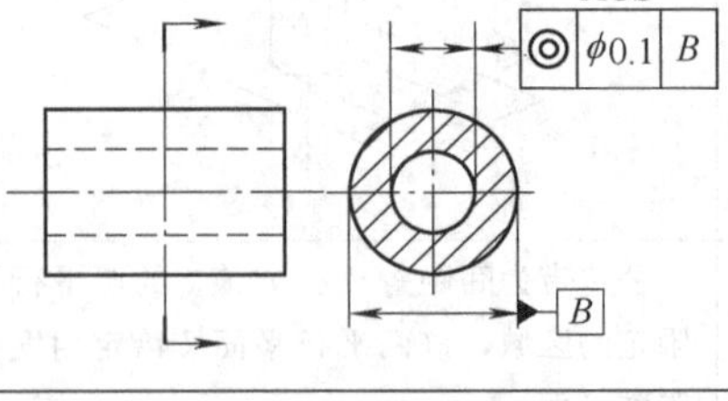
对称度	公差带为间距等于公差值 t，对称于基准中心平面的两平行平面所限定的区域 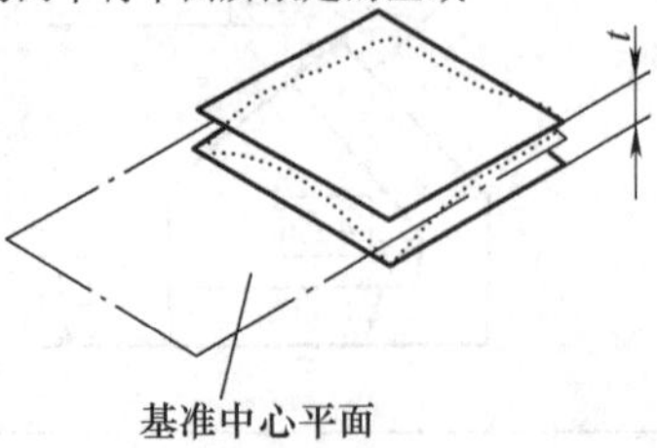	提取（实际）中心面应限定在间距等于 0.08mm，对称于基准中心平面 A 的两平行平面之间 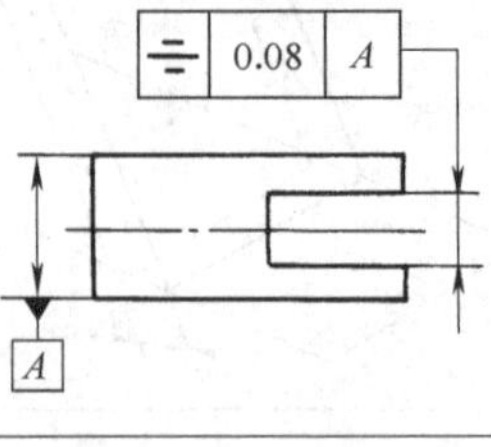

（续）

特征		公差带定义	标注示例和解释
位置度	点的位置度	公差带为直径等于公差值 $S\phi t$ 的圆球面所限定的区域。该圆球面中心的理论正确位置由基准 A、B 和理论正确尺寸确定 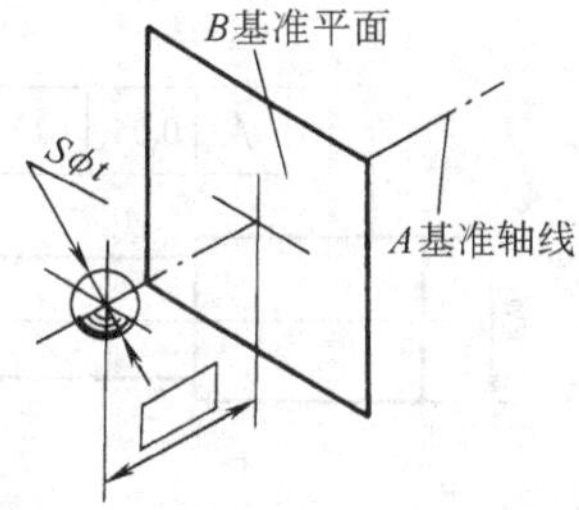	提取（实际）球心应限定在直径等于 $S\phi0.08$mm 的圆球面内，该圆球面的中心由基准轴线 A、基准平面 B 和理论正确尺寸 [30] 确定 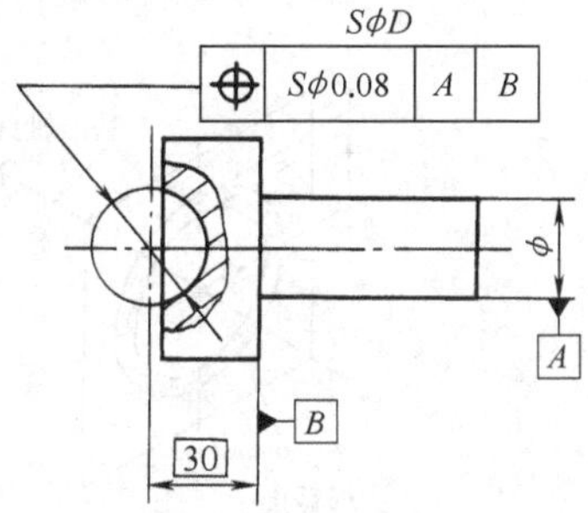
	线的位置度	当给定一个方向时，公差带为间距等于公差值 t，对称于线的理论正确位置的两平行平面所限定的区域；任意方向上（如图）公差带是直径为公差值 ϕt 的圆柱面所限定的区域。该圆柱面的轴线位置由基准平面 A、B、C 和理论正确尺寸确定 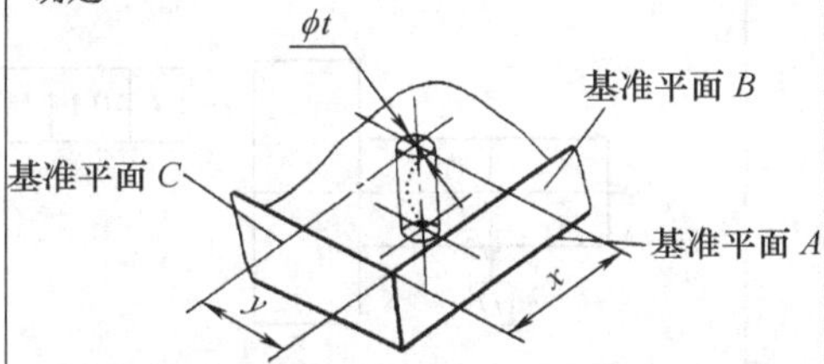	提取（实际）中心线应限定在直径等于 $\phi0.1$mm 的圆柱面内。该圆柱面的轴线位置应处于由基准平面 A、B、C 和理论正确尺寸 [90°]、[30]、[40] 确定的理论正确位置上 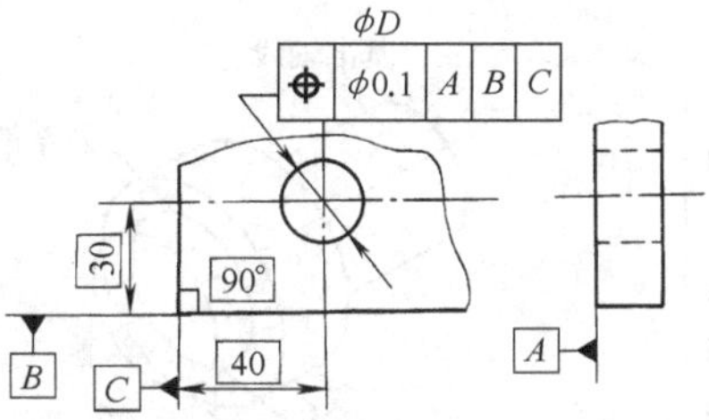
	面的位置度	公差带为间距等于公差值 t，且对称于被测面理论正确位置的两平行平面所限定的区域。面的理论正确位置由基准轴线、基准平面和理论正确尺寸确定 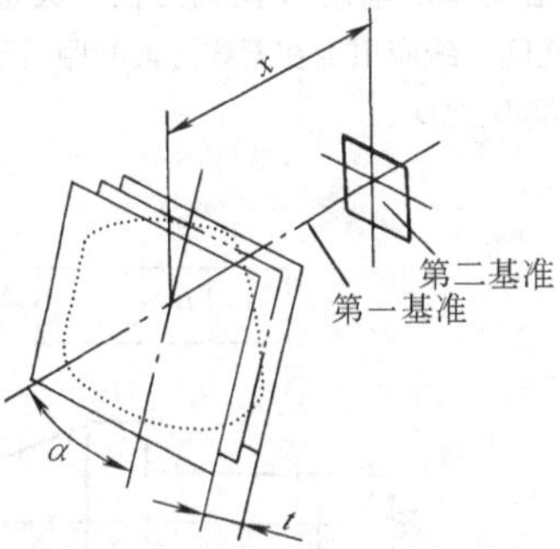	提取（实际）表面应限定在间距等于 0.05mm，且对称于被测面的理论正确位置的两平行平面之间。该两平行平面对称于由基准轴线 A、基准平面 B 和理论正确尺寸 [60°]、[50] 确定的被测面的理论正确位置 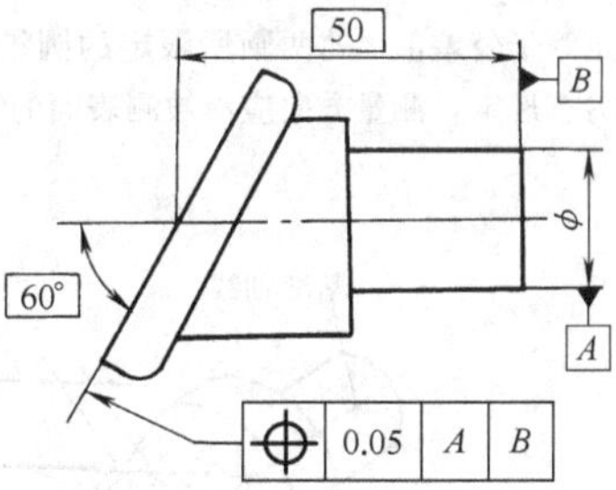

三、跳动公差与公差带

跳动公差是关联实际要素绕基准轴线回转一周或连续回转时所允许的最大跳动量。跳动公差分为圆跳动和全跳动。圆跳动是指被测提取要素在某个测量截面内相对于基准轴线的变动量；全跳动是指整个被测提取要素相对于基准轴线的变动量。其公差带的定义、标注示例和解释见表 4-8。

表 4-8 跳动公差带定义、标注示例和解释

特征		公差带定义	标注示例和解释
圆跳动	径向圆跳动	公差带为在任一垂直于基准轴线的横截面内，半径差为公差值 t，圆心在基准轴线上的两同心圆所限定的区域 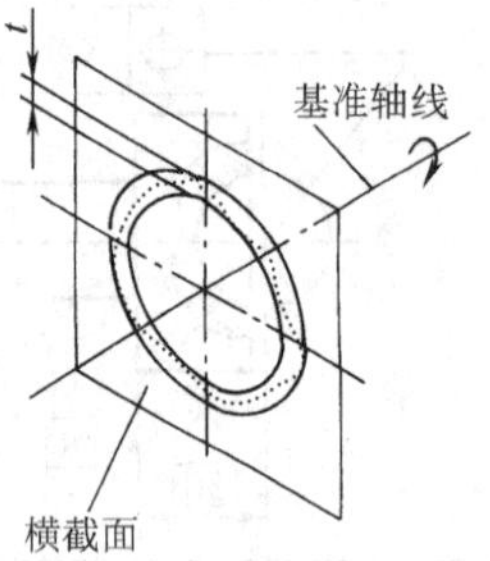 	在任一垂直于基准 A 的横截面内，提取（实际）圆应限定在半径差等于 0.05mm，圆心在基准轴线 A 上的两同心圆之间 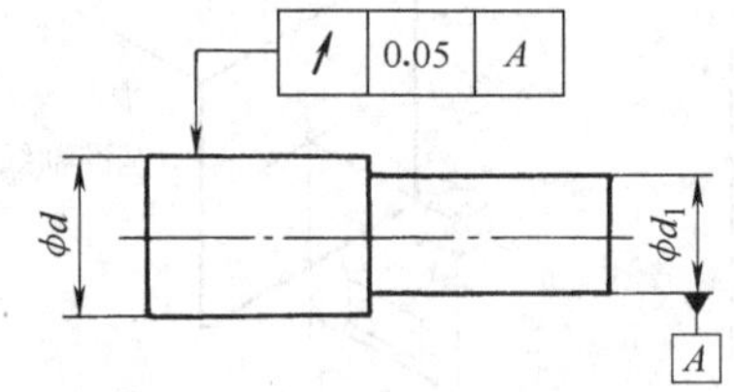
	轴向圆跳动	公差带为与基准轴线同轴的任一半径的圆柱截面上，间距等于公差值 t 的两圆所限定的圆柱面区域 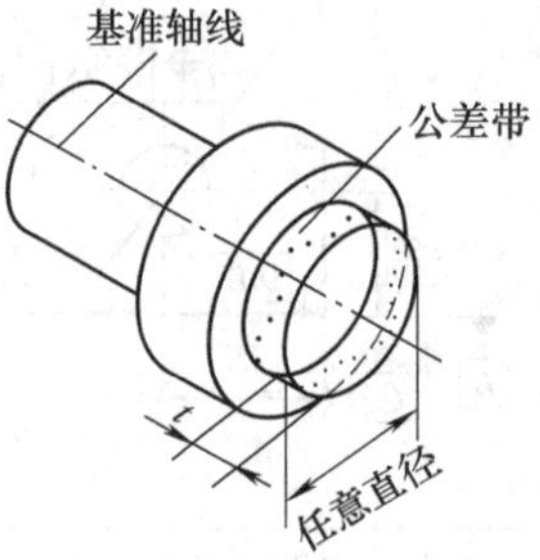 	在与基准轴线 D 同轴的任一圆柱形截面上，提取（实际）圆应限定在轴向距离等于 0.1mm 的两个等圆之间 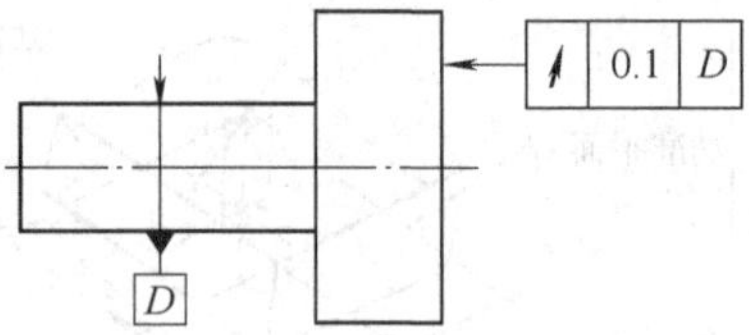
	斜向圆跳动	公差带为与基准轴线同轴的某一圆锥截面上，间距等于公差值 t 的两圆所限定的圆锥面区域（除非另有规定，测量方向应沿被测表面的法向） 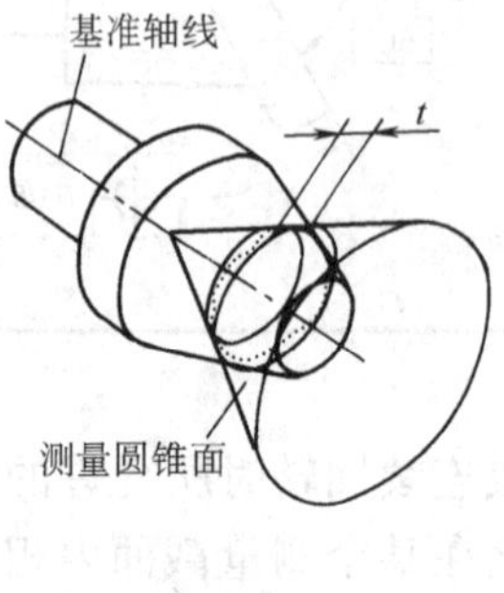 	在与基准轴线 A 同轴的任一圆锥截面上，提取（实际）线应限定在素线方向间距等于 0.05mm 的两不等圆之间 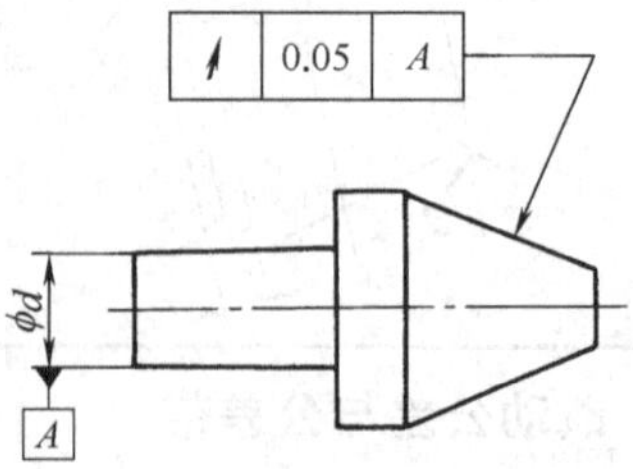

（续）

<table>
<tr><th colspan="2">特征</th><th>公差带定义</th><th>标注示例和解释</th></tr>
<tr><td rowspan="2">全跳动</td><td>径向全跳动</td><td>公差带为半径差等于公差值 t，与基准轴线同轴的两圆柱面所限定的区域
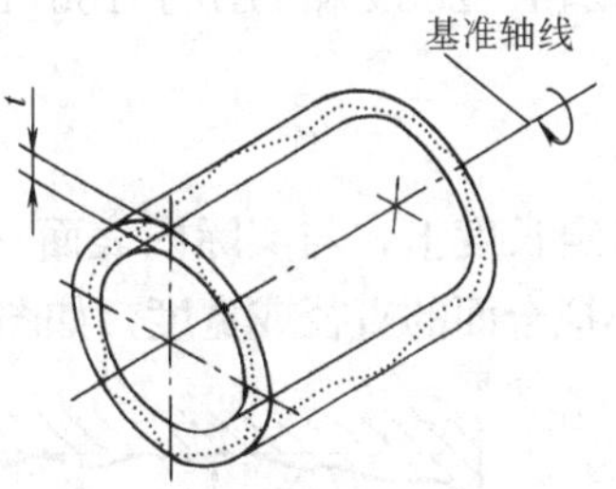
</td><td>提取（实际）表面应限定在半径差等于 0.2mm，与公共基准轴线 $A—B$ 同轴的两圆柱面之间
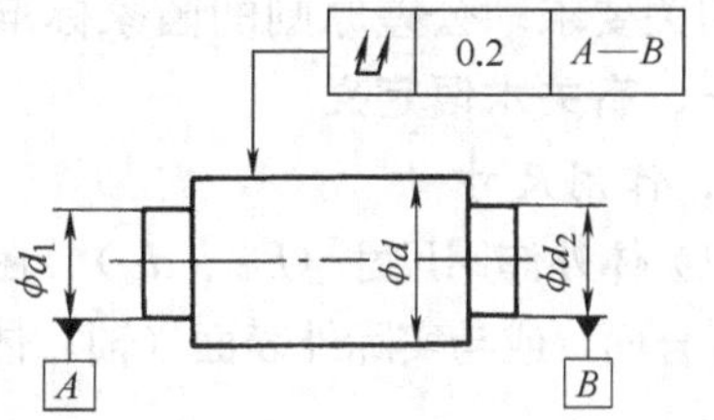
</td></tr>
<tr><td>轴向全跳动</td><td>公差带为间距等于公差值 t，垂直于基准轴线的两平行平面所限定的区域
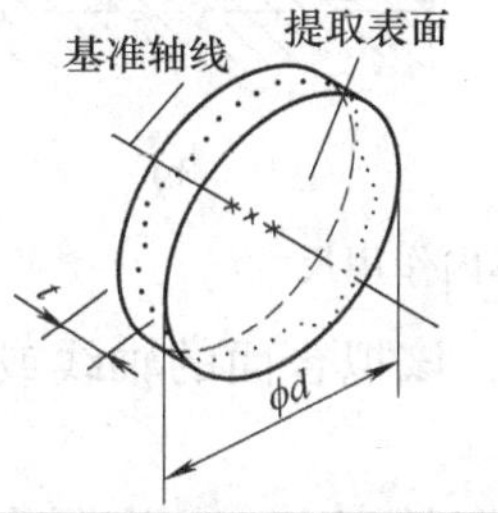
</td><td>提取（实际）表面应限定在间距等于 0.05mm，垂直于基准轴线 A 的两平行平面之间
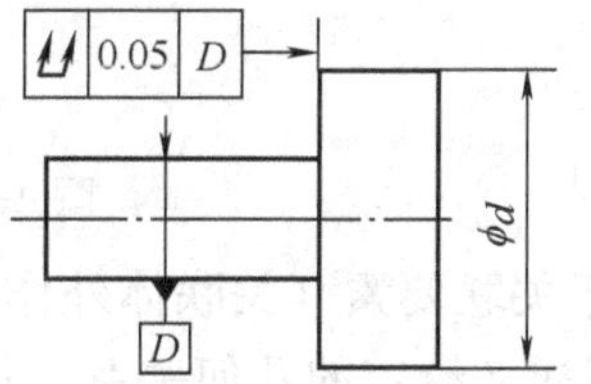
</td></tr>
</table>

四、方向、位置和跳动误差及其评定

方向、位置和跳动误差是关联提取要素对拟合要素的变动量，拟合要素的方向或位置由基准确定。

方向、位置和跳动误差的最小包容区域的形状与其对应的公差带完全相同，用方向或位置最小包容区域包容实际被测提取要素时，该最小包容区域必须与基准保持图样上给定的几何关系，且使包容区域的宽度或直径为最小。

图 4-12a 所示面对面的垂直度的方向最小包容区域是包容被测实际平面且与基准保持垂直的两平行平面之间的区域；图 4-12b 所示阶梯轴的同轴度的位置最小包容区域是包容被测实际中心线且与基准轴线同轴的圆柱面内的区域。

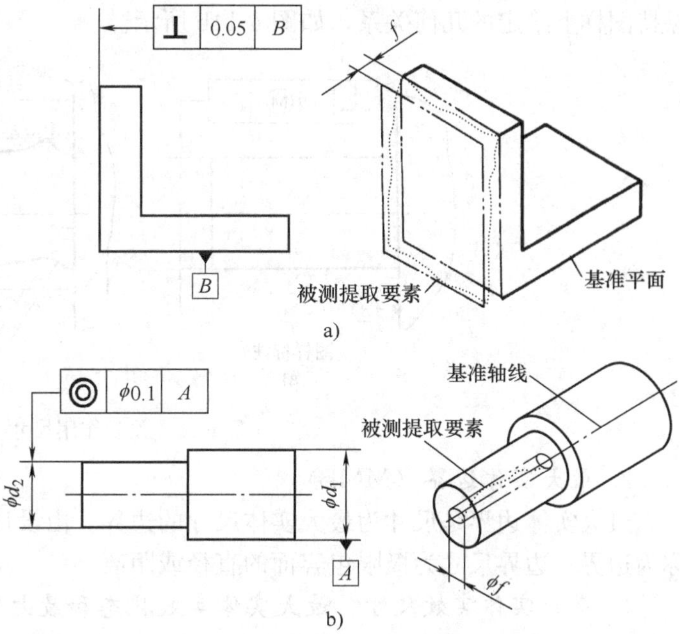

图 4-12 方向和位置最小包容区域

第四节 公差原则

公差原则是确定零件的形状、位置公差和尺寸公差之间相互关系的原则。它分为独立原则和相关要求。公差原则的国家标准包括 GB/T 4249—2009 和 GB/T 16671—2009。

一、有关术语定义

1. 作用尺寸

(1) 体外作用尺寸（D_{fe}、d_{fe}） 在被测要素的给定长度上，与实际内表面（孔）体外相接的最大拟合面，或与实际外表面（轴）体外相接的最小拟合面的直径或宽度，如图 4-13a 所示。

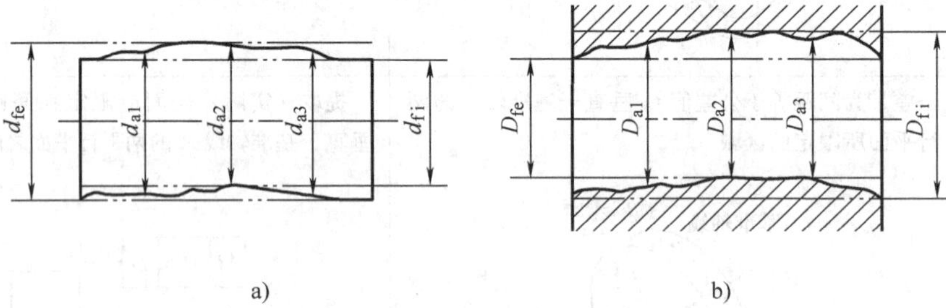

图 4-13 体外作用尺寸与体内作用尺寸

对于关联要素（关联体外作用尺寸为 D'_{fe}、d'_{fe}），该拟合面的轴线或中心平面必须与基准保持图样上给定的几何关系，如图 4-14a 所示。

(2) 体内作用尺寸（D_{fi}、d_{fi}） 在被测要素的给定长度上，与实际内表面体内相接的最小拟合面，或与实际外表面体内相接的最大拟合面的直径或宽度，如图 4-13b 所示。

对于关联要素（关联体内作用尺寸为 D'_{fi}、d'_{fi}），该拟合面的轴线或中心平面必须与基准保持图样上给定的几何关系，如图 4-14b 所示。

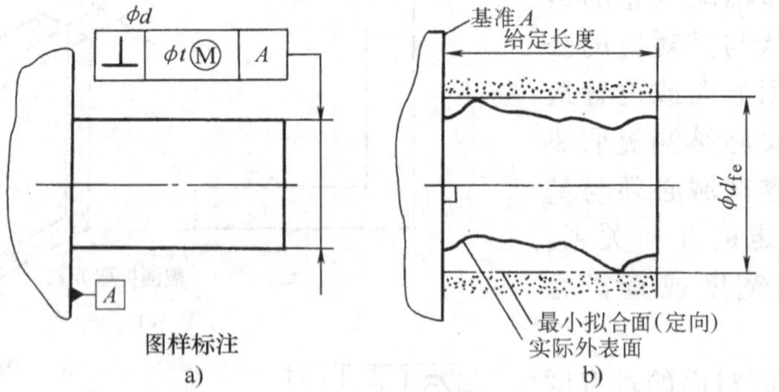

图 4-14 关联作用尺寸

2. 最大实体边界（MMB）

最大实体边界是尺寸为最大实体尺寸的边界。由设计给定的具有理想形状的极限包容面称为边界。边界尺寸为极限包容面的直径或距离。

3. 最大实体实效尺寸、最大实体实效状态和最大实体实效边界

(1) 最大实体实效尺寸（MMVS） 尺寸要素的最大实体尺寸与其导出要素的几何公差

共同作用产生的尺寸。对内表面，用 D_{MV} 表示；对外表面，用 d_{MV} 表示；关联最大实体实效尺寸用 D'_{MV} 或 d'_{MV} 表示。

（2）最大实体实效状态（MMVC）　拟合要素的尺寸为其最大实体实效尺寸时的状态。

即　　$D_{MV}(D'_{MV})=D_M-t=D_{min}-t$　　$d_{MV}(d'_{MV})=d_M+t=d_{max}+t$

（3）最大实体实效边界（MMVB）　尺寸为最大实体实效尺寸的边界，如图 4-15 所示

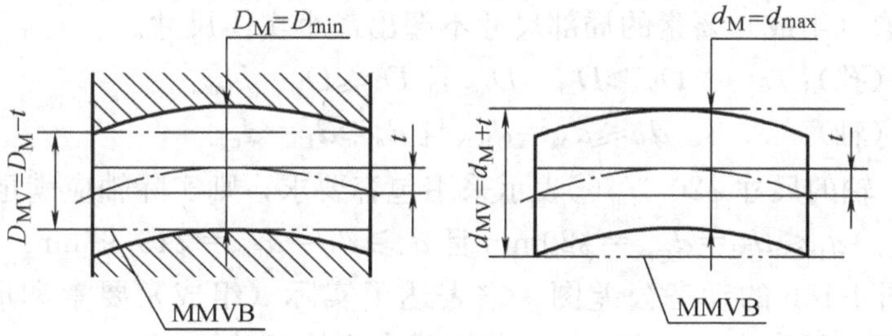

图 4-15　最大实体实效尺寸及边界

4. 最小实体实效尺寸、最小实体实效状态和最小实体实效边界

（1）最小实体实效尺寸（LMVS）　尺寸要素的最小实体尺寸与其导出要素的几何公差共同作用产生的尺寸。对内表面，用 D_{LV} 表示；对外表面，用 d_{LV} 表示；关联最小实体实效尺寸用 D'_{LV} 或 d'_{LV} 表示。

（2）最小实体实效状态（LMVC）　拟合要素的尺寸为其最小实体实效尺寸时的状态。

即　　$D_{LV}(D'_{LV})=D_L+t=D_{max}+t$　　$d_{LV}(d'_{LV})=d_L-t=d_{min}-t$

（3）最小实体实效边界（LMVB）　尺寸为最小实体实效尺寸的边界，如图 4-16 所示。

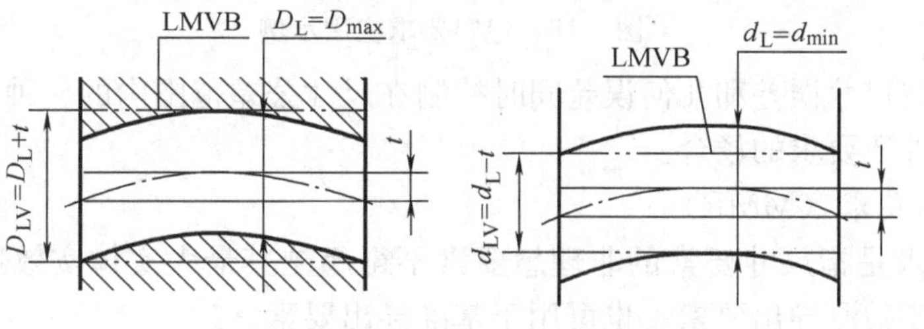

图 4-16　最小实体实效尺寸及边界

二、独立原则

独立原则是指图样上给定的各个尺寸和几何形状、方向或位置要求都是独立的，应该分别满足各自的要求。独立原则是尺寸公差和几何公差相互关系遵循的基本原则，它的应用最广。

图 4-17 所示为独立原则的应用示例，不需标注任何相关符号。图示轴的提取（组成）要素的局部尺寸应在 $\phi19.97\sim\phi20$mm 之间，且中心线的直线度误差不允许大于 $\phi0.02$mm。

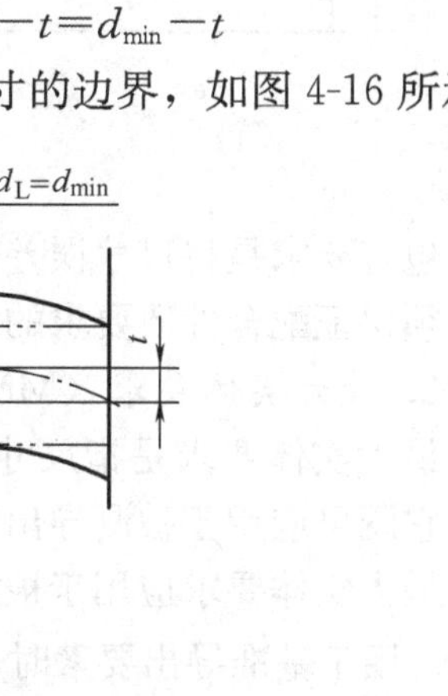

图 4-17　独立原则应用示例

三、相关要求

图样上给定的尺寸公差与几何公差相互有关的设计要求称为相关要求。它分为包容要求、最大实体要求和最小实体要求。最大实体要求和最小实体要求还可用于可逆要求。

1. 包容要求（ER）

包容要求是被测提取要素处处不得超越最大实体边界的一种要求。它只适用于单一尺寸要素（圆柱面、两平行平面）的尺寸公差与几何公差之间的关系。

采用包容要求的尺寸要素，应在其尺寸极限偏差或公差代号后加注符号Ⓔ。

包容要求表示提取组成要素不得超越其最大实体边界，即其体外作用尺寸不超出最大实体尺寸，且其提取（组成）要素的局部尺寸不超出最小实体尺寸。

对于内表面（孔）： $D_{fe} \geqslant D_M = D_{min}$ 且 $D_a \leqslant D_L = D_{max}$

对于外表面（轴）： $d_{fe} \leqslant d_M = d_{max}$ 且 $d_a \geqslant d_L = d_{min}$

图 4-18a 中，轴的尺寸 $\phi 20_{-0.03}^{\ 0}$Ⓔ表示采用包容要求，则实际轴应满足下列要求

$$d_{fe} \leqslant d_M = d_{max} = \phi 20\text{mm} \text{ 且 } d_a \geqslant d_L = d_{min} = \phi 19.97\text{mm}$$

图 4-18c 为图 4-18b 的动态公差图，它表达了实际（组成）要素和形状公差变化的关系。当实际（组成）要素为 ϕ19.97mm，偏离最大实体尺寸 0.03mm 时，允许的直线度误差为 0.03mm；而当实际（组成）要素为最大实体尺寸 ϕ20mm 时，允许的直线度误差为 0。

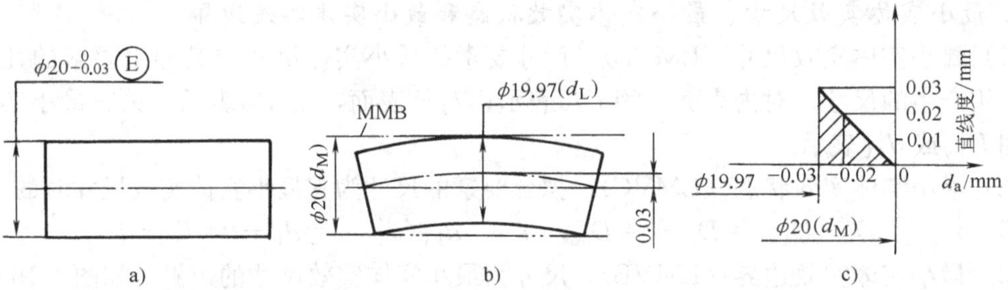

图 4-18 包容要求应用示例

包容要求是将尺寸误差和几何误差同时控制在尺寸公差范围内的一种公差要求，主要用于必须保证配合性质要求的场合。

2. 最大实体要求（MMR）

最大实体要求是指尺寸要素的非理想要素不得超越其最大实体实效边界的一种尺寸要求。它既可应用于被测导出要素，也可用于基准导出要素。

最大实体要求应用于被测导出要素时，应在被测要素几何公差框格中的公差值后标注符号Ⓜ；用于基准导出要素时，应在公差框格中相应的基准字母代号后标注符号Ⓜ。

（1）最大实体要求用于被测提取要素　被测提取要素的实际轮廓应遵守其最大实体实效边界，即其体外作用尺寸不得超出最大实体实效尺寸，而且其提取（组成）要素的局部尺寸在最大与最小实体尺寸之间。

对于内表面： $D_{fe} \geqslant D_{MV} = D_{min} - t$ 且 $D_M = D_{min} \leqslant D_a \leqslant D_L = D_{max}$

对于外表面： $d_{fe} \leqslant d_{MV} = d_{max} + t$ 且 $d_M = d_{max} \geqslant d_a \geqslant d_L = d_{min}$

最大实体要求用于被测提取要素时，其几何公差值是在该要素处于最大实体状态时给出的。当被测提取要素的实际轮廓偏离其最大实体状态时，几何误差值可以超出在最大实体状态下给出的几何公差值，即此时的几何公差值可以增大。

图 4-19a 表示 $\phi 20_{-0.3}^{\ 0}$mm 轴的中心线直线度公差采用最大实体要求。当该轴处于最大实体状态时，其中心线的直线度公差为 ϕ0.1mm，如图 4-19b 所示；若轴的实际（组成）要素

向最小实体尺寸方向偏离最大实体尺寸，则其中心线直线度误差可以超出图样给出的公差值 $\phi0.1$mm，但必须保证其体外作用尺寸不超出轴的最大实体实效尺寸 $\phi20.1$mm；当轴的实际（组成）要素处处为最小实体尺寸 19.7mm，其中心线的直线度公差可达最大值，即 $t=\phi(0.3+0.1)$mm$=\phi0.4$mm，如图 4-19c 所示；图 4-19d 为其动态公差图。

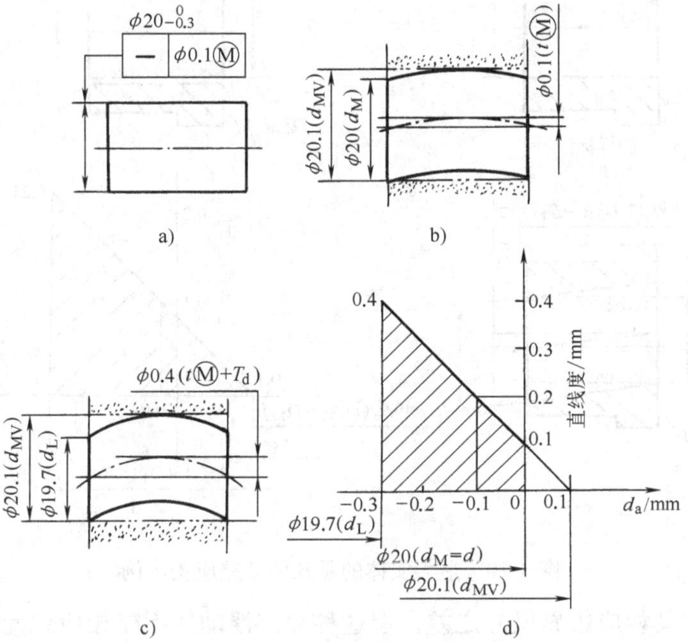

图 4-19 最大实体要求应用示例

图 4-19a 所示轴的尺寸与中心线直线度的合格条件是

$$d_{min}=19.7\text{mm}\leqslant d_a\leqslant d_{max}=20\text{mm}$$

$$d_{fe}\leqslant d_{MV}=20.1\text{mm}$$

当给出的导出要素的几何公差值为零（原称“零几何公差”）时，尺寸要素的最大实体实效边界（MMVB）等于最大实体边界（MMB）。

图 4-20a 表示 $\phi50_{-0.08}^{+0.13}$mm 孔的中心线对基准平面在任意方向的垂直度公差采用最大实体要求。当该孔处于最大实体状态时，其中心线对基准平面的垂直度公差为零，即不允许有垂直度误差，如图 4-20b 所示；只有当孔的实际（组成）要素向最小实体尺寸方向偏离最大实体尺寸，才允许其中心线对基准平面有垂直度误差，但必须保证其定向体外作用尺寸不超出其最大实体实效尺寸 $D_{MV}=D_M-t=(49.92-0)$mm$=49.92$mm；当孔的实际（组成）要素处处为最小实体尺寸 50.13mm，其中心线对基准平面的垂直度公差可达最大值，即孔的尺寸公差 $\phi0.21$mm，如图 4-20c 所示；图 4-20d 是该孔的动态公差图。

图 4-20 所示零件的合格条件是

$$D_a\leqslant D_L=D_{max}=50.13\text{mm}$$

$$D_{fe}\geqslant D_{MV}=D_M=D_{min}=49.92\text{mm}$$

（2）最大实体要求应用于基准要素　此时，基准要素应遵守相应的边界。若基准要素的实际轮廓偏离其相应的边界，则允许基准要素在一定范围内浮动，其浮动范围等于基准要素

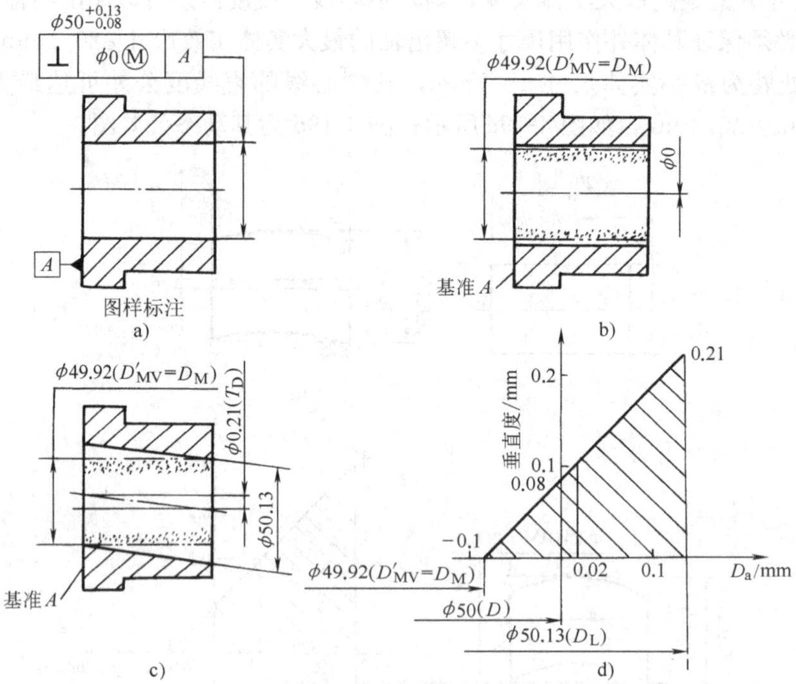

图 4-20 最大实体的零几何公差应用示例

的体外作用尺寸与其相应边界尺寸之差。但这种允许浮动并不能相应地允许增大被测要素的几何公差值。

最大实体要求应用于基准要素时，基准要素应遵守的边界有两种情况：

1）基准要素本身采用最大实体要求时，应遵守最大实体实效边界。此时，基准符号应直接标注在形成该最大实体实效边界的几何公差框格下面。

图 4-21 表示最大实体要求应用于 $4\times\phi8^{+0.1}_{0}$ mm 均布四孔的中心线对基准轴线的任意方向位置度公差，且最大实体要求也应用于基准要素，基准本身的中心线直线度公差采用最大实体要求。因此，对于均布四孔的位置度公差，基准要素应遵守由直线度公差确定的最大实体实效边界，其边界尺寸为 $d_{MV}=d_M+t=(20+0.02)\text{mm}=20.02\text{mm}$。

2）基准本身不采用最大实体要求时，应遵守最大实体边界。此时，基准符号应标注在基准的尺寸线处，其连线与尺寸线对齐。

基准要素不采用最大实体要求可能有两种情况：遵循独立原则或采用包容要求。

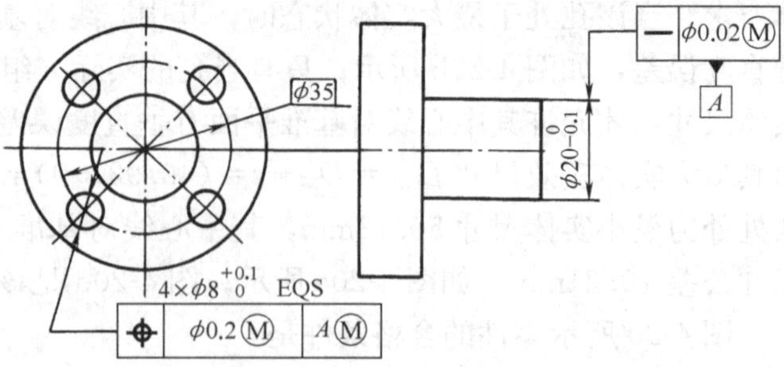

图 4-21 最大实体要求应用于基准要素且基准本身采用最大实体要求

图 4-22a 表示最大实体要求应用于 $4\times\phi8^{+0.1}_{0}$ mm 均布四孔的中心线对基准轴线的任意方向位置度公差，且最大实体要求也应用于基准要素，基准本身遵循独立原则（未注几何公差）。因此，基准要

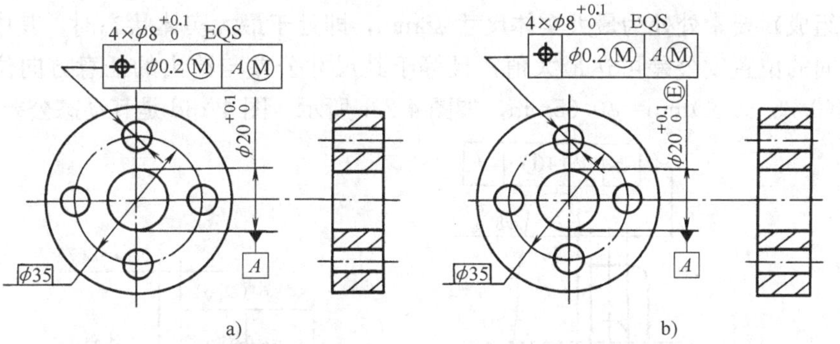

a) b)

图 4-22 最大实体要求应用于基准要素，基准本身不采用最大实体要求

a）基准本身遵循独立原则 b）基准本身采用包容原则

素应遵守其最大实体边界，其边界尺寸为基准要素的最大实体尺寸 $D_M=\phi 20$mm。

图 4-22b 表示最大实体要求应用于 $4\times\phi 8^{+0.1}_{0}$mm 均布四孔的中心线对基准轴线的任意方向位置度公差，且最大实体要求也应用于基准要素，基准本身采用包容要求。因此，基准要素也应遵守其最大实体边界，其边界尺寸为基准要素的最大实体尺寸 $D_M=\phi 20$mm。

最大实体要求适用于导出要素，主要用于仅需保证零件的可装配性时。

3. 最小实体要求（LMR）

最小实体要求是指尺寸要素的非理想要素不得超越其最小实体实效边界的一种尺寸要素要求。当其实际（组成）要素偏离最小实体尺寸时，允许其几何误差值超出在最小实体状态下给出的公差值。它既可用于被测导出要素，也可用于基准导出要素。

最小实体要求用于被测提取要素时，应在被测提取要素几何公差框格中的公差值后标注符号“Ⓛ”；应用于基准导出要素时，应在被测提取要素几何公差框格内相应的基准字母代号后标注符号“Ⓛ”。

（1）最小实体要求应用于被测提取要素 此时被测提取要素的几何公差值是在该要素处于最小实体状态时给出的。当被测提取要素的实际轮廓偏离其最小实体状态，即其实际（组成）要素偏离最小实体尺寸时，几何误差值可以超出在最小实体状态下给出的几何公差值。

最小实体要求应用于被测提取要素时，被测提取要素的实际轮廓在给定长度上处处不得超出最小实体实效边界。即其体内作用尺寸不得超出最小实体实效尺寸，且其提取（组成）要素的局部尺寸不得超出最大和最小实体尺寸。

对于内表面： $D_{fi}\leqslant D_{LV}=D_{max}+t$ 且 $D_M=D_{min}\leqslant D_a\leqslant D_L=D_{max}$

对于外表面： $d_{fi}\geqslant d_{LV}=d_{min}-t$ 且 $d_M=d_{max}\geqslant d_a\geqslant d_L=d_{min}$

图 4-23a 表示孔的中心线对基准平面在任意方向的位置度公差采用最小实体要求。当该孔处于最小实体状态时，其中心线对基准平面任意方向的位置度公差为 $\phi 0.4$mm，如图 4-23b 所示。若孔的实际（组成）要素向最大实体尺寸方向偏离最小实体尺寸，即小于最小实体尺寸 $\phi 8.25$mm，则其中心线对基准平面的位置度误差可以超出图样给出的公差值 $\phi 0.4$mm，但必须保证其定位体内作用尺寸 D_{fi} 不超出孔的定位最小实体实效尺寸 $D_{LV}=D_L+t=(8.25+0.4)$mm$=8.65$mm。所以，当孔的实际（组成）要素处处相等时，它对最小实体尺寸 $\phi 8.25$mm 的偏离量就等于中心线对基准平面任意方向的位置度公差的增加值。当

孔的实际（组成）要素处处为最大实体尺寸 $\phi 8$mm，即处于最大实体状态时，其中心线对基准平面任意方向的位置度公差可达最大值，且等于其尺寸公差与给出的任意方向位置度公差之和，即 $t=\phi(0.25+0.4)$mm$=\phi 0.65$mm，如图 4-23c 所示。图 4-23d 是其动态公差图。

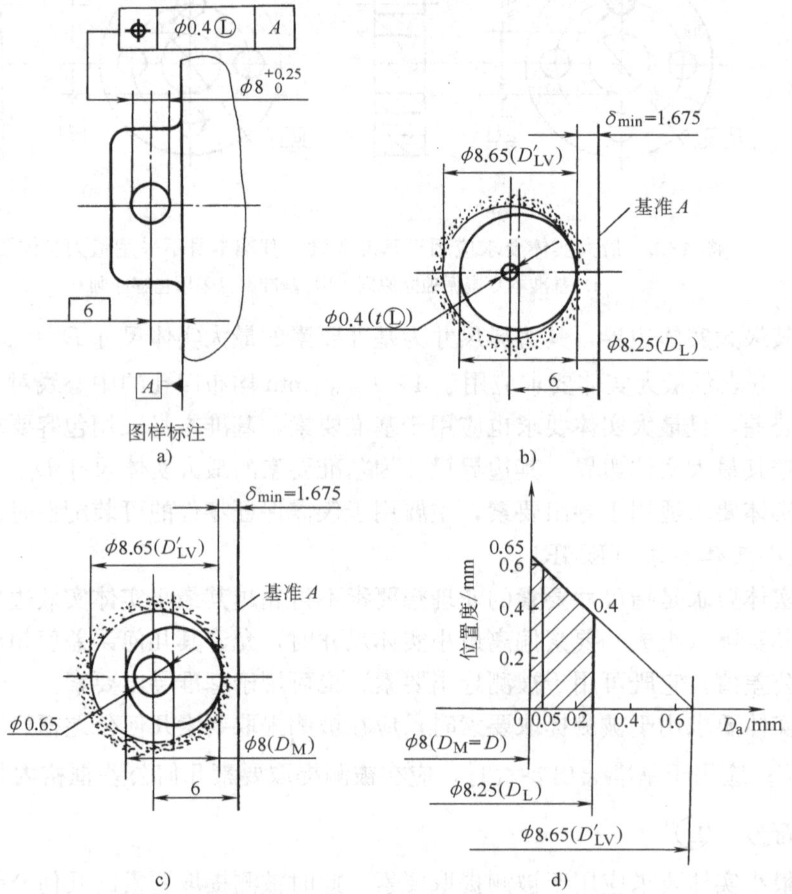

图 4-23　最小实体要求应用于被测提取要素

图 4-23a 所示孔的尺寸与中心线对基准平面任意方向位置度的合格条件是

$$D_L=D_{max}=8.25\text{mm}\geqslant D_a\geqslant D_M=D_{min}=8\text{mm}$$

$$D_{fi}\leqslant D_{LV}=8.65\text{mm}$$

图 4-24a 表示 $\phi 8^{+0.65}_{0}$mm 孔的中心线对基准平面任意方向的位置度公差采用最小实体要求。当该孔处于最小实体状态时，其中心线对基准平面任意方向的位置度公差为零，即不允许有位置误差，如图 4-24b 所示。只有当孔的实际（组成）要素向最大实体尺寸方向偏离最小实体尺寸，即小于最小实体尺寸 8.65mm 时，才允许其中心线对基准平面有位置度误差，但必须保证其定位体内作用尺寸 D_{fi}不超出孔的定位最小实体实效尺寸 $D_{LV}=D_L+t=(8.65+0)$mm $=$ 8.65mm。所以，当孔的实际（组成）要素处处相等时，它对最小实体尺寸的偏离量就是中心线对基准平面任意方向的位置度公差。当孔的实际（组成）要素处处为最大实体尺寸 8mm 时，其中心线对基准平面的位置度公差可达最大值，即孔的尺寸公差值 $t=\phi 0.65$mm，如图 4-24c 所示。图 4-24d 是其动态公差图。

图 4-23 与图 4-24 两种尺寸公差和位置度公差的标注，具有相同的边界和综合公差，因

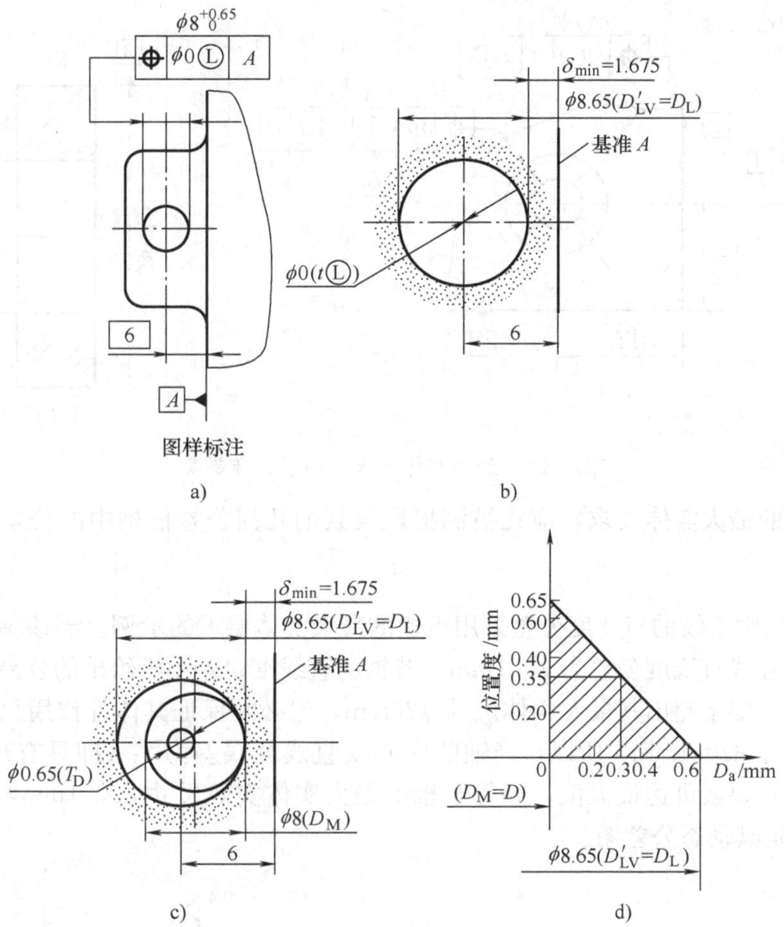

图 4-24 最小实体要求应用示例

此具有基本相同的设计要求。它们间的差别在于对于综合公差的分配有所不同。从两者的定位最小实体实效边界来看，这种设计要求主要是为了在被测孔与基准平面之间保证最小壁厚

$$\delta_{min} = 6 - (D_{LV}/2) = [6 - (8.65/2)]\text{mm} = 1.675\text{mm}$$

（2）最小实体要求应用于基准要素 此时基准要素应遵守相应的边界。若基准要素的实际轮廓偏离其相应的边界，则允许基准要素在一定范围内浮动，其浮动范围等于基准要素的体内作用尺寸与其相应的边界尺寸之差。

最小实体要求应用于基准要素时，基准要素应遵守的边界也有两种情况：

1）基准要素本身采用最小实体要求时，应遵守最小实体实效边界。此时，基准符号应直接标注在形成该最小实体实效边界的几何公差框格下面，如图 4-25a 所示。

2）基准要素本身不采用最小实体要求时，应遵守最小实体边界。此时，基准符号应标注在基准的尺寸线处，其连线与尺寸线对齐，如图 4-25b 所示。

最小实体要求运用于导出要素，主要用于需要保证零件的强度和壁厚时。

4. 可逆要求（RR）

在不影响零件功能要求的前提下，当被测中心线或中心面的几何误差值小于给出的几何公差值时，允许相应的尺寸公差增大。它是最大实体要求或最小实体要求的附加要求。

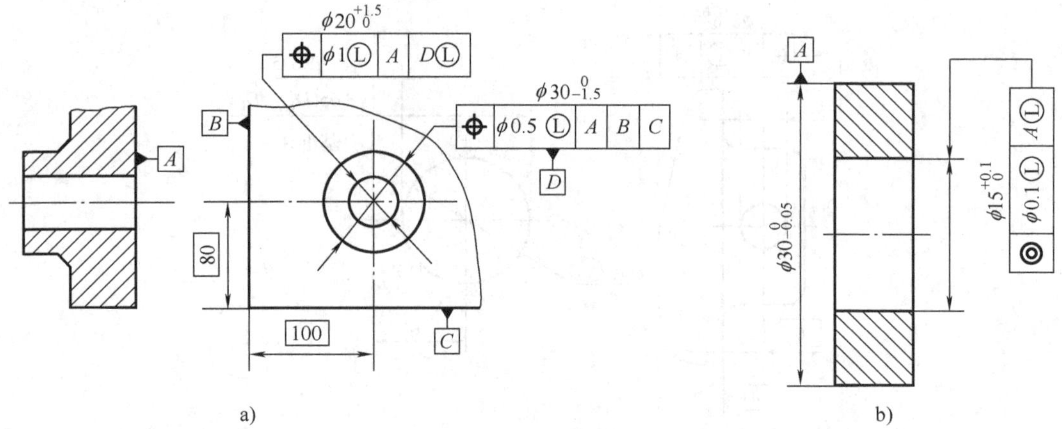

图 4-25 最小实体要求应用于基准要素

采用可逆的最大实体要求，应在被测提取要素的几何公差框格中的公差值后加注“ⓂⓇ”。

图 4-26a 是中心线的直线度公差采用可逆的最大实体要求的示例。当该轴处于最大实体状态时，其中心线直线度公差为 ϕ0.1mm。若轴的直线度误差小于给出的公差值，则允许轴的实际（组成）要素超出其最大实体尺寸 ϕ20mm，但必须保证其体外作用尺寸不超出其最大实体实效尺寸 ϕ20.1mm。所以，当轴的中心线直线度误差为零（即具有理想形状）时，其实际（组成）要素可达最大值，即等于轴的最大实体实效尺寸 ϕ20.1mm，如图 4-26b 所示。图 4-26c 是其动态公差图。

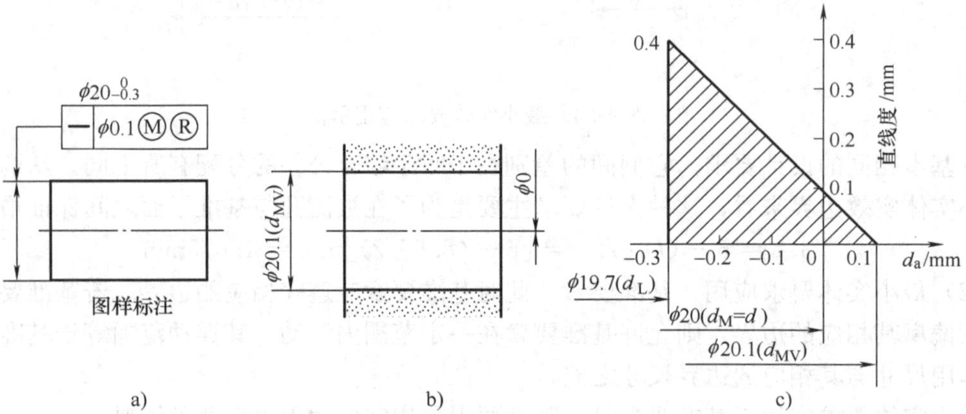

图 4-26 可逆要求用于最大实体要求的示例

图 4-26a 所示的轴的尺寸与中心线直线度的合格条件是

$$d_a \geqslant d_L = d_{min} = 19.7\text{mm}$$

$$d_{fe} \leqslant d_{MV} = d_M + t = (20+0.1)\text{mm} = 20.1\text{mm}$$

采用可逆的最小实体要求，应在被测提取要素的几何公差框格中的公差值后加注“ⓁⓇ”。

图 4-27a 表示 $\phi 8^{+0.25}_{0}$ mm 孔的中心线对基准平面的任意方向的位置度公差采用可逆的最小实体要求。当孔处于最小实体状态时，其中心线对基准平面的位置度公差为 0.4mm。若

孔的中心线对基准平面的位置度误差小于给出的公差值，则允许孔的实际（组成）要素超出其最小实体尺寸（即大于 8.25mm），但必须保证其定位体内作用尺寸不超出其定位最小实体实效尺寸（即 $D_{fi} \leqslant D_{LV} = D_L + t = (8.25 + 0.4)\text{mm} = 8.65\text{mm}$。所以，当孔的中心线对基准平面任意方向的位置度误差为零时，其实际（组成）要素可达最大值，即等于孔的定位最小实体实效尺寸 8.65mm，如图 4-27b 所示。其动态公差图如图 4-27c 所示。

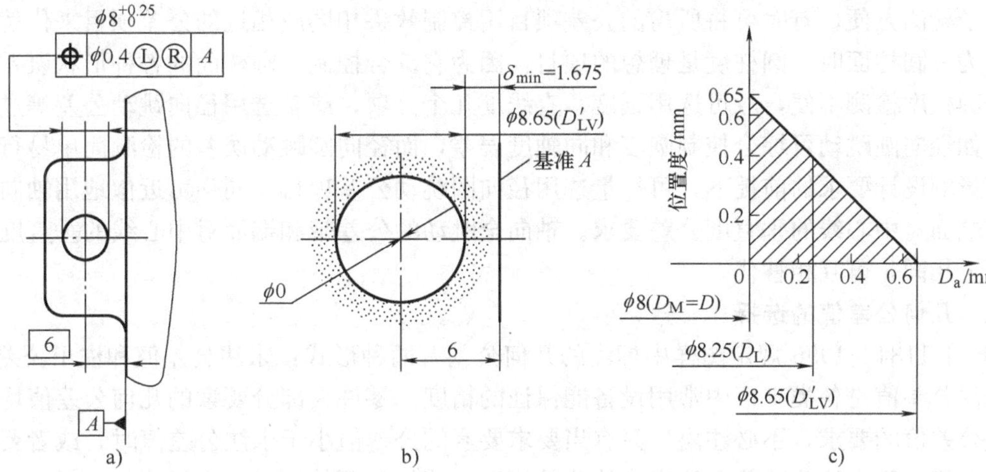

图 4-27 可逆要求用于最小实体要求的示例

第五节 几何精度的设计

几何精度的设计方法选用对保证产品质量和降低制造成本具有十分重要的意义。它对保证轴类零件的旋转精度、保证连接件的连接强度和密封性、保证齿轮传动零件的承载均匀性等，都有很重要的影响。

几何精度的设计主要包括几何公差项目的选择、公差等级与公差值的选择、公差原则的选择和基准要素的选择。

一、几何公差项目的选择

几何公差项目的设计，取决于零件的几何特征与功能要求，同时也要考虑检测的方便性。

1. 零件的几何特征

形状公差项目的设计主要是按要素的几何形状特征制订的，因此要素的几何特征自然是设计选择单一要素公差项目的基本依据。例如，控制平面的形状误差应设计选择平面度；控制导轨导向面的形状误差应设计选择直线度；控制圆柱面的形状误差应设计选择圆度或圆柱度等。

方向或位置公差项目的设计是按要素间几何方位关系制订的，所以关联要素的公差项目应以它与基准间的几何方位关系为基本依据。对线（中心线）、面可规定定向和位置公差，对点只能规定位置度公差，只有回转零件才规定同轴度公差和跳动公差。

2. 零件的使用要求

零件的功能要求不同，对几何公差设计应提出不同的要求，所以应分析几何误差对零件使用性能的影响。一般说来，平面的形状误差将影响支承面安置的平稳和定位可靠性，影响贴合面的密封性和滑动面的磨损；导轨面的形状误差将影响导向精度；圆柱面的形状误差将影响定位配合的连接强度和可靠性，影响转动配合的间隙均匀性和运动平稳性；轮廓表面或导出要素的方向或位置误差将直接决定机器的装配精度和运动精度，如齿轮箱体上两孔中心线不平行将影响齿轮副的接触精度，并降低承载能力；滚动轴承的定位轴肩与中心线不垂直，将影响轴承旋转时的精度等。

3. 检测的方便性

为了检测方便，有时可将所需的公差项目用控制效果相同或相近的公差项目来代替。例如要素为一圆柱面时，圆柱度是理想的项目，因为它综合控制了圆柱面的各种形状误差，但是由于圆柱度检测不便，故可选用圆度、直线度几个分项，或者选用径向跳动公差等进行控制。又如径向圆跳动可综合控制圆度和同轴度误差，而径向圆跳动误差的检测简单易行，所以在不影响设计要求的前提下，可尽量选用径向圆跳动公差项目。同样可近似地用轴向圆跳动代替端面对中心线的垂直度公差要求。轴向全跳动的公差带和端面对中心线的垂直度的公差带完全相同，可互相替代。

二、几何公差值的选择

GB/T 1184—1996 规定图样中标注的几何公差有两种形式：未注公差值和注出公差值。

未注公差值是各类工厂中常用设备能保证的精度。零件大部分要素的几何公差值均应遵循未注公差值的要求，不必注出。只有当要求要素的公差值小于未注公差值时，或者要求要素的公差值大于未注公差值而给出大的公差值后，能给工厂的加工带来经济效益时，才需要在图样中用框格给出几何公差要求。

注出几何公差要求的几何精度高低是用公差等级数字的大小来表示的。按国家标准的规定，对 14 项几何公差特征，除线、面轮廓度及位置度未规定公差等级外，其余项目均有规定。一般划分为 12 级，即 1～12 级，1 级精度最高，12 级精度最低；圆度和圆柱度最高级为 0 级，划分为 13 级。各项目的各级公差值见表 4-9～表 4-12。

表 4-9 直线度和平面度的公差值 （单位：μm）

主参数 L （D） /mm	公差等级											
	1	2	3	4	5	6	7	8	9	10	11	12
	公差值											
≤10	0.2	0.4	0.8	1.2	2	3	5	8	12	20	30	60
>10～16	0.25	0.5	1	1.5	2.5	4	6	10	15	25	40	80
>16～25	0.3	0.6	1.2	2	3	5	8	12	20	30	50	100
>25～40	0.4	0.8	1.5	2.5	4	6	10	15	25	40	60	120
>40～63	0.5	1	2	3	5	8	12	20	30	50	80	150
>63～100	0.6	1.2	2.5	4	6	10	15	25	40	60	100	200
>100～160	0.8	1.5	3	5	8	12	20	30	50	80	120	250
>160～250	1	2	4	6	10	15	25	40	60	100	150	300
>250～400	1.2	2.5	5	8	12	20	30	50	80	120	200	400
>400～630	1.5	3	6	10	15	25	40	60	100	150	250	500
>630～1000	2	4	8	12	20	30	50	80	120	200	300	600

注：主参数 L 系轴、直线、平面的长度。

表 4-10 圆度和圆柱度的公差值 （单位：μm）

主参数 $d(D)$/mm	公差等级												
	0	1	2	3	4	5	6	7	8	9	10	11	12
	公差值												
≤3	0.1	0.2	0.3	0.5	0.8	1.2	2	3	4	6	10	14	25
>3~6	0.1	0.2	0.4	0.6	1	1.5	2.5	4	5	8	12	18	30
>6~10	0.12	0.25	0.4	0.6	1	1.5	2.5	4	6	9	15	22	36
>10~18	0.15	0.25	0.5	0.8	1.2	2	3	5	8	11	18	27	43
>18~30	0.2	0.3	0.6	1	1.5	2.5	4	6	9	13	21	33	52
>30~50	0.25	0.4	0.6	1	1.5	2.5	4	7	11	16	25	39	62
>50~80	0.3	0.5	0.8	1.2	2	3	5	8	13	19	30	46	74
>80~120	0.4	0.6	1	1.5	2.5	4	6	10	15	22	35	54	87
>120~180	0.6	1	1.2	2	3.5	5	8	12	18	25	40	63	100
>180~250	0.8	1.2	2	3	4.5	7	10	14	20	29	46	72	115
>250~315	1.0	1.6	2.5	4	6	8	12	16	23	32	52	81	130
>315~400	1.2	2	3	5	7	9	13	18	25	36	57	89	140
>400~500	1.5	2.5	4	6	8	10	15	20	27	40	63	97	155

注：主参数 $d(D)$ 系轴（孔）的直径。

表 4-11 平行度、垂直度和倾斜度公差值 （单位：μm）

主参数 L、$d(D)$/mm	公差等级											
	1	2	3	4	5	6	7	8	9	10	11	12
	公差值											
≤10	0.4	0.8	1.5	3	5	8	12	20	30	50	80	120
>10~16	0.5	1	2	4	6	10	15	25	40	60	100	150
>16~25	0.6	1.2	2.5	5	8	12	20	30	50	80	120	200
>25~40	0.8	1.5	3	6	10	15	25	40	60	100	150	250
>40~63	1	2	4	8	12	20	30	50	80	120	200	300
>63~100	1.2	2.5	5	10	15	25	40	60	100	150	250	400
>100~160	1.5	3	6	12	20	30	50	80	120	200	300	500
>160~250	2	4	8	15	25	40	60	100	150	250	400	600
>250~400	2.5	5	10	20	30	50	80	120	200	300	500	800
>400~630	3	6	12	25	40	60	100	150	250	400	600	1000
>630~1000	4	8	15	30	50	80	120	200	300	500	800	1200

注：1. 主参数 L 为给定平行度时轴线或平面的长度，或给定垂直度、倾斜度时被测要素的长度。

2. 主参数 $d(D)$ 为给定面对线垂直度时，被测要素的轴（孔）直径。

表 4-12 同轴度、对称度、圆跳动和全跳动公差值 (单位：μm)

主参数 $d(D)$、B、L/mm	公差等级											
	1	2	3	4	5	6	7	8	9	10	11	12
	公差值											
≤1	0.4	0.6	1.0	1.5	2.5	4	6	10	15	25	40	60
>1～3	0.4	0.6	1.0	1.5	2.5	4	6	10	20	40	60	120
>3～6	0.5	0.8	1.2	2	3	5	8	12	25	50	80	150
>6～10	0.6	1.0	1.5	2.5	4	6	10	15	30	60	100	200
>10～18	0.8	1.2	2	3	5	8	12	20	40	80	120	250
>18～30	1	1.5	2.5	4	6	10	15	25	50	100	150	300
>30～50	1.2	2	3	5	8	12	20	30	60	120	200	400
>50～120	1.5	2.5	4	6	10	15	25	40	80	150	250	500
>120～250	2	3	5	8	12	20	30	50	100	200	300	600
>250～500	2.5	4	6	10	15	25	40	60	120	250	400	800
>500～800	3	5	8	12	20	30	50	80	150	300	500	1000
>800～1250	4	6	10	15	25	40	60	100	200	400	600	1200

注：1. 主参数 $d(D)$为给定同轴度，或给定圆跳动、全跳动时的轴（孔）直径。
2. 圆锥体斜向圆跳动公差的主参数为平均直径。
3. 主参数 B 为给定对称度时槽的宽度。
4. 主参数 L 为给定两孔对称度时的孔心距。

对位置度，国家标准只规定了公差值数系，而未规定公差等级，见表 4-13。

表 4-13 位置度公差值数系 (单位：μm)

1	1.2	1.5	2	2.5	3	4	5	6	8
1×10^n	1.2×10^n	1.5×10^n	2×10^n	2.5×10^n	3×10^n	4×10^n	5×10^n	6×10^n	8×10^n

注：n 为正整数。

几何公差值的选择原则，是在满足零件功能要求的前提下，兼顾工艺性、经济性和检测条件，尽量选取较大的公差值。设计选择的方法有计算法和类比法。

1. 计算法

用计算法确定几何公差值，目前还没有成熟系统的计算步骤和方法，一般是根据产品的功能要求，在有条件的情况下计算求得几何公差值。

例 4-3 图4-28所示孔和轴的配合，为保证轴能在孔中自由回转，要求最小功能间隙（配合孔轴尺寸考虑几何误差后所得到的间隙）X_{minf}不得小于 0.02mm，试确定孔和轴的几何公差。

解 此部件主要要求保证配合性质，对轴孔的形状精度无特殊的要求，故采用包容要求给出尺寸公差。两孔同轴度误差对配合性质有影响，故以两孔中心线建立公共基准轴线，并给出两孔中心线对公共基准轴线的同轴度公差。

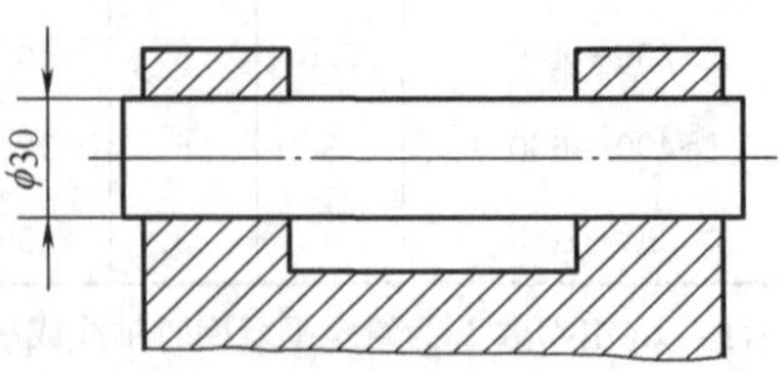

图 4-28 例图

设孔的直径公差等级为 IT7，轴的直径公差等级为 IT6，则 $T_h=0.021\text{mm}$，$T_S=0.013\text{mm}$。选用基孔制配合，则孔为 $\phi30^{+0.021}_{0}\text{mm}$。由于是间隙配合，故轴的基本偏差必须为负值，且绝对值应大于轴、孔的几何公差之和。

因 $$X_{\min f}=\text{EI}-\text{es}-(t_{孔}+t_{轴})$$

取轴的基本偏差为 e，则查表 2-5 得 $\text{es}=-0.04\text{mm}$，故有

$$0.02=0-(-0.04)-(t_{孔}+t_{轴})$$

$$t_{孔}+t_{轴}=(0.04-0.02)\text{mm}=0.02\text{mm}$$

因轴为光轴，采用包容要求后，轴在最大实体状态下的 $t_{轴}=0$，故孔的同轴度公差为 0.02mm。其标注如图 4-29 所示。

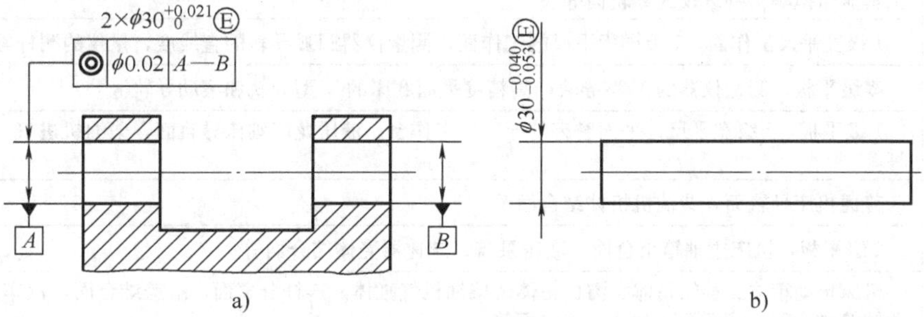

图 4-29 例图标注

2. 类比法

几何公差值常用类比法确定，主要考虑零件的使用性能、加工的可能性和经济性等因素，还应考虑：

(1) 形状公差与方向、位置公差的关系　同一要素上给定的形状公差值应小于方向、位置公差值，定向公差值应小于定位公差值（$t_{形状}<t_{方向}<t_{位置}$）。如同一平面上，平面度公差值应小于该平面对基准平面的平行度公差值。

(2) 几何公差和尺寸公差的关系　圆柱形零件的形状公差一般情况下应小于其尺寸公差值；线对线或面对面的平行度公差值应小于其相应距离的尺寸公差值。

圆度、圆柱度公差值约为同级的尺寸公差的 50%，因而一般可按同级选取。例如，尺寸公差为 IT6，则圆度、圆柱度公差通常也选 6 级，必要时也可比尺寸公差等级高 1～2 级。

位置度公差通常需要经过计算确定。对用螺栓联接两个或两个以上零件时，若被联接零件均为光孔，则光孔的位置度公差的计算公式为

$$t\leqslant KX_{\min}$$

式中，t 为位置度公差；K 为间隙利用系数，其推荐值：不需调整的固定联接 $K=1$，需调整的固定联接 $K=0.6$～0.8；$X_{\min}$ 为光孔与螺栓间的最小间隙。

用螺钉联接时，被联接零件中有一个是螺孔，而其余零件均是光孔，则光孔和螺孔的位置度公差计算公式为

$$t\leqslant 0.6KX_{\min}$$

式中，$X_{\min}$ 为光孔与螺钉间的最小间隙。

按以上公式计算确定的位置度公差，经圆整并按表 4-13 选择标准的位置度公差值。

(3) 几何公差与表面粗糙度的关系　通常表面粗糙度 Ra 值约占形状公差值的 20%～25%。

(4) 考虑零件的结构特点　对于刚性较差的零件（如细长轴）和结构特殊的要素（如跨距较大的轴和孔、宽度较大的零件表面等），在满足零件的功能要求时，可适当降低1～2级选用。此外，孔相对于轴、线对线和线对面相对于面对面的平行度、垂直度公差可适当降低1～2级。

表4-14～表4-17列出了各种几何公差等级的应用举例，可供类比时参考。

表4-14　直线度、平面度公差等级应用

公差等级	应用举例
1，2	用于精密量具、测量仪器以及精度要求高的精密机械零件，如量块、零级样板、平尺、零级宽平尺、工具显微镜等精密量仪的导轨面等
3	1级宽平尺工作面，1级样板平尺的工作面，测量仪器圆弧导轨的直线度，量仪的测杆等
4	零级平板，测量仪器的V型导轨，高精度平面磨床的V型导轨和滚动导轨等
5	1级平板，2级宽平尺，平面磨床的导轨、工作台，液压龙门刨床导轨面，柴油机进气、排气阀门导杆等
6	普通机床导轨面，柴油机机体结合面等
7	2级平板，机床主轴箱结合面，液压泵盖、减速器壳体结合面等
8	机床传动箱体、挂轮箱体、溜板箱体，柴油机气缸体，连杆分离面，缸盖结合面，汽车发动机缸盖，曲轴箱结合面，液压管件和法兰连接面等
9	自动车床床身底面，摩托车曲轴箱体，汽车变速器壳体，手动机械的支承面等

表4-15　圆度、圆柱度公差等级应用

公差等级	应用举例
0，1	高精度量仪主轴，高精度机床主轴，滚动轴承的滚珠和滚柱等
2	精密量仪主轴、外套、阀套高压油泵柱塞及套，纺锭轴承，高速柴油机进、排气门，精密机床主轴轴颈，针阀圆柱表面，喷油泵柱塞及柱塞套等
3	高精度外圆磨床轴承，磨床砂轮主轴套筒，喷油器针，阀体，高精度轴承内外圈等
4	较精密机床主轴、主轴箱孔，高压阀门，活塞、活塞销，阀体孔，高压油泵柱塞，较高精度滚动轴承的配合轴，铣削动力头箱体孔等
5	一般计量仪器主轴、测杆外圆柱面，陀螺仪轴颈，一般机床主轴轴颈及轴承孔，柴油机、汽油机的活塞、活塞销，与P6级滚动轴承配合的轴颈等
6	一般机床主轴及前轴承孔，泵、压缩机的活塞、气缸，汽油发动机凸轮轴，纺机锭子，减速传动轴轴颈，高速船用发动机曲轴、拖拉机曲轴主轴颈，与P6级滚动轴承配合的外壳孔，与P0级滚动轴承配合的轴颈等
7	大功率低速柴油机曲轴轴颈、活塞、活塞销、连杆、气缸，高速柴油机箱体轴承孔，千斤顶或液压缸活塞，机车传动轴，水泵及通用减速器转轴轴颈，与P0级滚动轴承配合的外壳孔等
8	低速发动机、大功率曲柄轴轴颈，压气机连杆盖、体，拖拉机气缸、活塞，炼胶机冷铸轴辊，印刷机传墨辊，内燃机曲轴轴颈，柴油机凸轮轴承孔，凸轮轴，拖拉机、小型船用柴油机气缸套等
9	空气压缩机缸体，液压传动筒，通用机械杠杆与拉杆用套筒销子，拖拉机活塞环、套筒孔

表4-16　平行度、垂直度、倾斜度公差等级应用

公差等级	应用举例
1	高精度机床、测量仪器、量具等主要工作面和基准面等
2，3	精密机床、测量仪器、量具、模具的工作面和基准面，精密机床的导轨，重要箱体主轴孔对基准面的要求，精密机床主轴轴肩端面，滚动轴承座圈端面，普通机床的主要导轨，精密刀具的工作面和基准面等

（续）

公差等级	应 用 举 例
4，5	普通机床导轨，重要支承面，机床主轴孔对基准的平行度，精密机床重要零件，计量仪器、量具、模具的工作面和基准面，床头箱体重要孔，通用减速器壳体孔，齿轮泵的油孔端面，发动机轴和离合器的凸缘，气缸支承端面，安装精密滚动轴承壳体孔的凸肩等
6，7，8	一般机床的工作面和基准面，压力机和锻锤的工作面，中等精度钻模的工作面，机床一般轴承孔对基准的平行度，变速器箱体孔，主轴花键对定心直径部位轴线的平行度，重型机械轴承盖端面，卷扬机、手动传动装置中的传动轴，一般导轨、主轴箱体孔，刀架，砂轮架，气缸配合面对基准轴线、活塞销孔对活塞中心线的垂直度，滚动轴承内、外圈端面对中心线的垂直度等
9，10	低精度零件，重型机械滚动轴承端盖，柴油机、煤气发动机箱体曲轴孔、曲轴颈、花键轴和轴肩端面，皮带运输机法兰盘等端面对中心线的垂直度，手动卷扬机及传动装置中的轴承端面，减速器壳体平面等

表 4-17　同轴度、对称度、跳动公差等级应用

公差等级	应 用 举 例
1，2	精密测量仪器的主轴和顶尖，柴油机喷油器针阀等
3，4	机床主轴轴颈，砂轮轴轴颈，汽轮机主轴，测量仪器的小齿轮轴，安装高精度齿轮的轴颈等
5	机床轴颈，机床主轴箱孔，套筒，测量仪器的测量杆，轴承座孔，汽轮机主轴，柱塞油泵转子，高精度轴承外圈，一般精度轴承内圈等
6，7	内燃机曲轴，凸轮轴轴颈，柴油机机体主轴承孔，水泵轴，油泵柱塞，汽车后桥输出轴，安装一般精度齿轮的轴颈，涡轮盘，测量仪器杠杆轴，电动机转子，普通滚动轴承内圈，印刷机传墨辊的轴颈，键槽等
8，9	内燃机凸轮轴孔，连杆小端铜套，齿轮轴，水泵叶轮，离心泵体，气缸套外颈配合面对内颈工作面，运输机械滚筒表面，压缩机十字头，安装低精度齿轮用轴颈，棉花精梳机前后滚子，自行车中轴等

三、公差原则和公差要求的设计

选择公差原则和公差要求时，应根据被测要素的功能要求，各公差原则的应用场合、可行性和经济性等方面来考虑，表 4-18 列出了几种公差原则和要求的应用场合和示例，可供选择时参考。

表 4-18　公差原则和公差要求选择示例

公差原则	应用场合	示 例
独立原则	尺寸精度与几何精度需要分别满足要求	齿轮箱体孔的尺寸精度与两孔中心线的平行度，连杆活塞销孔的尺寸精度与圆柱度，滚动轴承内、外圈滚道的尺寸精度与形状精度
	尺寸精度与几何精度要求相差较大	滚筒类零件尺寸精度要求很低，形状精度要求较高；平板的尺寸精度要求不高，形状精度要求很高；通油孔的尺寸有一定精度要求，形状精度无要求
	尺寸精度与几何精度无联系	滚子链条的套筒或滚子内、外圆柱面的中心线同轴度与尺寸精度，发动机连杆上的尺寸精度与孔中心线间的位置精度
	保证运动精度	导轨的形状精度要求严格，尺寸精度一般
	保证密封性	气缸的形状精度要求严格，尺寸精度一般
	未注公差	凡未注尺寸公差与未注几何公差都采用独立原则，如退刀槽、倒角和圆角等非功能要素

（续）

公差原则	应用场合	示　例
包容要求	保证国家标准规定的配合性质	如 ϕ30H7Ⓔ孔与 ϕ30h6Ⓔ轴的配合，可以保证配合的最小间隙等于零
	尺寸公差与几何公差间无严格比例关系要求	一般的孔与轴配合，只要求作用尺寸不超越最大实体尺寸，提取（组成）要素的局部尺寸不超越最小实体尺寸
最大实体要求	保证关联作用尺寸不超越最大实体尺寸	关联要素的孔与轴有配合性质要求，在公差框格的第二格标注 0Ⓜ
	保证可装配性	如轴承盖上用于穿过螺钉的通孔，法兰盘上用于穿过螺栓的通孔
最小实体要求	保证零件强度和最小壁厚	如孔组中心线的任意方向位置度公差，采用最小实体要求可保证孔组间的最小壁厚
可逆要求	与最大（最小）实体要求联用	能充分利用公差带，扩大实际（组成）要素的变动范围，在不影响使用性能要求的前提下可以选用

四、基准的设计选择

基准是确定关联要素方向和位置的依据。在设计选择公差项目时，必须同时考虑要设计选用的基准。基准有单一基准、组合基准及多基准几种形式。设计选择基准时，一般应从如下几方面考虑。

1）根据要素的功能及对被测要素间的几何关系来设计选择基准。如轴类零件，常以两个轴承为支承运转，其运动轴线是安装轴承的两轴颈公共轴线。因此，从功能要求和控制其他要素的位置精度来看，应选这两处轴颈的公共轴线（组合基准）为基准。

2）根据装配关系应选用零件上相互配合、相互接触的定位要素作为各自的基准。如盘、套类零件多以其内孔中心线径向定位装配或以其端面轴向定位，因此根据需要可选其中心线或端面作为基准。

3）从零件结构考虑，应选用较宽大的平面、较长的轴线作为基准，以使定位稳定。对结构复杂的零件，一般应选三个基准面，以确定被测要素在空间的方向和位置。

4）从加工检测方面考虑，应选择在加工、检测中方便装夹定位的要素为基准。

五、未注几何公差的规定

为了简化图样，对一般机床加工能保证的几何精度，不必在图样上注出几何公差。图样上没有具体注明几何公差值的要素，其几何精度应按下列规定执行。

1）对未注直线度、平面度、垂直度、对称度和圆跳动各规定了 H、K、L 三个公差等级，其公差值见表 4-19～表 4-22。采用规定的未注公差值时，应在标题栏附件或技术要求中注出公差等级代号及标准编号，如“GB/T 1184—H”。

2）未注圆度公差值等于直径公差值，但不能大于表 4-22 中的径向圆跳动值。

3）未注圆柱度公差由圆度、直线度和素线平行度的注出公差或未注公差控制。

4）未注平行度公差值等于尺寸公差值或直线度和平面度未注公差值中的较大者。

5）未注同轴度的公差值可以和表 4-22 中规定的圆跳动的未注公差值相等。

6）未注线、面轮廓度，倾斜度，位置度和全跳动的公差值均应由各要素的注出或未注线性尺寸公差或角度公差控制。

表 4-19 直线度和平面度未注公差值 （单位：mm）

公差等级	基本长度范围					
	≤10	>10～30	>30～100	>100～300	>300～1000	>1000～3000
H	0.02	0.05	0.1	0.2	0.3	0.4
K	0.05	0.1	0.2	0.4	0.6	0.8
L	0.1	0.2	0.4	0.8	1.2	1.6

表 4-20 垂直度未注公差值 （单位：mm）

公差等级	基本长度范围			
	≤100	>100～300	>300～1000	>1000～3000
H	0.2	0.3	0.4	0.5
K	0.4	0.6	0.8	1
L	0.6	1	1.5	2

表 4-21 对称度未注公差值 （单位：mm）

公差等级	基本长度范围			
	≤100	>100～300	>300～1000	>1000～3000
H	0.5	0.5	0.5	0.5
K	0.6	0.6	0.8	1
L	0.6	1	1.5	2

表 4-22 圆跳动未注公差值 （单位：mm）

公差等级	公差值
H	0.1
K	0.2
L	0.5

六、几何精度设计举例

图 4-30 所示为减速器的输出轴，两轴颈 ϕ55j6 与 P0 级滚动轴承内圈相配合。为保证配合性质，采用了包容要求。为保证轴承的旋转精度，在遵循包容要求的前提下，又进一步提出圆柱度公差的要求，其公差值由 GB/T 275—1993 查得为 0.005mm。该两轴颈上安装滚动轴承后，将分别与减速器箱体的两孔配合，因此需限制两轴颈的同轴度误差，以保证轴承外圈和箱体孔的安装精度。为检测方便，实际给出了两轴颈的径向圆跳动公差 0.025mm（跳动公差 7 级）。ϕ62mm 处的两轴肩都是止推面，起一定的定位作用。为保证定位精度，提出了两轴肩相对于基准轴线的轴向圆跳动公差 0.015mm（由 GB/T 275—1993 查得）。

ϕ56r6 和 ϕ45m6 分别与齿轮和带轮配合，为保证配合性质，也采用了包容要求。为保证齿轮的运动精度，对与齿轮配合的 ϕ56r6 圆柱又进一步提出了对基准轴线的径向圆跳动公差 0.025mm（跳动公差 7 级）。对 ϕ56r6 和 ϕ45m6 轴颈上的键槽 16N9 和 12N9 都提出了对称度公差 0.02mm（对称度公差 8 级），以保证键槽的安装精度和安装后的受力状态。

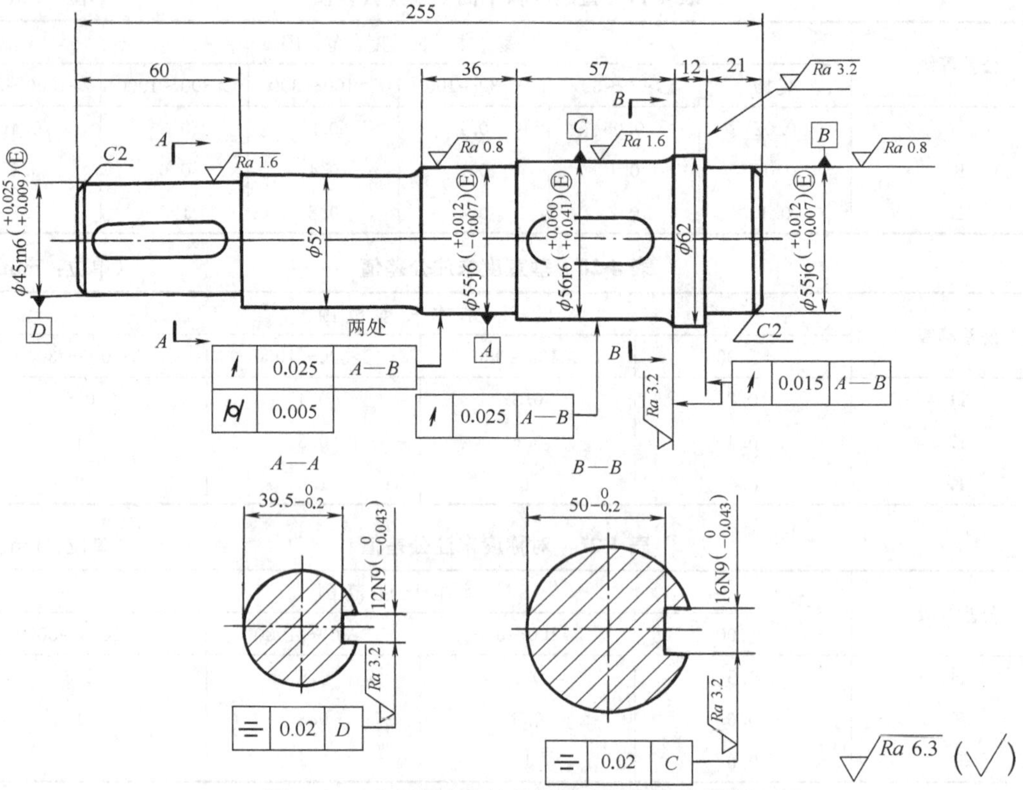

图 4-30 减速器输出轴几何精度设计标注示例

第六节 几何误差的检测原则

由于零件结构的形式多种多样，几何误差的项目又较多，所以其检测方法也很多。为了能正确地测量几何误差和合理地选择检测方案，国家标准 GB/T 1958—2004《产品几何量技术规范（GPS） 形状和位置公差 检测规定》规定了几何误差检测的五条原则，它是各种检测方案的概括。检测几何误差时，应根据被测对象的特点和检测条件，按照这些原则选择最合理的检测方案。

一、与拟合要素比较原则

与拟合要素比较原则就是将被测提取要素与拟合（理想）要素相比较，量值由直接法或间接法获得。测量时，拟合要素用模拟法获得。拟合要素可以是实物，也可以是一束光线、水平面或运动轨迹。

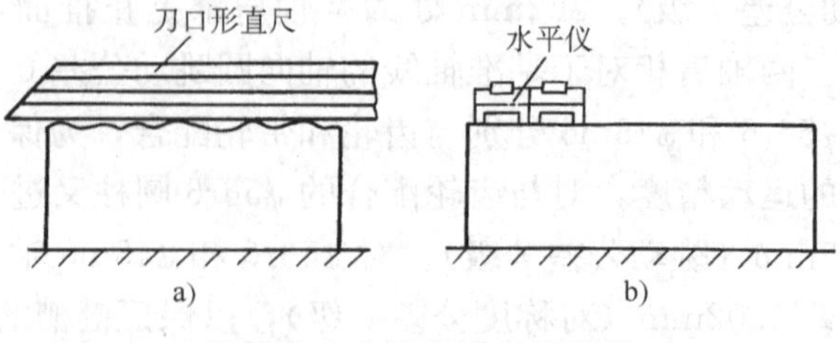

图 4-31 直线度误差的测量

a）用刀口形直尺测量 b）用水平仪测量

图 4-31a 所示为用刀口形直尺测量给定平面内的直线度误差。刀口形直尺体现拟合直线，将刀口形直尺与被测提取要素直接接触，并使两者之间的最大空隙为最小，则此最大空隙即为被测提取要素的直线度误差。当空隙较小时，可用标

准光隙估读；当空隙较大时，可用塞尺测量。

图 4-31b 所示为用水平仪测量机床床身导轨的直线度误差，将水平仪放在桥板上，先调整被测零件，使被测要素大致处于水平位置，然后沿被测要素按节距移动水平仪进行测量。将测得数据列表作图进行处理，如前述例题 4-1 所示，即可求得导轨的直线度误差。

对平面度要求很高的小平面，如量块的测量表面和测量仪器的工作台等，可用平晶测量，如图 4-32a 所示。用平晶测量是利用光的干涉原理，以平晶的工作平面体现拟合平面，测量时，将平晶贴在被测表面上，观测它们之间的干涉条纹，被测表面的平面度误差为封闭的干涉条纹数乘以光波波长的一半；对于不封闭的干涉条纹，为条纹的弯曲度与相邻两条纹间距之比再乘以光波波长的一半。

对于较大平面的平面度误差，可用自准直仪和反射镜测量，如图 4-32b 所示。将反射镜放在被测表面上，调整自准直仪大致与被测表面平行，按一定的布点和方向逐点测量。也可用指示表打表测量。所得数据需进行坐标变换（如前述例题 4-2 所示），使其数据符合最小包容区域法的评定准则之一，然后取其最大值与最小值之差即得平面度误差值。

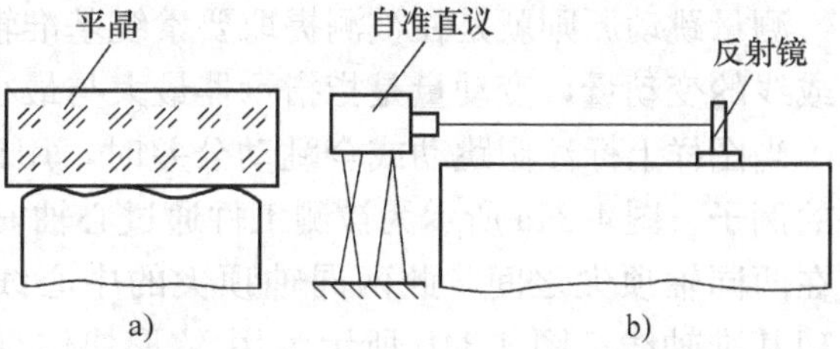

图 4-32　平面度误差的测量

圆度误差可用圆度仪或光学分度头等进行测量，将实际测量出的轮廓圆与拟合圆进行比较，得到被测轮廓的圆度误差。

线、面轮廓度误差可用轮廓样板进行比较测量。

二、测量坐标值原则

测量坐标值原则就是用坐标测量装置（如三坐标测量机、工具显微镜）测量被测提取要素的坐标值（如直角坐标值、极坐标值、圆柱坐标值），并经过数据处理获得几何误差值。图 4-33 所示为用坐标测量机测量位置度误差的示例。由坐标测量机测得各孔实际位置的坐标值（x_1，y_1）、（x_2，y_2）、（x_3，y_3）、（x_4，y_4），计算出相对理论正确尺寸的偏差

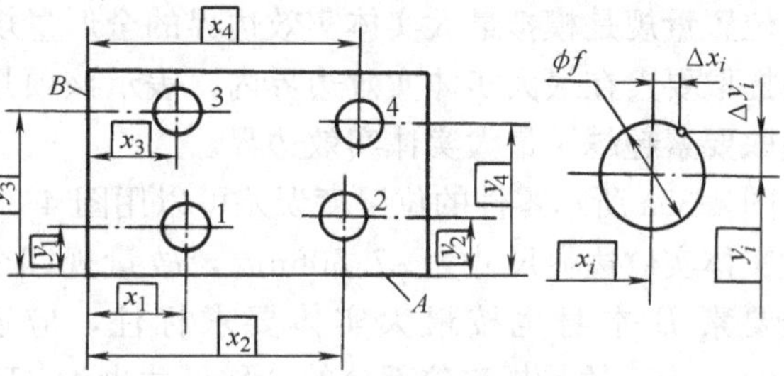

图 4-33　用坐标测量机测量位置度误差示意图

$$\begin{cases}\Delta x_i = x_i - \boxed{x_i} \\ \Delta y_i = y_i - \boxed{y_i}\end{cases}$$

于是，各孔的位置度误差值可按下式求得

$$\phi f_i = 2\sqrt{(\Delta x_i)^2 + (\Delta y_i)^2} \qquad (i=1，2，3，4)$$

三、测量特征参数原则

测量特征参数原则就是测量被测提取要素中具有代表性的参数（即特征参数）来表示几何误差值。特征参数是指能近似反映几何误差的数。因此，应用测量特征参数原则测得的几何误差，与按定义确定的几何误差相比，只是一个近似值。例如，以平面内任意方向的最大

直线度误差来表示平面度误差；在轴的若干轴向截面内测量其素线的直线度误差，然后取各截面内测得的最大直线度误差作为任意方向的轴线直线度误差；用两点法测量圆度误差，在一个横截面内的几个方向上测量直径，取最大、最小直径差的一半作为圆度误差。

虽然测量特征参数原则得到的几何误差只是一个近似值，存在着测量原理误差，但该原则的检测方法较简单，应用该原则不需复杂的数据处理，可使测量过程和测量设备简化。因此，在不影响使用功能的前提下，应用该原则可以获得良好的经济效果，常用于生产车间现场，是一种应用较为普遍的检测原则。

四、测量跳动原则

测量跳动原则就是在被测提取要素绕基准轴线回转过程中，沿给定方向测量其对某参考点或线的变动量，变动量是指指示器最大与最小读数之差。

当图样上标注圆跳动或全跳动公差时，用该原则进行测量。图 4-34 所示为测量跳动误差的例子。图 4-34a 所示为被测工件通过心轴安装在两同轴顶尖之间，此两同轴顶尖的中心线体现基准轴线；图 4-34b 所示为用 V 形块体现基准轴线。测量时，当被测工件绕基准轴线回转一周中，指示表不作轴向（或径向）移动时，可测得径向圆跳动误差（或轴向圆跳动误差）；若指示表在测量中作轴向（或径向）移动时，可测得径向全跳动误差（或轴向全跳动误差）。

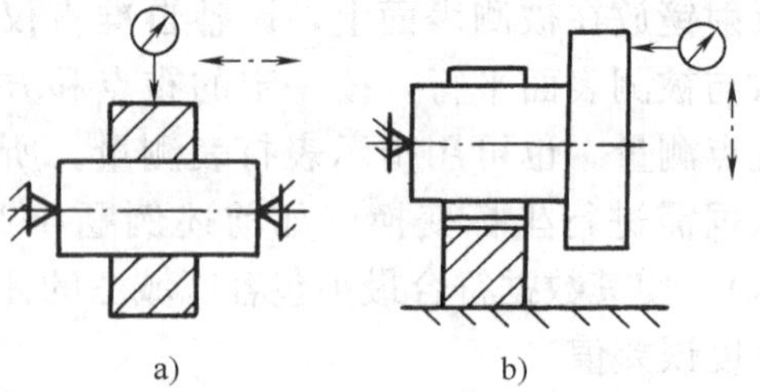

图 4-34　跳动误差的测量

五、控制实效边界原则

控制实效边界原则就是检验被测提取要素是否超过最大实体实效边界，以判断零件合格与否。该原则只适用于采用最大实体要求的零件。一般采用位置量规检验。

位置量规是模拟最大实体实效边界的全形量规。若被测提取要素能被位置量规通过，则被测提取要素在最大实体实效边界内，表示该项几何公差要求合格；若不能通过，则表示被测提取要素超越了最大实体实效边界。

图 4-35a 所示零件的位置度误差可以用图 4-35b 所示的位置度量规测量。工件被测孔的最大实体实效边界尺寸为 $\phi7.506$mm，故量规四个小测量圆柱的公称尺寸也是 $\phi7.506$mm；基准要素 B 本身也按最大实体要求标注，应遵守最大实体实效边界，其边界尺寸为 $\phi10.015$mm，故量规定位部分的公称尺寸也为 $\phi10.015$mm。

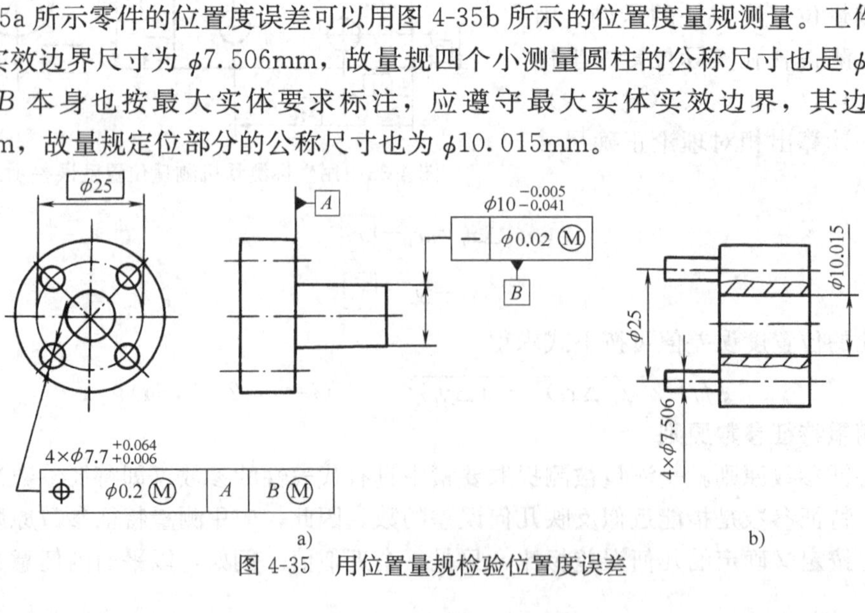

图 4-35　用位置量规检验位置度误差

思 考 题

4-1 构成几何公差带的要素有哪些？几何公差带的形状有哪几种主要形式？

4-2 几何公差框格指引线的箭头什么情况下应与尺寸线对齐，什么情况下又需错开？

4-3 哪些几何公差的公差值前必须加注“ϕ”？

4-4 评定形状误差的最小条件是什么？

4-5 公差原则或公差要求有哪几种？各应用在什么场合？

4-6 最大实体边界和最大实体实效边界有什么不同，各用于什么场合？

4-7 几何精度设计的内容有哪些？

4-8 未注几何公差的零件表面，是否其几何误差可以任意大？

4-9 几何误差的检测原则有哪几种，是否都符合最小条件？

4-10 什么情况下应对要素注出几何公差？什么情况下可以不注？

4-11 什么是理论正确尺寸？它们与未注尺寸公差有什么不同？应用在什么场合？

练 习 题

4-1 判断题（对的在括号内填上“√”，错的填上“×”）

1. 形状公差是单一实际要素对其理想要素的允许变动全量。（ ）

2. 评定形状误差时，一定要用最小区域法。（ ）

3. 位置公差是关联提取要素的位置对基准所允许的变动全量。（ ）

4. 位置误差是关联提取要素的位置对实际基准的变动量。（ ）

5. 方向公差带的方向随被测提取要素的方向而定。（ ）

6. 评定位置误差时，若理想基准的位置不符合最小区域法，则得到的位置误差值必定增大。（ ）

7. 独立原则、包容要求都既可用于导出要素，也可用于组成要素。（ ）

8. 最大实体要求、最小实体要求都只能用于导出要素。（ ）

9. 可逆要求可用于任何公差原则和公差要求。（ ）

10. 若某平面的平面度误差为 f，则该平面对基准平面的平行度误差一般大于 f。（ ）

4-2 填空题

1. 用项目符号标注几何公差时，只能用于导出要素的项目有________________，只能用于组成要素的项目有________________，既能用于导出要素又能用于组成要素的项目有________________。

2. 直线度公差带的形状有________________几种形状，具有这几种公差带形状的位置公差项目有____________________________。

3. 包容要求主要适用于________________________的场合；最大实体要求主要适用于______________________________的场合；最小实体要求主要适用于______________________________的场合。

4. 几何公差特征项目的选择应考虑的主要因素是____。

4-3 选择题

1. 一般来说零件的形状误差________其位置误差，方向误差________其位置误差。

A. 大于　　　　B. 小于　　　　C. 等于

2. 方向公差带的________随被测提取要素的位置而定。

A. 形状　　　　B. 位置　　　　C. 方向

3. 某轴线对基准中心平面的对称度公差为 0.1mm，则允许该轴线对基准中心平面偏离________。

A. 0.1mm　　　　B. 0.05mm　　　　C. 0.2mm

4. 几何未注公差标准中没有规定________的未注公差，是因为它可以由该要素的尺寸公差来控制。

A. 圆度　　　　B. 直线度　　　　C. 对称度

5. 对于孔，其体外作用尺寸一般________其实际（组成）要素；对于轴，其体外作用尺寸一般________其实际（组成）要素。

A. 大于　　　　B. 小于　　　　C. 等于

4-4 将图 4-36 中各项几何公差标注的含义，填在表 4-23 中。

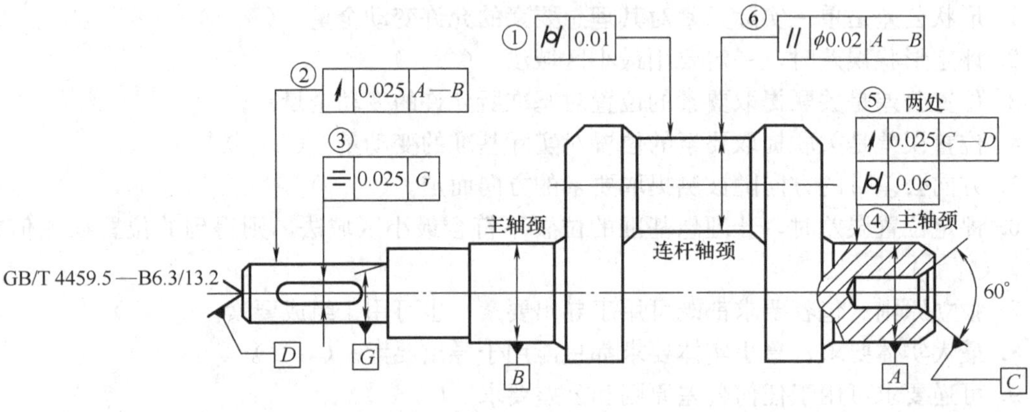

图 4-36

表 4-23

序号	公差项目名称	公差带形状	公差带大小	解释（被测提取要素、基准要素及要求）
①				
②				
③				
④				
⑤				
⑥				

4-5 将下列各项几何公差要求标注在图 4-37 上。

1. $\phi 40_{-0.03}^{0}$ mm 圆柱面对 $2\times\phi 25_{-0.021}^{0}$ mm 公共中心线的圆跳动公差为 0.015mm。

2. $2\times\phi 25_{-0.021}^{0}$ mm 轴颈的圆度公差为 0.01mm。

3. $\phi 40_{-0.03}^{0}$ mm 左右端面对 $2\times\phi 25_{-0.021}^{0}$ mm 公共中心线的轴向圆跳动公差为 0.02mm。

4. 键槽 $10_{-0.036}^{0}$ mm 中心平面对 $\phi40_{-0.03}^{0}$ mm 轴线的对称度公差为 0.015mm。

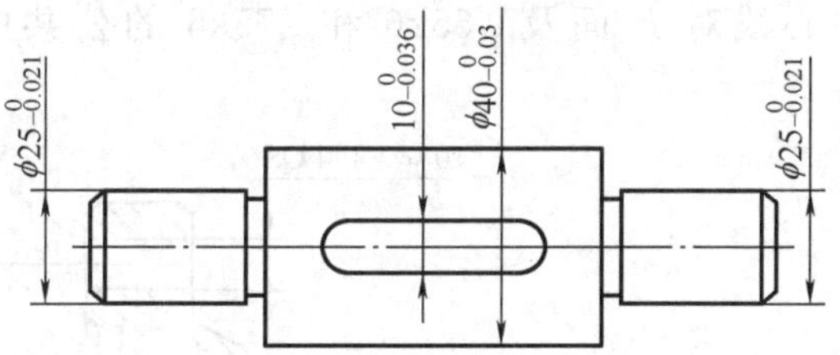

图 4-37

4-6 将下列各项几何公差要求标注在图 4-38 上。

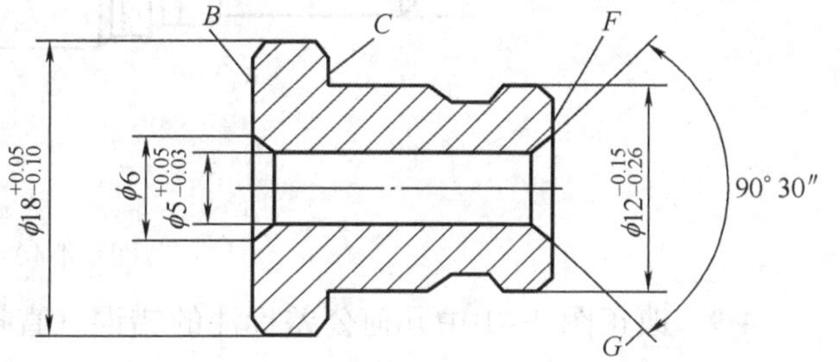

图 4-38

1. $\phi5_{-0.03}^{+0.05}$ mm 孔的圆度公差为 0.004mm，圆柱度公差为 0.006mm。

2. B 面的平面度公差为 0.008mm，B 面对 $\phi5_{-0.03}^{+0.05}$ mm 孔中心线的轴向圆跳动公差为 0.02mm，B 面对 C 面的平行度公差为 0.03mm。

3. 平面 F 对 $\phi5_{-0.03}^{+0.05}$ mm 孔中心线的轴向圆跳动公差为 0.02mm。

4. $\phi18_{-0.10}^{-0.05}$ mm 的外圆柱面中心线对 $\phi5_{-0.03}^{+0.05}$ mm 孔中心线的同轴度公差为 0.08mm。

5. 90°30″密封锥面 G 的圆度公差为 0.0025mm，G 面的中心线对 $\phi5_{-0.03}^{+0.05}$ mm 孔中心线的同轴度公差为 0.012mm。

6. $\phi12_{-0.26}^{-0.15}$ mm 外圆柱面中心线对 $\phi5_{-0.03}^{+0.05}$ mm 孔中心线的同轴度公差为 0.08mm。

4-7 将下列各项几何公差要求标注在图 4-39 上。

1. 2×ϕd 中心线对其公共中心线的同轴度公差为 0.02mm。

2. ϕD 中心线对 2×ϕd 公共中心线的垂直度公差为在 100mm 长度上不大于 0.01mm。

3. ϕD 中心线对 2×ϕd 公共中心线的偏离量不大于 0.01mm。

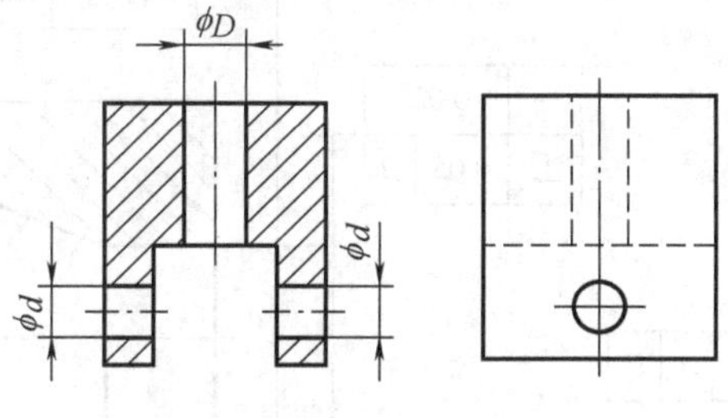

图 4-39

4-8 将下列各项几何公差要求标注在图 4-40 上。

1. ϕ55k6、ϕ60r6、ϕ65k6 和 ϕ75k6 均采用包容要求。

2. 轴键槽对 ϕ55k6 中心线的对称度公差为 0.04mm。

3. ϕ55k6 圆柱面、ϕ60r6 圆柱面和 ϕ80G7 孔圆柱面对 ϕ65k6 和 ϕ75k6 的公共中心线的径向圆跳动公差均为 0.04mm。

4. F 面的平面度公差为 0.03mm。

5. 10×ϕ20P8 孔中心线对 F 面及 ϕ65k6 和 ϕ75k6 的公共中心线的位置度公差为 ϕ0.05mm。

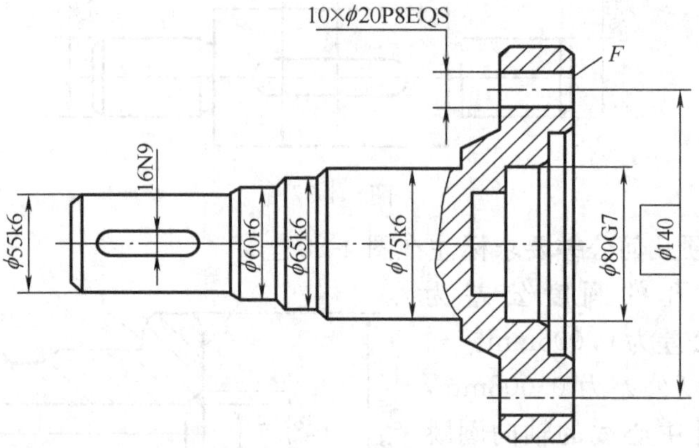

图 4-40

4-9 改正图 4-41 中几何公差标注的错误（直接改在原图上，不改变几何公差项目）。

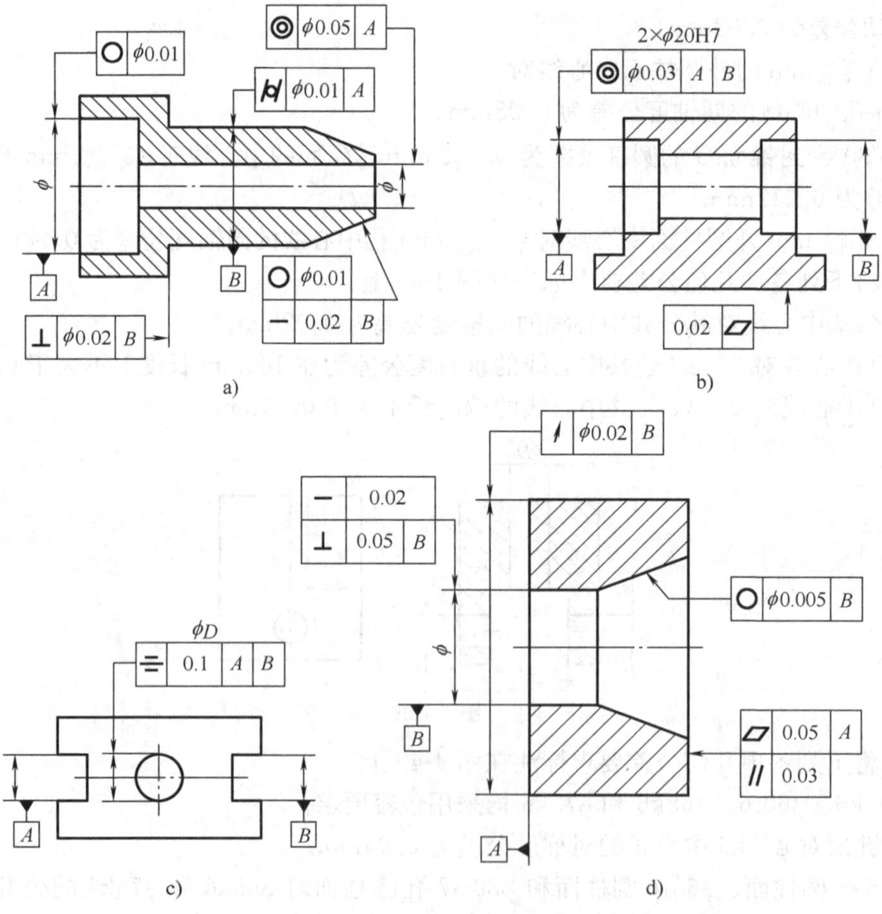

图 4-41

4-10 计算题

用打表法均布测量某零件实际表面，各测量点对测量基准面的相对坐标值见表 4-24。试求该表面的平面度误差。

表 4-24 (单位：μm)

0	+4	+6
−5	+20	−9
−10	−3	+8

4-11 根据图 4-42 的公差要求填写表 4-25，并绘出动态公差带图。

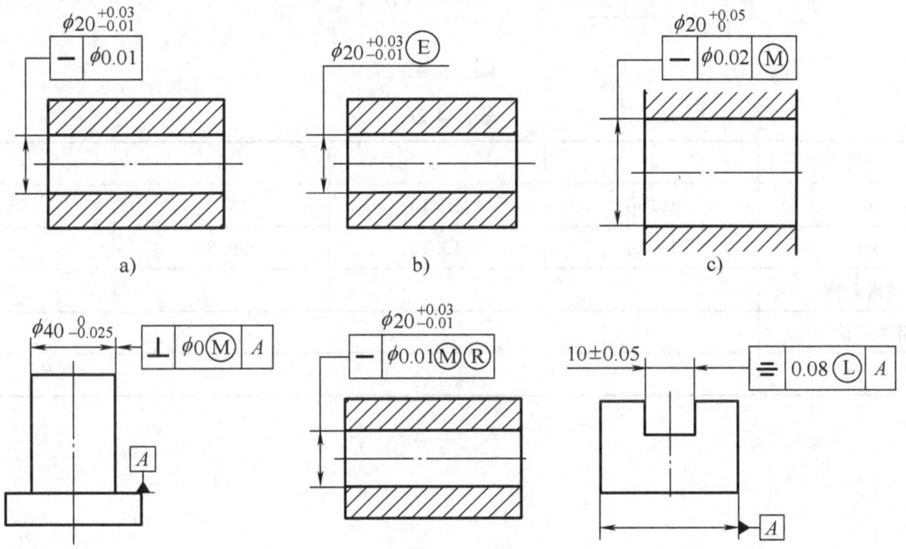

图 4-42

表 4-25

图序	采用的公差原则或公差要求	理想边界名称	理想边界尺寸/mm	MMC 时的几何公差值/mm	LMC 时的几何公差值/mm
a					
b					
c					
d					
e					
f					

4-12 用坐标法测得图 4-43 所示零件各孔中心线的实际坐标值见表 4-26，求各孔的位置度误差并判断其合格性。

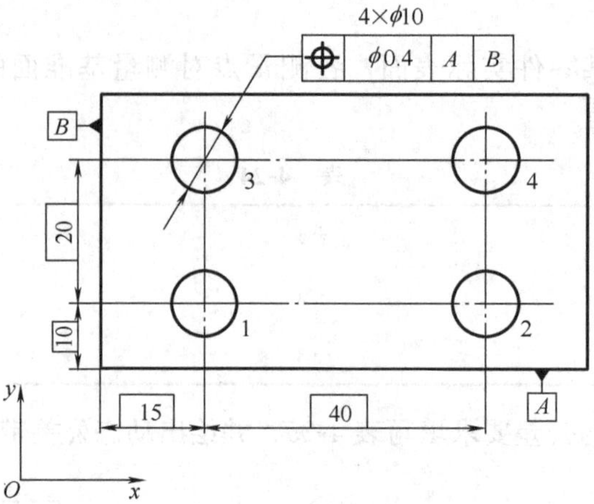

图 4-43

表 4-26

孔　　号	1	2	3	4
x/mm	15.06	55.10	14.90	55.12
y/mm	10.10	10.15	29.82	30.15
位置度误差值				
合格性结论				
理　　由				

第五章　表面粗糙度

第一节　概　　述

采用任何机械加工方法所获得的零件表面都不可能是绝对理想的表面。在机械加工过程中，刀具和被加工表面间的切割、摩擦以及工艺系统中的振动，使得切屑分离时产生塑性变形和金属撕裂等现象，都不可避免地会在被加工表面留下微小的凸凹不平的痕迹，这些痕迹是由许多微小的凸峰和凹谷组成的，其微小峰谷的高低及细密程度所构成的微观几何形状特性，称为表面粗糙度。实际上，完工零件的截面轮廓形状是复杂的，一般包括表面粗糙度、表面波（纹）度和形状误差，三者通常按波距（相邻峰或谷之间的间距，如图 5-1 中 λ）来划分，波距小于 1mm 的属于表面粗糙度（微观几何形状误差）；波距在 1～10mm 的属于表面波（纹）度；波距大于 10mm 的属于形状误差（宏观几何形状误差），如图 5-1 所示。

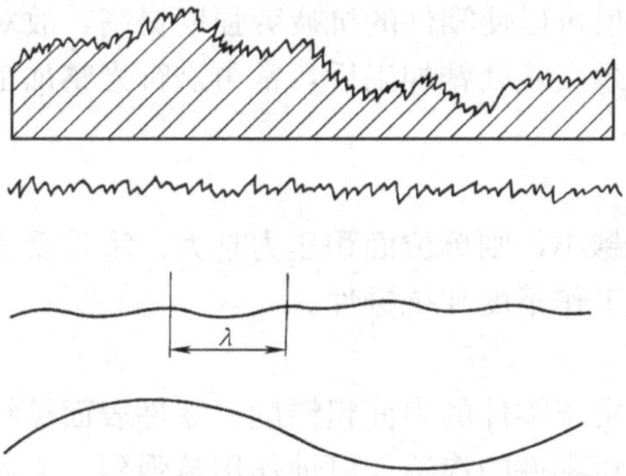

图 5-1　零件的截面轮廓形状

需要说明的是：2006 年起修订并公布了与表面粗糙度相关的新国家标准，与国际标准紧密接轨，与原来的表面粗糙度相关标准相比，从定义、技术内容到标注方法均有重大变化，新的相关标准有 GB/T 3505—2009《产品几何技术规范（GPS）　表面结构　轮廓法　术语、定义及表面结构参数》，GB/T 1031—2009《产品几何技术规范（GPS）　表面结构　轮廓法　表面粗糙度参数及其数值》，GB/T 131—2006《产品几何技术规范（GPS）　技术产品文件中表面结构的表示法》等多个标准，其中所称的表面结构是指零件的表面几何形貌，是表面粗糙度、表面波纹度、表面纹理、表面缺陷、表面几何形状的总称，也就是说，表面粗糙度只是表面结构中的内容之一，表面结构的内涵非常广泛。本章在重点介绍表面粗糙度的同时，又不可避免地多次提及表面结构要求，需注意明确其中的关系。

表面粗糙度对机械零件的工作性能影响很大，主要表现在如下几个方面。

1. 对耐磨性的影响

两个具有表面粗糙度的零件若构成配合，其接触面只能发生在峰顶，因此实际接触面积远小于理论上的接触面积。若表面间有相对运动时，则峰顶间的接触作用（如弹、塑性变形或切割作用等）就会产生摩擦阻力，并导致零件磨损。一般来讲，若其他因素相同，则表面越粗糙，零件磨损越快；但并非零件越光滑磨损越小，这是因为表面过分光滑时，表面微小凹谷的储油能力下降，两零件表面接触并作相对运动时，润滑油被挤出，使得润滑条件变差，磨损也会加剧。同时，因为表面过分光滑，分子之间的吸附作用会使表面产生“咬焊”现象，也会使磨损加剧，实验证明，磨损量与表面粗糙度间的关系如图 5-2 所示。

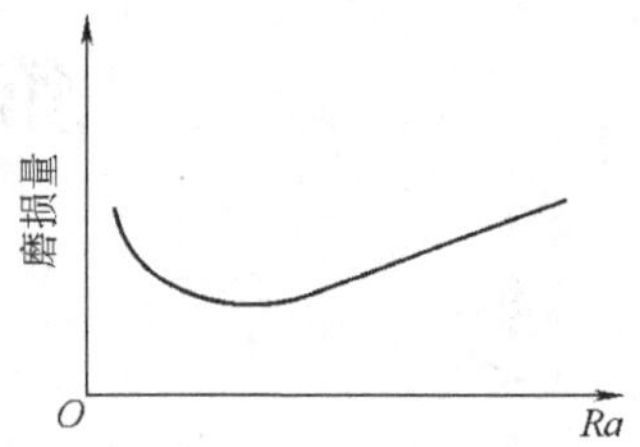

图 5-2　磨损量与表面粗糙度的关系

2. 对配合性质的影响

零件表面粗糙度影响配合性质的稳定性。对于有相对运动的间隙配合而言，由于凸峰被磨去，间隙将会增大，表面越粗糙，磨损量越大，间隙增大越多，对原有的配合性质的破坏越严重；对于过盈配合，由于表面的凹凸不平，在装配过程和工作过程中都将减少实际过盈量，破坏原来的配合性质。

3. 对抗疲劳强度的影响

零件表面越粗糙，波峰越高，波谷越深，则应力集中越严重，特别是当零件承受交变载荷时，由于表面波谷处应力集中的影响，使得抗疲劳强度下降，导致零件表面产生裂纹而破坏。实验表明，减小零件表面粗糙度值可以使零件的抗疲劳强度提高，故对于一些承受交变载荷的重要零件，如曲轴的曲拐与轴颈交接处精加工后，常再进行光整加工，以减少零件的表面粗糙度值，提高抗疲劳强度。

4. 对接触刚度的影响

零件表面越粗糙，实际接触面积越小，则单位面积压力越大。零件受力时，表面局部变形越大，接触刚度越低，影响零件的工作精度和抗振性。

5. 对耐腐蚀性能的影响

零件的耐腐蚀性在很大程度上取决于零件的表面粗糙度。零件表面越粗糙，越容易积聚腐蚀性物质，凹谷越深，腐蚀性物质对零件的渗透与腐蚀作用越强烈。因此，对在腐蚀性气体或液体条件下工作的零件，其表面粗糙度值应较小。

此外，零件的表面粗糙度大小对零件的密封性、测量精度、喷涂质量、外形美观、导电、导热性能及表面反射能力等均有影响。

第二节　表面粗糙度的评定

一、有关术语及其定义

1. 轮廓滤波器（porfile filter）

轮廓滤波器是指把轮廓分成长波和短波成分的滤波器。在测量表面粗糙度、波纹度和原始轮廓的仪器中使用如下三种滤波器（图 5-3)。它们的传输特性相同，截止波长不同。

(1) λs 轮廓滤波器　确定存在于表面上的粗糙度与比它更短的波的成分之间相交界限的滤波器。

(2) λc 轮廓滤波器　确定表面粗糙度与波纹度成分之间相交界限的滤波器。

(3) λf 轮廓滤波器　确定存在于表面上的波纹度与比它更长的波的成分之间相交界限

的滤波器。

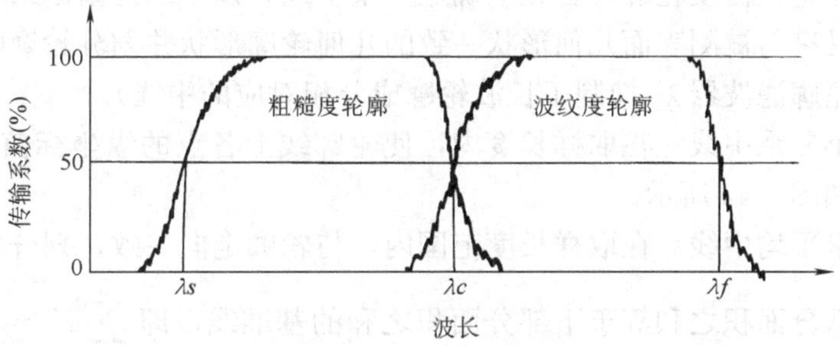

图 5-3 粗糙度轮廓和波纹度轮廓的传输特性

2. 表面轮廓（surface profile）

表面轮廓是指平面与实际表面相交所得的轮廓。

3. 原始轮廓（primary profile）

原始轮廓是指在应用短波长滤波器 λs 之后的总轮廓。

4. 粗糙度轮廓（roughness profile）

粗糙度轮廓是对原始轮廓采用 λc 轮廓滤波器抑制长波成分后形成的轮廓。这是经过修正的轮廓。

5. 取样长度 lr（sampling length）

取样长度是指用于判别被评定轮廓不规则特征的 x 轴向（与中线方向一致）上的长度。它在轮廓总的走向上量取，如图 5-4 所示。规定和限制这段长度是为了使这段长度既有表面粗糙度特征，又限制和削弱表面波（纹）度对表面粗糙度测量结果的影响。表面越粗糙，取样长度应越长，在一个取样长度内，一般应包括五个以上的波峰、波谷。

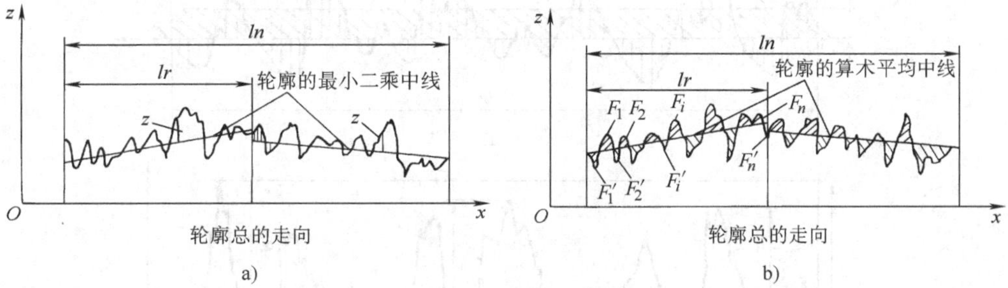

图 5-4 取样长度、评定长度与轮廓中线

6. 评定长度 ln（evaluation length）

评定长度是指用于判别评定粗糙度轮廓特性的 x 轴方向上的一段长度。规定评定长度是由于加工表面有着不同程度的不均匀性，为充分合理地反映整个表面的粗糙度特性，必须在多个取样长度上分别进行测量，并取各测得值的平均值作为评定表面粗糙度的测量结果。评定长度一般应包括一个或几个取样长度（由 5 个连续取样长度构成的评定长度为标准的评定长度），对表面规则均匀的表面，评定长度可取短一些；对表面粗糙不均匀的表面，评定长度宜取长一些。

7. 中线（mean lines）

为了定量地评定粗糙度轮廓，首先应确定一条中线，以中线为基础来计算各种评定参数的数值。中线指具有与被测表面几何形状一致的几何轮廓形状并划分轮廓的基准线（粗糙度轮廓中线是指用轮廓滤波器 λc 抑制了长波轮廓成分相对应的中线）。

（1）轮廓最小二乘中线　在取样长度内，使轮廓线上各点的纵坐标值 $z(x)$ 的平方和为最小的基准线，如图 5-4a 所示。

（2）轮廓算术平均中线　在取样长度范围内，与轮廓走向一致，划分实际轮廓为上、下两部分，且使上部分面积之和等于下部分面积之和的基准线，即 $\sum_{i=1}^{n} F_i = \sum_{i=1}^{n} F_i'$，如图 5-4b 所示。

二、评定参数

国家标准 GB/T 3505—2009 规定的评定表面粗糙度的参数有幅度参数、间距参数、混合参数以及曲线和相关参数。下面介绍其中几种主要评定参数。

1. 轮廓的幅度参数项目

（1）轮廓算术平均偏差 Ra　在一个取样长度内纵坐标值 $z(x)$ 绝对值的算术平均值，如图 5-5a 所示。用公式表示为

$$Ra = \frac{1}{lr}\int_0^{lr} |\, z(x)\,|\, \mathrm{d}x \tag{5-1}$$

（2）轮廓最大高度 Rz　在一个取样长度内，最大轮廓峰高 Rp 和最大轮廓谷深 Rv 之和的高度。轮廓峰是指连接两相邻交点（轮廓在 x 轴上的交点）向外（从材料到周围介质）的轮廓部分；轮廓谷是指连接两相邻交点向内（从周围介质到材料）的轮廓部分，如图5-5b

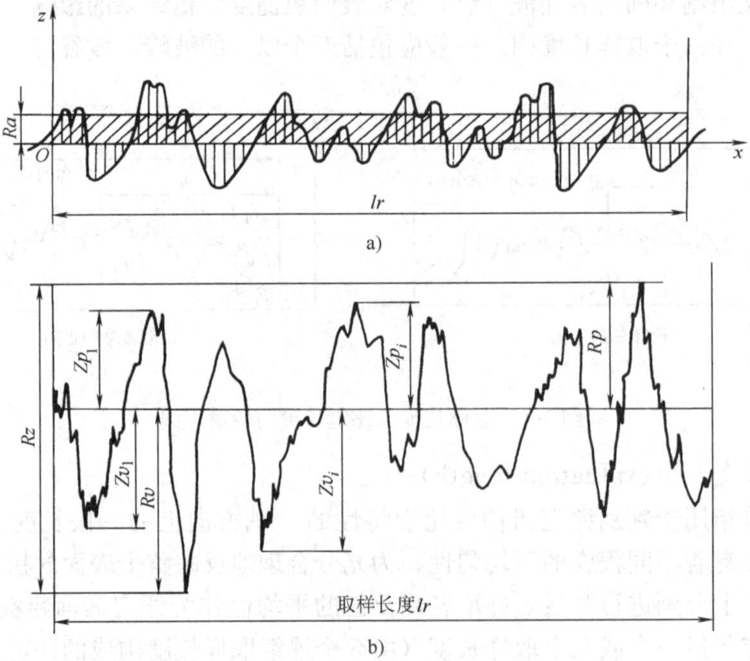

图 5-5　轮廓的幅度参数

a）轮廓的算术平均偏差 Ra　b）轮廓的最大高度 Rz

所示。用公式表示为

$$Rz = Rp + Rv \tag{5-2}$$

必须注意的是：在GB/T 3505—2009之前的标准中，符号Rz曾被称为“微观不平度的十点高度”，而“轮廓最大高度”原来用Ry表示。现新标准中已取消“微观不平度的十点高度”评定参数，所以“轮廓最大高度”改用Rz符号来表示。但现在使用中的一些表面粗糙度测量仪器大多是测量以前的Rz参数（十个点便于测量），因此，当采用现行的技术文件和图样时必须小心慎重，因为用不同类型的仪器按不同的规定计算所得结果之间的差别并不都是可以忽略的。

2. 轮廓的间距参数项目

新标准规定的轮廓间距参数只有一个评定项目——轮廓单元的平均宽度Rsm

轮廓单元是轮廓峰与轮廓谷的组合。轮廓单元的平均宽度是指在一个取样长度内，轮廓单元宽度Xs的平均值，如图5-6所示。用公式表示为

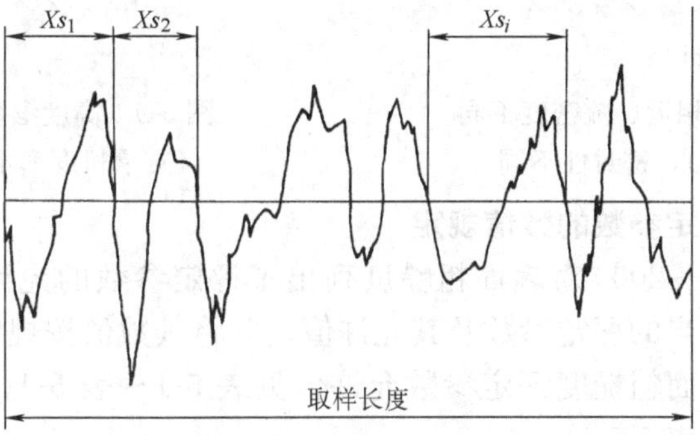

图5-6 轮廓单元的宽度

$$Rsm = \frac{1}{m}\sum_{i=1}^{m} Xs_i \tag{5-3}$$

3. 曲线和相关参数项目

新标准中此项目中重要并且常用的评定参数——轮廓支承长度率$Rmr(c)$

在给定截面高度c上轮廓的实体材料长度$Ml(c)$与评定长度ln的比率，如图5-7所示。用公式表示为

$$Rmr(c) = \frac{Ml(c)}{ln} \tag{5-4}$$

$$Ml(c) = Ml_1 + Ml_2 + \cdots + Ml_n \tag{5-5}$$

$Rmr(c)$值是对应于不同的轮廓截面高度c值而给出的，c值可用微米或c值与Rz值的

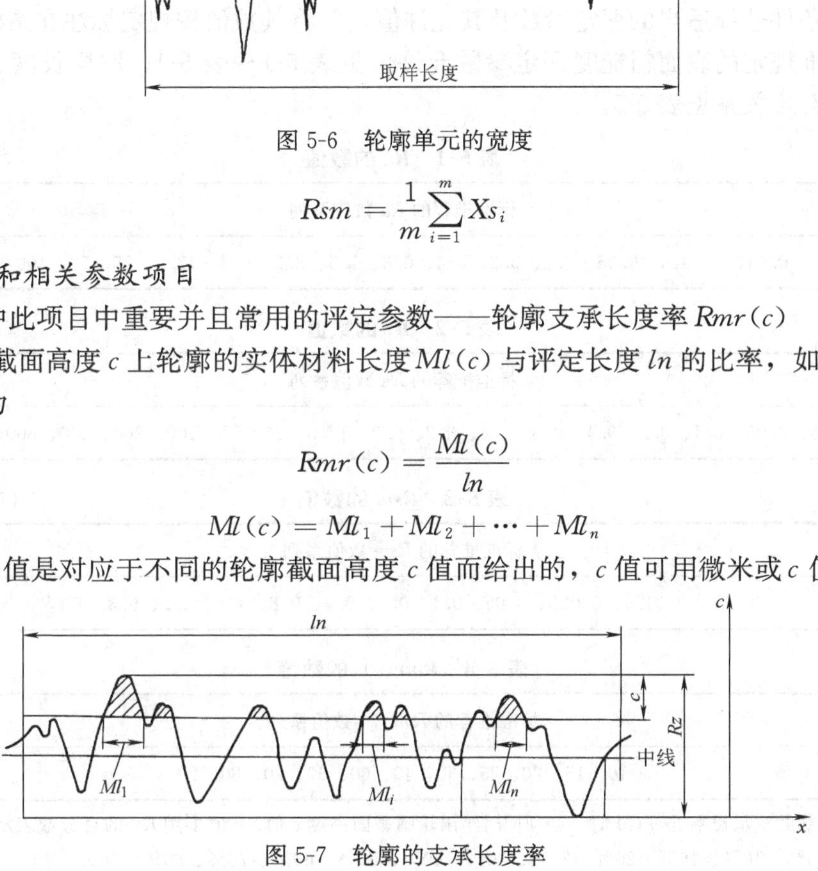

图5-7 轮廓的支承长度率

百分比表示。

幅度参数中轮廓的算术平均偏差 Ra 和轮廓最大高度 Rz 是标准中规定必须标注的参数，应优先选用 Ra。当对表面粗糙度除了有高度要求外，还有密封性和耐磨性要求时，就要考虑选择附加参数 Rsm 或 $Rmr(c)$。

因为从生产实际中得知，如表面粗糙度高度参数差异很小，而疏密程度不同时，则密封性不同（图 5-8a、b）；如果波峰处的尖锐度不同，则支承能力和耐磨性程度不同（图 5-9a、b）。

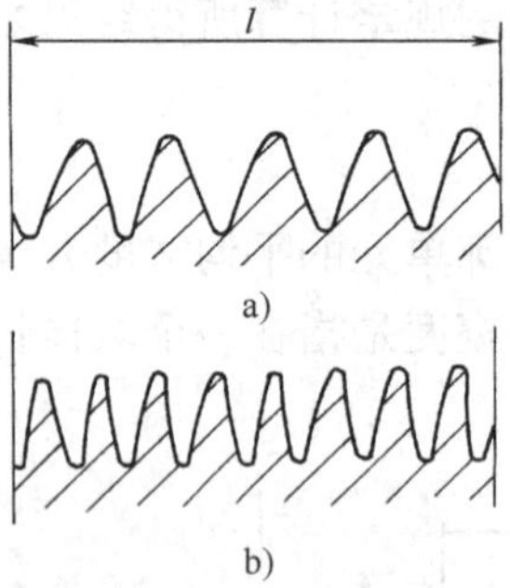

图 5-8 高度参数相近、疏密度不同（间距参数不同），密封性不同

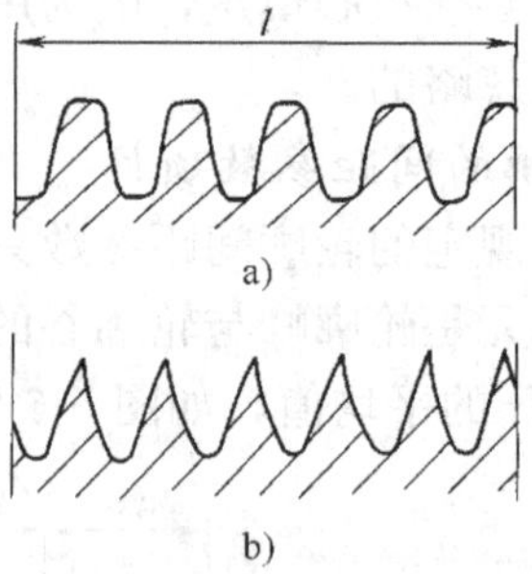

图 5-9 高度参数相近、尖锐度不同（支承长度率不同），耐磨性不同

三、表面粗糙度评定参数的数值规定

国家标准 GB 1031—2009 对表面粗糙度列出了评定参数的允许值数系。在设计时，需要根据具体条件选择适当的评定参数及其允许值，并将其数值按规定标注在图样上。

国家标准规定的表面粗糙度评定参数允许值见表 5-1～表 5-4；取样长度、评定长度与评定参数的对应关系见表 5-5。

表 5-1 *Ra* 的数值 （单位：μm）

标准推荐的 Ra 数值系列
0.012、0.025、0.05、0.1、0.2、0.4、0.8、1.6、3.2、6.3、12.5、25、50、100

表 5-2 *Rz* 的数值 （单位：μm）

标准推荐的 Rz 数值系列
0.025、0.05、0.1、0.2、0.4、0.8、1.6、3.2、6.3、12.5、25、50、100、200、400、800、1600

表 5-3 *Rsm* 的数值 （单位：mm）

标准推荐的 Rsm 数值系列
0.006、0.0125、0.025、0.05、0.1、0.2、0.4、0.8、1.6、3.2、6.3、12.5

表 5-4 *Rmr*(*c*) 的数值 （单位：%）

标准推荐的 $Rmr(c)$ 数值系列
10、15、20、25、30、40、50、60、70、80、90

注：选用轮廓的支承长率 $Rmr(c)$ 时，必须同时给出轮廓截面高度 c 值。c 值多用 Rz 的百分数表示。其百分数系列如下：5%、10%、15%、20%、25%、30%、40%、50%、60%、70%、80%、90%。

表 5-5 *Ra* 参数值、*Rz* 参数值与取样长度 *lr* 和评定长度 *ln* 的对应关系

Ra/μm	*Rz*/μm	*lr*/mm	*ln*/mm
≥0.008～0.02	≥0.025～0.10	0.08	0.4
>0.02～0.10	>0.10～0.50	0.25	1.25
>0.10～2.0	>0.50～10.0	0.8	4.0
>2.0～10.0	>10.0～50.0	2.5	12.5
>10.0～80	>50.0～320	8.0	40.0

注：若取样长度按表 5-5 选定时，在图样上可以省略不标，否则应在图样上标注出取样长度值。

四、表面结构要求的图形符号及标注

GB/T 131—2006 规定了表面结构要求的图形符号及在图样上的标注方法。

1. 表面结构要求的图形符号

标准规定的表面结构图形符号见表 5-6，分为基本图形符号、扩展图形符号、完整图形符号三种，另对多表面有相同表面结构要求时，也另有图形符号规定。

表 5-6 表面结构的图形符号

序号	分类	图形符号	含义
1	基本图形符号		表示表面可用任何工艺方法获得。单独使用仅用于简化代号标注，没有补充说明不能单独使用
2	扩展图形符号	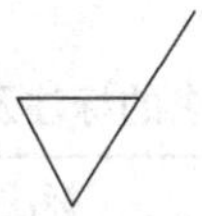	用去除材料的方法获得的表面，如机械加工中的车、铣、磨、抛光等
		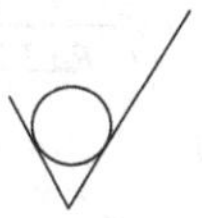	用不去除材料的方法获得的表面，如铸、锻、冲压等，也可用于“保持原有表面状态不变”的要求
3	完整图形符号	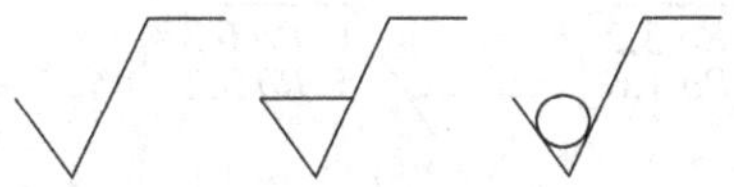	分别比上面三个图形符号多一条横线，用于标注有关参数和说明，构成完整图形符号，图样上标注的是此种符号
4	多表面有相同表面结构要求时的图形符号	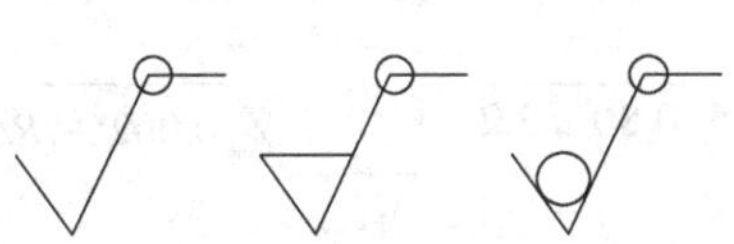	视图上构成某封闭轮廓的各相关表面有相同表面结构要求时，可在完整图形符号上加一圆圈，标注在封闭轮廓的某条线上（若会引起歧义，则应分别标注）

2. 表面结构完整图形符号的组成

在完整图形符号的周围应标注出评定参数的符号及极限值和其他技术要求。

标注在完整图形符号周围的技术要求除了表面结构参数和数值（基本要求，不能少）外，必要时还应标注补充要求，如传输带、取样长度、加工工艺（如车、铣、镀等）、表面纹理及方向、加工余量等。这些技术要求需在符号相应位置上注写，其注写位置及规定如图 5-10 所示。

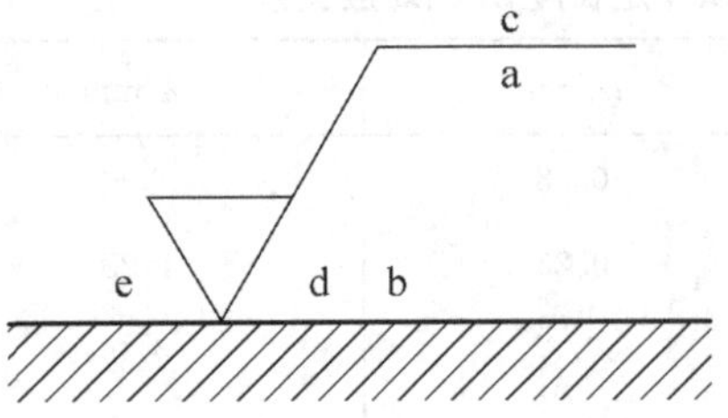

a—注写第一个表面结构要求（必须有）

b—注写第二个或更多的表面结构要求（不多见）

c—注写加工方法（车、磨、镀等）

d—注写表面纹理和方向（=、X、M）

e—注写加工余量（mm）

图 5-10 表面结构要求中补充要求的注写位置规定

3. *表面结构要求标注示例*

GB/T 131—2006 规定表面粗糙度参数的允许值必须在图上注出，对参数允许值的定义进行了明确的规定，对不同的零件表面，根据其功能要求不同，允许值可分：上限值，下限值，最大值，最小值等不同的情况，相对原标准 GB/T 131—1993，新标准针对图形符号、评定参数的注写位置及在图样上的标注方法都有较大的改动。

GB/T 131—2006 明确规定：当允许在表面粗糙度参数的所有实测值中超过规定值的个数小于总数的 16%时（即采用 16%规则，默认采用），应在图样上标注表面粗糙度参数的上限值或下限值；当要求在表面粗糙度参数的所有实测值中不得超过规定值时（即采用最大规则），应在图样上标注表面粗糙度参数的最大值或最小值。

在生产实际中，绝大多数零件表面的功能要求用上限值（下限值）的概念就可以达到，少数零件表面要求较高时，需采用最大值（最小值）概念。显然，采用了新标准的概念后，将会最大限度地提高产品的合格率，降低废品率。

表面结构要求在图样上的代号注法见表 5-7。

表 5-7 表面结构要求的标注及说明

序号	标注内容	标注符号示例
1	标注极限值中的一个数值且默认为上限值	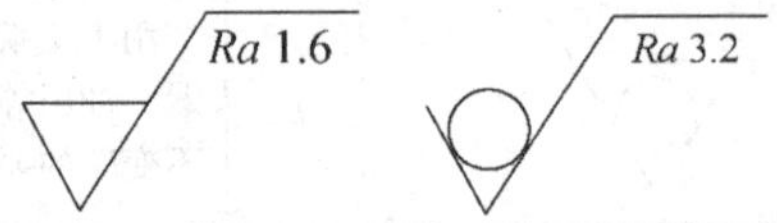
2	同时标注上、下限值	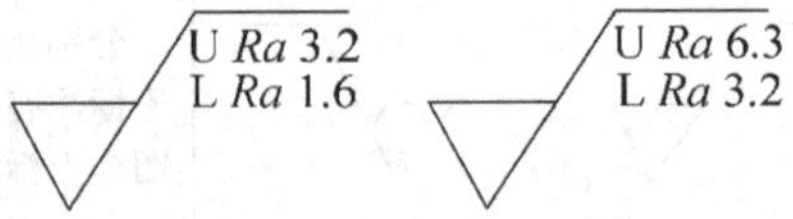
3	标注传输带时的标注	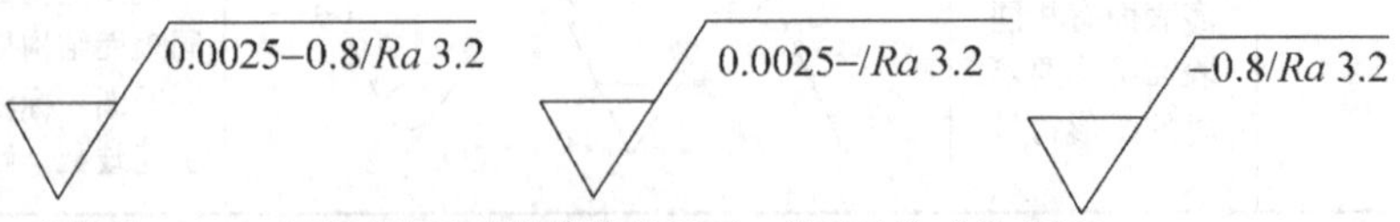 传输带（mm）标注在幅度参数代号的前面，并用斜线“/”隔开
4	需指定评定长度时的标注	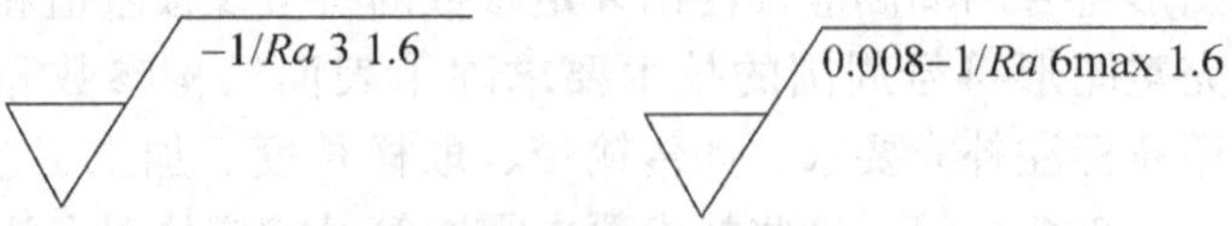 应在幅度参数符号的后面注写取样长度的个数

（续）

序号	标注内容	标注符号示例
5	采用极限值判断规则时的标注	若采用16%规则（是默认规则），则图样上不需注出（见本表前4栏）。而若采用最大规则，则应在幅度参数符号 *Ra* 或 *Rz* 之后标注一个“max” 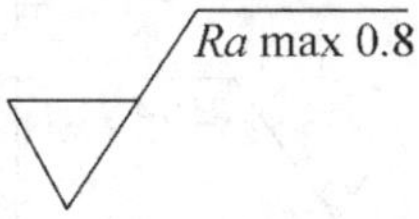 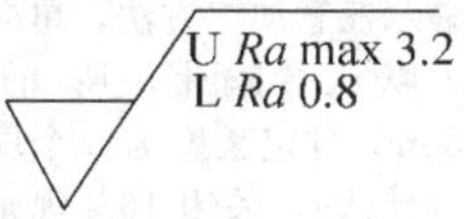
6	附加评定参数和加工方法的标注	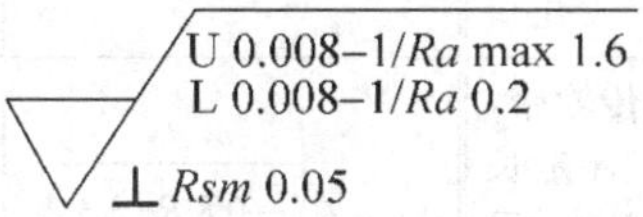
7	需注写加工余量和加工纹理方向时的标注	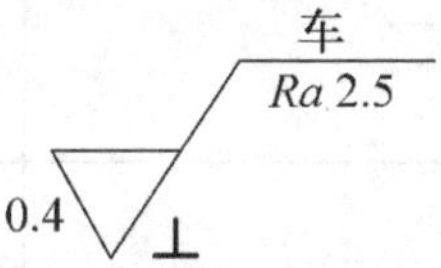

关于纹理方向符号的规定见表5-8。

表5-8 表面结构要求纹理方向符号的规定

纹理方向符号	解释及示例	纹理方向符号	解释及示例
=	纹理平行于视图所在投影面 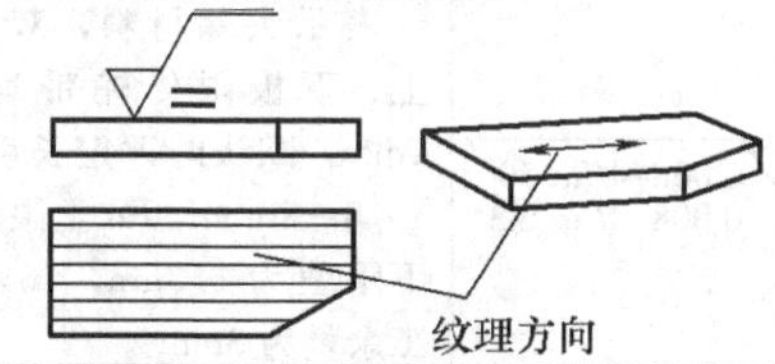 	X	纹理呈两斜向交叉且与视图所在的投影面相交 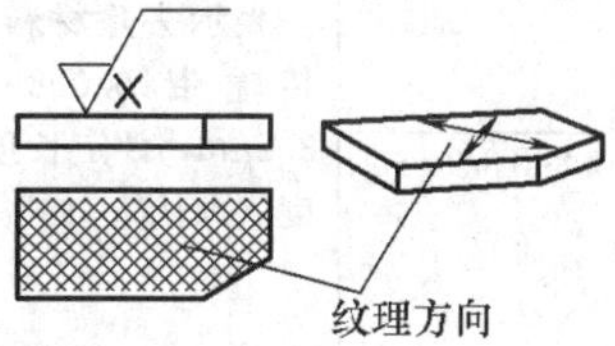
⊥	纹理垂直于视图所在投影面 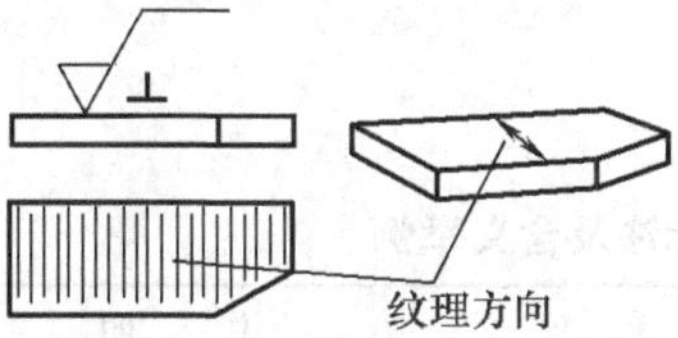 	M	纹理呈多方向 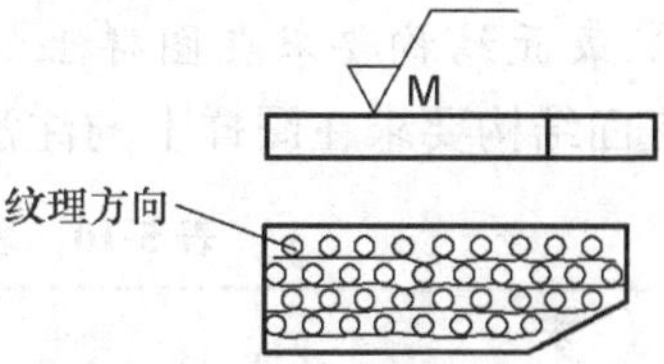
C	纹理呈近似同心圆且圆心与表面中心相关 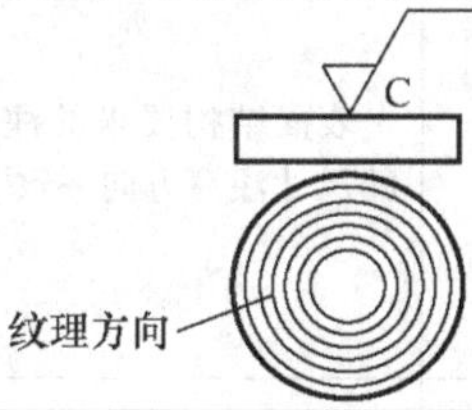 	R	纹理呈近似放射状且与表面圆心相关 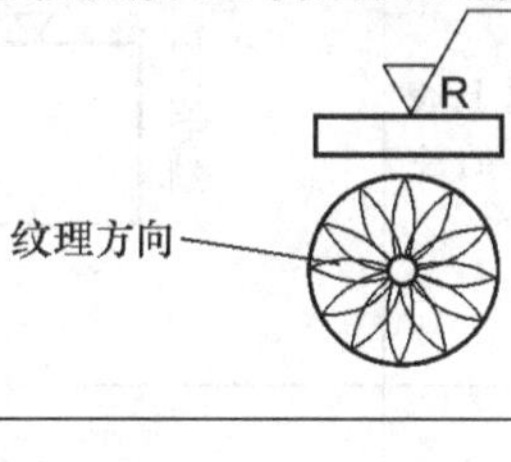
P	纹理无方向或呈凸起的细粒状 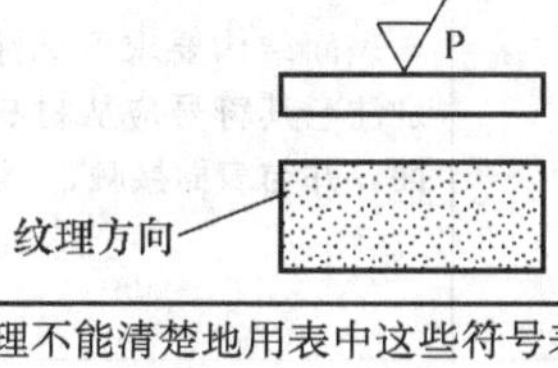 		

注：若表面纹理不能清楚地用表中这些符号表示，必要时，可在图样上加注说明。

表面结构要求标注释读见表 5-9。

表 5-9 表面结构要求标注及含义举例

符　号	含　义	符　号	含　义
L *Ra* 1.6	表示任意加工方法，单向上限值，默认传输带，*Ra* 的值为 1.6μm，评定长度为 5 个取样长度（默认），采用 16%规则（默认）	*Rz* 0.4	表示不允许去除材料，默认传输带，*Rz* 的上限值为 0.4μm，评定长度为 5 个取样长度（默认），采用 16%规则（默认）
Rz max 0.2	表示去除材料，默认传输带，*Rz* 的最大值为 0.2μm，评定长度为 5 个取样长度（默认），采用最大规则	−0.8/*Ra* 3 3.2	表示去除材料，单向上限值，传输带：根据 GB/T 6062，取样长度 0.8mm，*Ra* 值为 3.2μm，评定长度包含 3 个取样长度，采用 16%规则
U *Ra* max 3.2 L *Ra* 0.8	表示不允许去除材料，双向极限值，两极限值均使用默认传输带，上限值：*Ra*3.2μm，评定长度为 5 个取样长度（默认），最大规则。下限值：*Ra*0.8μm，评定长度为 5 个取样长度（默认），16%规则	铣 *Ra* 0.8 −2.5/*Rz* 3.2 ⊥	表示去除材料，两个单向上限值：①默认传输带和评定长度，*Ra* 值为 0.8μm，16%规则；②传输带为−2.5mm，默认评定长度，*Rz* 值为 3.2μm，16%规则。表面纹理垂直于视图所在的投影面，加工方法为铣削
0.008−0.8/*Ra* 3.2	表示去除材料，单向极限值，传输带 0.008-0.8mm，*Ra* 为 3.2μm，评定长度为 5 个取样长度（默认），16%规则	0.008−4/*Ra* 50 0.008−4/*Ra* 6.3 3	表示去除材料，双向极限值，上、下极限传输带均为 0.008-4mm，默认的评定长度均为 ln=4×5=20mm，*Ra* 上限值为 50μm，下限值为 6.3μm，16%规则，加工余量为 3mm

4. *表面结构要求在图样上的注法*

表面结构要求在图样上的注法示例见表 5-10。

表 5-10 表面结构要求在图样上的标注及含义举例

要　求	图　例	说　明
不同方位上表面结构要求的注写	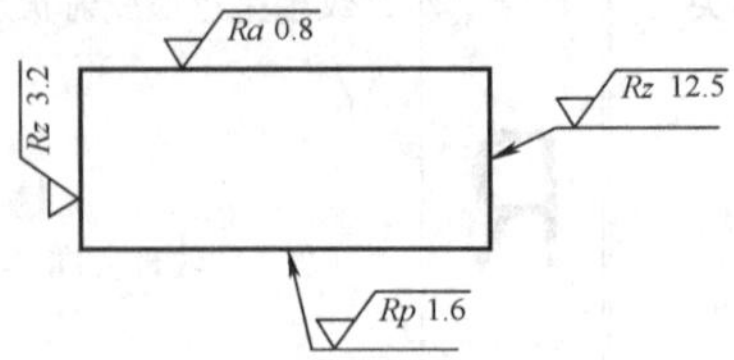	表面结构要求的注写方向和所在位置的尺寸注写方向一致
在轮廓线或指引线上的标注	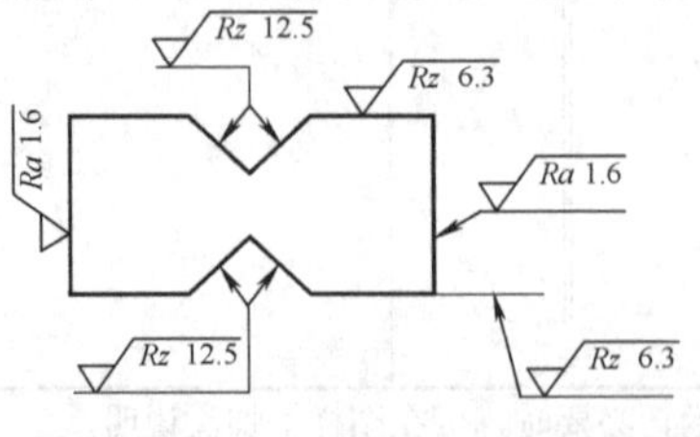	表面结构要求可标注在轮廓线上，特别注意其符号应从材料外指向需加工表面，并与表面接触

（续）

要 求	图 例	说 明
在轮廓线或指引线上的标注	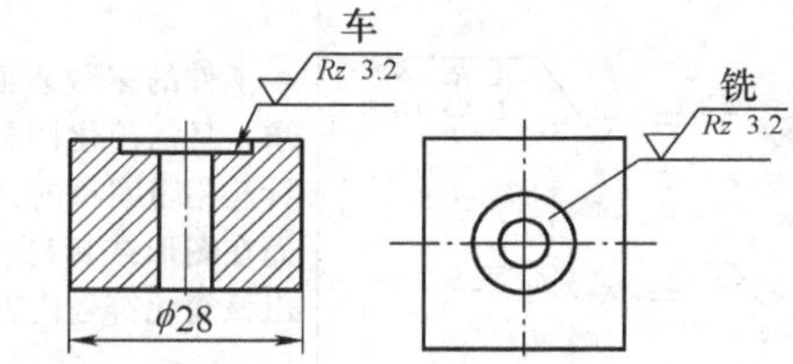	必要时，表面结构符号也可用带箭头或黑点的指引线引出标注
在特征尺寸的尺寸线上标注	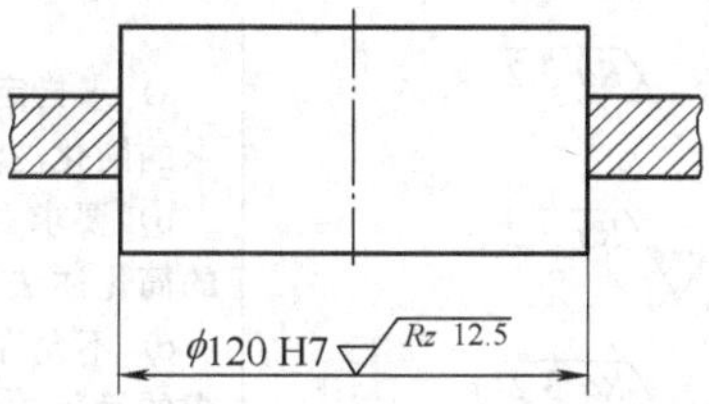	在不致引起误解的情况下，表面结构要求可标注在给定的尺寸线上
在几何公差框格上的标注	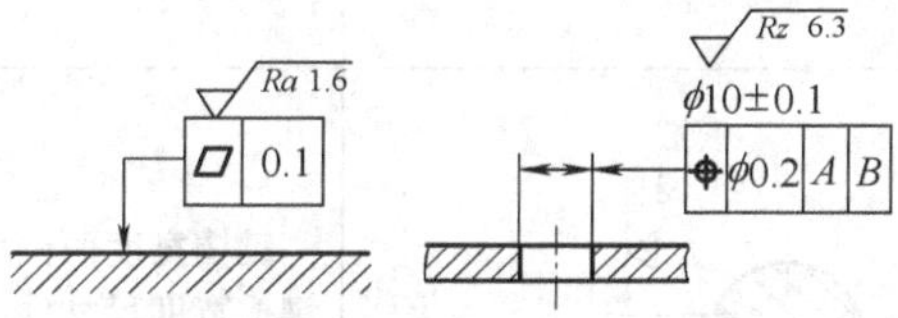	标注在几何公差框格的上方
在延长线上的标注	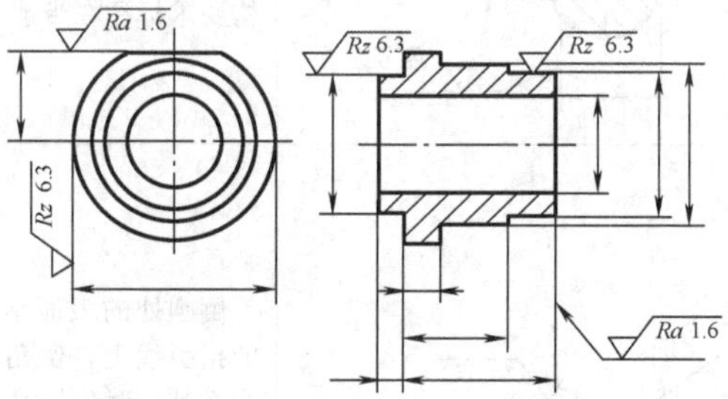	表面结构要求可以直接标注在延长线上，或用带箭头的指引线引出标注 圆柱和棱柱的表面结构要求只标注一次 但若每个棱柱表面结构要求不一样，则应分别单独标注
简化标注	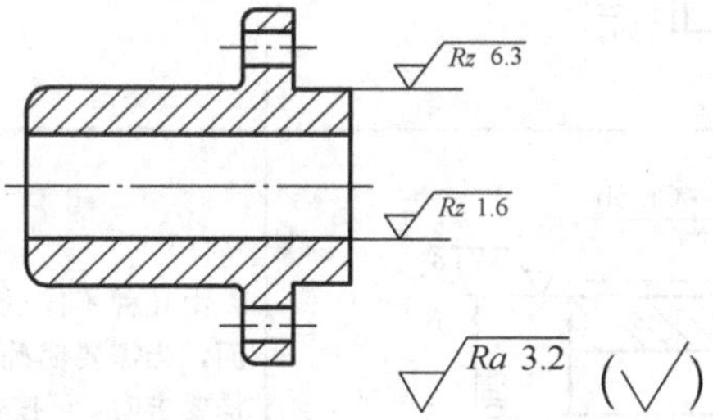	若工件的多数表面有相同的表面结构要求，则其要求可以统一标注在图样中的标题栏附近 此时，表面结构要求的符号后面要加上圆括号，并在圆括号中绘制一个基本符号 注：1993 年老标准中对此问题的处理方法是：在图样的右上角注写“其余”两字，再在其后标注粗糙度符号
	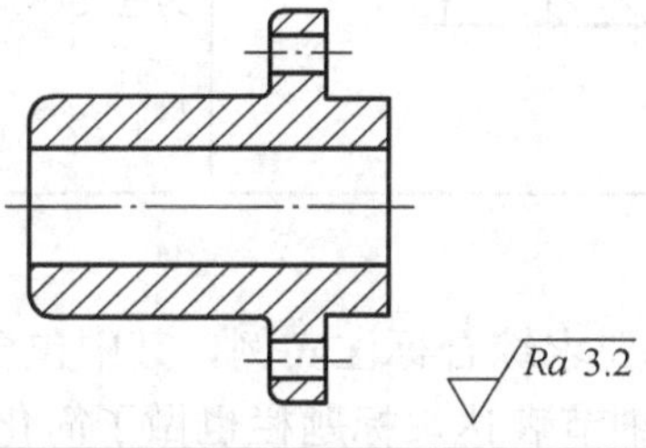	若工件全部表面有相同的表面结构要求，则该要求可以统一标注在图样中的标题栏附近

（续）

要　　求	图　　例	说　　明
简化标注	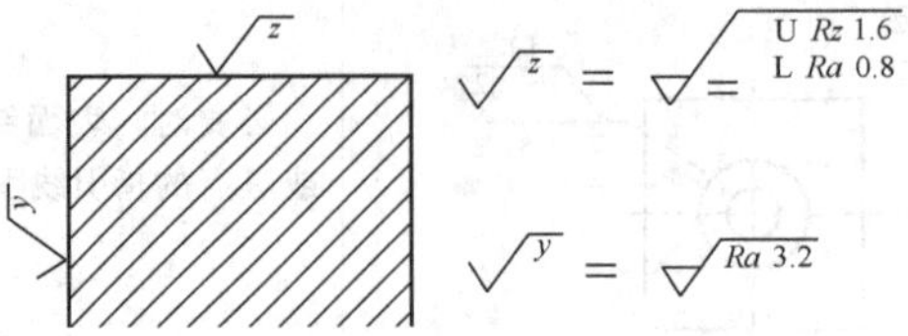	工件的多数表面有相同的表面结构要求，且需简化图样空间，可只在图样上标注用带字母的完整符号作为简化符号，而在图形或标题栏附近，以等式形式注出该简化符号代表的详细要求
	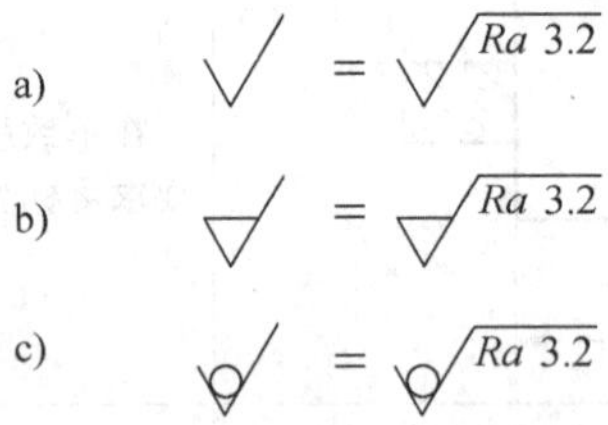	a）未指定工艺方法的多个表面结构要求的简化注法 b）要求去除材料的多个表面结构要求的简化注法 c）不允许去除材料的多个表面结构要求的简化注法。
键槽的表面结构要求的注法	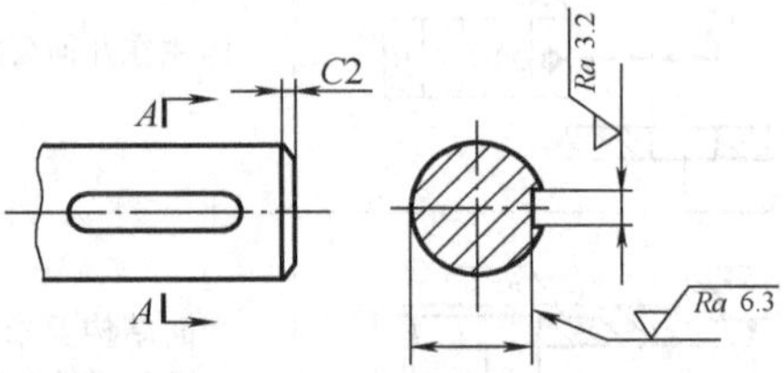	键槽宽度两侧的表面结构要求标注在键槽宽度尺寸线上，键槽底面的表面结构要求标注在带箭头的指引线上
倒角、倒圆处的表面结构要求注法	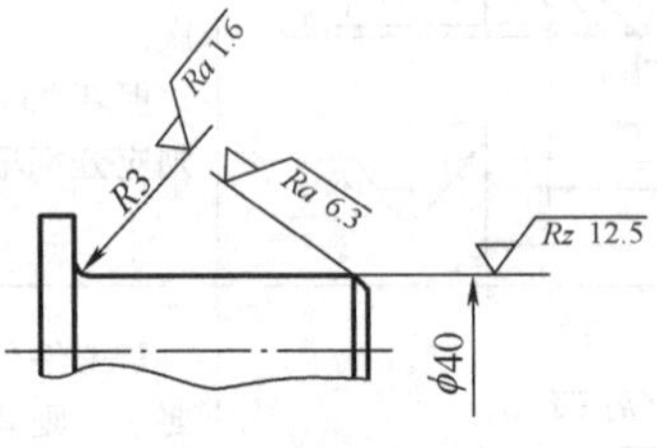	倒圆处的表面结构要求标注在带箭头的指引线上，倒角处的表面结构要求标注在其轮廓延长线上
两种或多种工艺获得的同一表面的注法	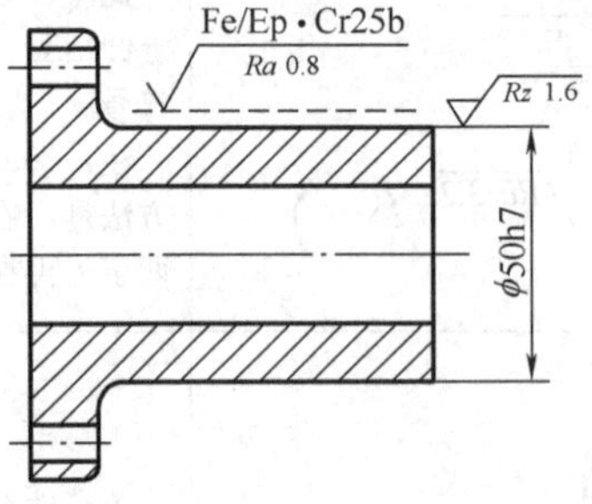	由几种不同的工艺方法获得的同一表面，当需要明确每种工艺方法的表面结构要求时，可按左图所示进行标注（图中Fe表示基体材料为铁，Ep表示加工工艺为电镀）

5．综合标注实例

图 5-11 所示为一减速器输入轴技术要求综合标注实例，其中包含表面结构要求的标注，为突出重点，省略了某些尺寸的标注及细节表达，标题栏也做了简化。

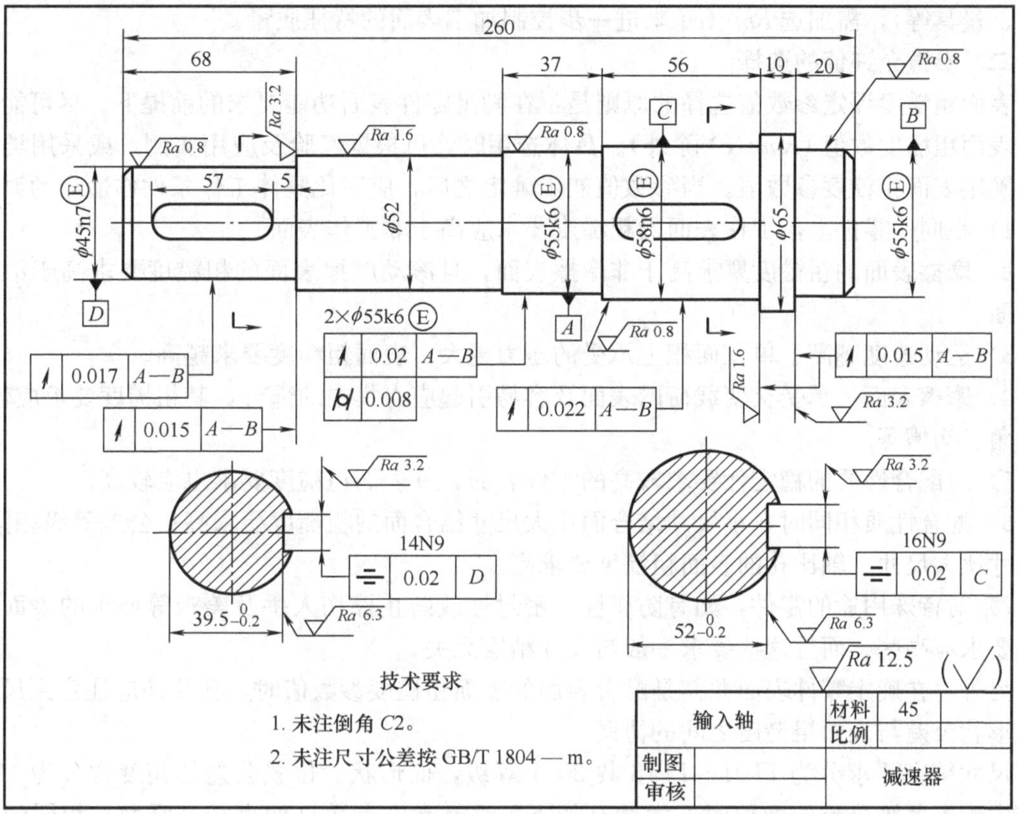

图 5-11 技术要求在图样上的综合标注实例

第三节 表面粗糙度的选择

表面粗糙度是一项重要的技术经济指标，它的合理选用不仅影响产品的使用性能和寿命，而且直接关系到产品的质量及经济效益等，所以在选择表面粗糙度时，既要满足零件表面的使用要求，也要考虑其经济合理性。

一、评定参数的选择

评定参数的选取，首先应考虑对零件使用功能的要求，其次应考虑检测的方便性及仪器设备条件等因素。

在高度评定参数中，*Ra* 参数最常用，因为它反映轮廓信息最多，能较完整、较全面地表达零件表面微观几何特征。国家标准推荐：在常用数值内（*Ra*0.025～6.3μm），应优先选用 *Ra* 参数。*Ra* 参数通常采用电动轮廓仪用针描法测量。

另一个基本评定参数是轮廓最大高度 *Rz*，对于某些不允许出现较大加工痕迹的零件表面，以及对疲劳强度要求高的表面，可以在选择 *Ra* 的同时，加选 *Rz*。此外，对于仪表、轴承行业中的小零件，往往测量长度不足一个取样长度，也选用 *Rz* 参数。

一般情况下，选用基本评定参数 *Ra*、*Rz* 控制表面粗糙程度即可满足要求。但当某些关键的主要表面有更多的功能要求时，如涂镀性、抗腐蚀性、减小流体流动摩擦阻力（如车身迎风面）等，就需要加选 *Rsm* 来控制间距的细密度。对表面耐磨性有较高要求时（如轴瓦、轴承、量具等)，需加选 $Rmr(c)$ 来进一步控制加工表面的特征质量。

二、参数允许值的选择

表面粗糙度评定参数值选择的原则是：在满足零件表面功能要求的前提下，尽可能选较大的表面粗糙度数值（$Rmr(c)$ 除外）。具体选用时，可根据经验及应用实例，或采用类比的方法确定表面粗糙度参数值。当参数值初步确定之后，应对比具体工作条件作适当的调整：

1）在同一零件上，工作表面的粗糙度要求应高于非工作表面。

2）摩擦表面的粗糙度要求高于非摩擦表面，且滚动摩擦表面的粗糙度要求高于滑动摩擦表面。

3）运动速度越高、单位面积上承受的压力越大，表面粗糙度要求越高。

4）摩擦表面、承受交变载荷的表面及容易引起应力集中的部分，其粗糙度要求应较高，如圆角、沟槽等。

5）对配合性质的稳定性要求较高的零件表面，其表面粗糙度要求也应较高。

6）配合性质相同时，小尺寸结合面比大尺寸结合面的粗糙度要求高；公差等级相同时，小尺寸比大尺寸、轴比孔的表面粗糙度要求高。

7）对特殊用途的零件，如有防腐性、密封性或防止擦伤人手及美观等要求的表面，粗糙度要求应高些。而且这些要求一般与尺寸精度无关。

另外，在确定零件表面尤其是配合表面的表面粗糙度参数值时，往往还应注意到尺寸公差、形状公差与表面粗糙度之间的协调。

尺寸精度要求分为 IT01～IT18 共 20 个等级，而形状、位置公差的精度常分为 12 级，标准中配置各级公差的数值时，大约有如下关系：在主参数（如直径、厚度）相同的情况下，某级别（如 7 级）的几何公差的数值约为相同级别（如 IT7）的尺寸公差值的 60%左右。从实际工程应用综合来看，零件的尺寸精度要求在 IT6～IT9 之间的较多，IT6 是机械加工中一个门槛，高于 IT6，则零件加工难度和加工成本开始大增。对表面粗糙度要求而言，$Ra1.6$ 也是一个门槛，高于此要求，则需要考虑磨削等方法，加工难度和成本开始急剧增加，因此应注意，除非使用要求所必须，从经济性角度考虑，尺寸精度要求不宜高于 IT6 级，相应的几何公差要求不宜高于与尺寸公差同等的等级，而表面粗糙度要求也尽量不要高于 $Ra1.6$。

一般而言，尺寸公差与形状公差要求越高，表面粗糙度要求也越高。但尺寸公差 IT、形状公差 T 和表面粗糙度 Ra 三者之间并不存在确定的函数关系（如手轮手柄的尺寸公差可以较大，但表面粗糙要求却较高)，只是在正常工艺条件下，三者之间大致有如下关系：

若 $T \approx 0.6\ IT$，则 $Ra \leqslant 0.05IT$。

若 $T \approx 0.5\ IT$，则 $Ra \leqslant 0.04IT$。

若 $T \approx 0.4\ IT$，则 $Ra \leqslant 0.025IT$。

若 $T \approx 0.25\ IT$，则 $Ra \leqslant 0.012IT$。

若 $T < 0.25\ IT$，则 $Ra \leqslant 0.15T$。

若不考虑零件表面的形状公差，仅考虑尺寸公差与粗糙度之间的关系时，Ra 与尺寸公差值之间的关系约为：$Ra \leqslant 0.025IT$；考虑到过盈配合在压入过程中及间隙配合在试运转过程中，表面微观不平度的影响，在选择 Ra 时，可按 $Ra < 0.04IT$ 或 $Ra \leqslant 0.05IT$ 选取。

参数值的确定可利用表 5-11 和 5-12 的统计资料进行类比选择。类比时，应根据功能要求、经济效益、规定的优先系列等原则进行综合分析考虑后，再确定出该零件表面的表面粗糙度参数值。

表 5-11　常用表面粗糙度的参数值　　（单位：μm）

经常装拆的配合表面				过盈配合的配合表面						定心精度高的配合表面			滑动轴承表面		
公差等级	表面	公称尺寸/mm		公差等级		表面	公称尺寸/mm			径向跳动	轴	孔	公差等级	表面	Ra
		～50	＞50～500				～50	＞50～120	＞120～500						
		Ra					Ra				Ra				
IT5	轴	0.2	0.4	装配按机械压入法	IT5	轴	0.1～0.2	0.4	0.4	2.5	0.05	0.1	IT6～IT9	轴	0.4～0.8
	孔	0.4	0.8			孔	0.2～0.4	0.8	0.8	4	0.1	0.2		孔	0.8～1.6
IT6	轴	0.4	0.8		IT6～IT7	轴	0.4	0.8	1.6	6	0.1	0.2	IT10～IT12	轴	0.8～3.2
	孔	0.4～0.8	0.8～1.6			孔	0.8	1.6	1.6	10	0.2	0.4		孔	1.6～3.2
IT7	轴	0.4～0.8	0.8～1.6		IT8	轴	0.8	0.8～1.6	1.6～3.2	16	0.4	0.8	流体润滑	轴	0.1～0.4
	孔	0.8	1.6			孔	1.6	1.6～3.2	1.6～3.2	20	0.8	1.6		孔	0.2～0.8
IT8	轴	0.8	1.6	热装法		轴	1.6								
	孔	0.8～1.6	1.6～3.2			孔	1.6～3.2								

表 5-12　表面粗糙度的表面特征及应用举例

表面微观特征		表面粗糙度 Ra 值/μm	应用范围	应用举例
粗糙表面	微观刀痕	10～20	非结合面	半成品粗加工过的表面，非配合的加工表面，如阶梯轴端面、倒角、钻孔、齿轮和带轮侧面、键槽底面、垫圈接触面及不重要的安装支承面
半光表面	微见加工痕迹	5～10		半精加工表面、轴上不安装齿轮、轴承处的非配合表面，紧固的自由配合面，轴和孔的退刀槽
	微见加工痕迹	2.5～5	一般结合面	半精加工表面，箱体、套筒、支架和其他零件连接面不形成配合的表面，低速工作的滑动轴承和轴的摩擦表面，需要发蓝的表面，IT12 的零件表面等
	看不见加工痕迹	1.25～2.5		IT9～IT11 零件的结合面，要求定心及配合性的固定支承、衬套和定位销的压入孔表面，与低精度滚动轴承相配的箱体孔，低速转动的轴颈，8 级齿轮的工作表面等
光表面	可辨加工痕迹方向	0.63～1.25	重要结合面	IT6～IT8 零件的结合面，齿轮、蜗轮孔的结合面，与大尺寸、高精度滚动轴承相配的表面，普通卧式车床的导轨面，内、外花键的定心表面等
	微辨加工痕迹方向	0.32～0.63		要求配合性质稳定的配合表面，与 0、6 级滚动轴承相配的表面，传动螺杆的工作面及较高精度的车床的导轨面
	不可辨加工痕迹方向	0.16～0.32		与 5、4 级滚动轴承相配的表面，精密机床主轴锥孔，顶尖圆锥面，高精度齿轮（3、4、5 级）的工作表面等
极光表面	暗光泽面	0.08～0.16		精密机床主轴颈表面，要求密封的液压传动的工作表面，一般量规测量面及仪器中承受摩擦的导轨、槽面等
	亮光泽面	0.04～0.08	特别精密的结合面及量块工作面	精密机床主轴颈表面，滚动轴承的滚动件表面，高压油泵中的柱塞等
	镜状光泽面	0.02～0.04		
	镜面	0.01～0.02		高精度量仪，量块的工作表面，光学仪器中的金属镜面
		＜0.01		

第四节　表面粗糙度的测量

表面粗糙度的测量是非常重要的，其方法主要有比较法、光切法、干涉法、针描法和印模法等。它们所使用的仪器及测量参数见表 5-13。

表 5-13　表面粗糙度常用测量方法

测量方法	测量器具	测量部位	测量参数
比较法	表面粗糙度比较样板	内、外圆表面或平面	*Ra*（磨） *Rz*（车、镗、铣） *Rz*（刨、插）
光切法	光切显微镜 （双管显微镜）	外圆表面或平面	*Rz*
干涉法	干涉显微镜	外圆表面或平面	*Rz*
针描法	电动轮廓仪	内、外圆表面或平面	*Ra*
印模法	表面粗糙度比较样板、光切显微镜、干涉显微镜和电动轮廓仪	内、外圆表面或平面	*Rz* 或 *Ra*

思　考　题

5-1　表面粗糙度的实质是什么？它对零件使用性能有何影响？

5-2　表面粗糙度各评定参数的含义是什么？如何在图样上正确标注？

5-3　表面粗糙度与尺寸公差有何关系？如何选择表面粗糙度参数值？

5-4　检验表面粗糙度的方法有哪几种？应用情况如何？

练　习　题

5-1　选择题

1. 取样长度不能太长是为了__________。

A. 减少波度的影响　　B. 考虑加工表面的不均匀性　　C. 使测量方便

2. 基本评定参数是依照__________来测定工件的表面粗糙度的。

A. 波纹度　　B. 波距　　C. 波高

3. 确定磨削加工表面粗糙度值一般取评定长度__________ $5ln$，评定车、铣、刨加工表面一般取评定长度__________ $5ln$。

A. 大于　　B. 小于　　C. 等于

5-2　填空题

1. 国家标准规定表面粗糙度的幅度评定参数有（写出名称和代号）________________、____________，一般情况下应优先选用（写出代号）________________。

2. 国家标准规定的表面粗糙度间距参数有（填写名称和代号）________________，形状参数有（填写名称和代号）________________。

3. 某传动轴的轴颈尺寸为 $\phi 40_{-0.06}^{\ 0}$ mm，圆柱度公差为 0.006mm，该轴颈表面粗糙度 Ra 值大致可选为__________ μm。

5-3 计算题

图 5-12 为记录在坐标纸上的表面实际轮廓放大曲线。经标定，坐标上的每小格代表 0.2μm，试根据放大曲线确定 Ra 的近似值（取 n=16）和 Rz 值。

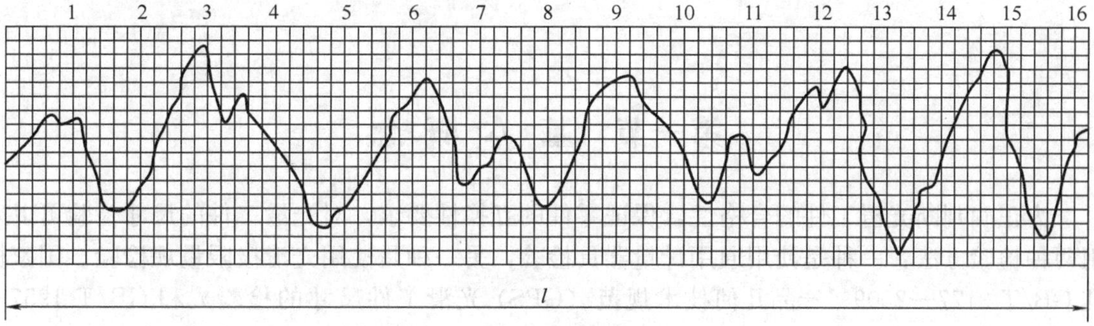

图 5-12

第六章　光滑工件尺寸的检验

第一节　基本概念

为正确判断光滑工件的合格性，保证零件的互换性要求，对光滑工件的尺寸检验可以采用两种检验方法：一种是使用通用计量器具检验，另一种是使用光滑极限量规检验。国家标准 GB/T 3177—2009《产品几何技术规范（GPS）光滑工件尺寸的检验》和 GB/T 1957—2006《光滑极限量规　技术条件》分别对这两种检验方法作出了具体规定：其中 GB/T 3177—2009 规定了光滑工件尺寸检验的验收原则、验收极限、计量器具的测量不确定度允许值和计量器具的选用原则；GB/T 1957—2006 规定了光滑极限量规的术语和定义、公差、要求、检验、标志与包装。该两标准是贯彻执行关于光滑孔、轴的极限与配合等相关国家标准的技术保证。

一、测量误差对检验结果的影响

检验是将被检对象与规定的极限尺寸相比较，从而确定被检对象是否超出规定极限的一个判断过程。检验的目的是评定被检对象是否合格，而不一定给出被检对象的量值。

由于计量器具和计量系统自身都存在误差，故任何测量都不能测出真值。另外，多数通用计量器具通常只用于测量尺寸，不测量工件上可能存在的形状误差。因此，对遵循包容要求的尺寸要素，工件的完善检验还应测量形状误差（如圆度、直线度等），并把这些形状误差的测量结果与尺寸的测量结果综合起来，以判定工件表面各部位是否超出最大实体边界。

在车间实际情况下，工件的形状误差通常取决于加工设备及工艺装备的精度。工件合格与否，只按一次测量结果来判断。对于温度、压陷效应等，以及计量器具和标准器的系统误差均不进行修正。因此，任何检验，由于测量误差、工件形状误差等都可引起误判。误判的结果便是“误收”或“误废”。

对检验中因测量误差所引起的误判可作如下分析：由于任何检验方法（用通用计量器具或光滑极限量规等检验）都存在测量误差。在三种测量误差中，系统误差通常可用修正或标定的方法加以消除，粗大误差也可按一定规则予以剔除，而随机误差和较小的复杂系统误差，只可通过改善测量条件来减小其影响，并运用概率统计方法估计其误差极限范围。因此，在一般情况下，可认为测得值对被测量真值的偏离主要是由较小的复杂系统误差和随机误差引起，它们服从正态分布。

图 6-1 是某工件的尺寸公差带，工件尺寸误差服从正态分布，其上极限尺寸为 L_{max}，下极限尺寸为 L_{min}。如实际工件的真实尺寸在工件公差带外侧附近为 L_{Z1}（或 L_{Z2}），而在检验中，若测量误差存在服从正态分布的随机误差，致使实际测量值为 a_1（或 a_2），这样就把本来不合格的工件而误判为合格品，从而出现“误收”。同理，也可能把真实尺寸位于规定尺寸极限之内的工件尺寸 L_{Z3}（或 L_{Z4}）检定为 a_3（或 a_4），从而误判为不合格品，出现“误废”。

“误收”影响产品质量和互换性，“误废”将造成经济损失。

GB/T 3177—2009 规定的验收原则是：所用验收方法应只接收位于规定的尺寸极限之内的工件。也就是说，为保证一批工件的互换性，不允许“误收”，因此，在实际生产中，通常将工件的验收极限范围规定为略小于尺寸公差带，以消除“误收”；同时，应限制误废率。

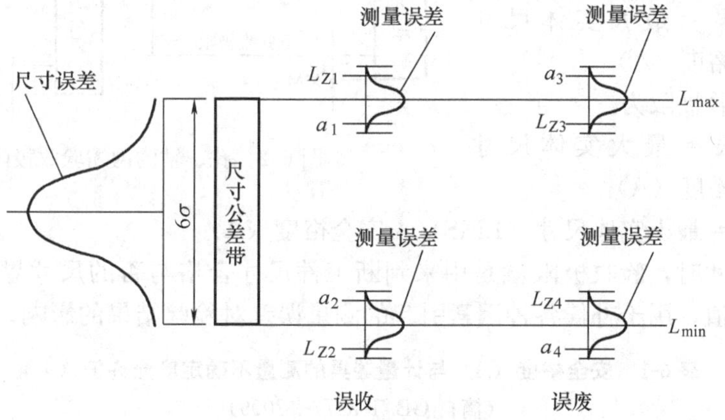

图 6-1　误收与误废示意图

二、极限尺寸判断原则（泰勒原则）

由于形状误差的存在，工件的尺寸虽然位于极限尺寸范围内，但也有可能使装配过紧，而不能满足预定的设计要求，为了保证达到国家标准“极限与配合”的要求，尤其是对于在设计上有严格配合要求并遵守包容要求的孔或轴，国家标准规定应该按泰勒原则来判断工件的合格性。

泰勒原则就是指孔或轴的体外作用尺寸（D_{fe}、d_{fe}）不允许超越其最大实体尺寸，在任何位置上的实际（组成）要素（D_a、d_a）不允许超越其最小实体尺寸，即

对于孔：$D_{fe} \geqslant D_{min}$ 且 $D_a \leqslant D_{max}$

对于轴：$d_{fe} \leqslant d_{max}$ 且 $d_a \geqslant d_{min}$

由此可见，最大实体尺寸是控制体外作用尺寸的，最小实体尺寸是控制实际（组成）要素的。

在实际检验中，对遵循包容要求的尺寸要素，建议采用光滑极限量规检验。

第二节　用通用计量器具检验

用通用计量器具检验工件应遵循国家标准 GB/T 3177—2009，并在标准温度 20°C 下进行。国家标准 GB/T 3177—2009 适用于使用通用计量器具检验对公差等级为 IT6～IT18、公称尺寸≤500mm 的光滑工件尺寸的检验，也适用于对一般公差尺寸的检验。

一、验收极限与安全裕度

在孔、轴尺寸检验时，一般只要工件的真实尺寸在其规定的最大实体尺寸与最小实体尺寸之间，其尺寸就是合格的。但由于计量器具和计量系统所存在的内在误差、工件本身的形状误差和工件尺寸分布状况，以及测量时温度或压陷效应等因素的影响，可能使测得值偏离其真实尺寸，从而产生误判。为减少误判或降低出现这种误判的概率，国家标准 GB/T

3177—2009 规定：验收极限应从规定的最大实体尺寸（MMS）和最小实体尺寸（LMS）分别向工件公差带内移动一个安全裕度 A 来确定，如图 6-2 所示。

孔尺寸的验收极限为

上验收极限＝最小实体尺寸（LMS）－安全裕度（A）

下验收极限＝最大实体尺寸（MMS）＋安全裕度（A）

轴尺寸的验收极限为

上验收极限＝最大实体尺寸（MMS）－安全裕度（A）

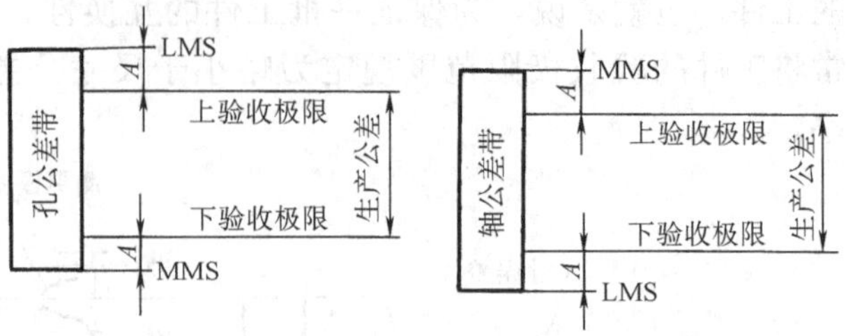

图 6-2　孔、轴的内缩验收极限方式

下验收极限＝最小实体尺寸（LMS）＋安全裕度（A）

检验工件尺寸时，验收极限就是用来判断工件尺寸合格与否的尺寸界限。安全裕度 A 是一个综合补偿值，用于补偿各种因素引起的测量误差对检验结果的影响。A 值见表 6-1。

表 6-1　安全裕度（A）与计量器具的测量不确定度允许值（u_1）

（摘自 GB/T 3177—2009）　　（单位：μm）

公差等级		6					7					8					9					10					11				
公称尺寸/mm		T	A	u_1			T	A	u_1			T	A	u_1			T	A	u_1			T	A	u_1			T	A	u_1		
大于	至			Ⅰ	Ⅱ	Ⅲ			Ⅰ	Ⅱ	Ⅲ			Ⅰ	Ⅱ	Ⅲ			Ⅰ	Ⅱ	Ⅲ			Ⅰ	Ⅱ	Ⅲ			Ⅰ	Ⅱ	Ⅲ
—	3	6	0.6	0.5	0.9	1.4	10	1.0	0.9	1.5	2.3	14	1.4	1.3	2.1	3.2	25	2.5	2.3	3.8	5.6	40	4.0	3.6	6.0	9.0	60	6.0	5.4	9.0	14
3	6	8	0.8	0.7	1.2	1.8	12	1.2	1.1	1.8	2.7	18	1.8	1.6	2.7	4.1	30	3.0	2.7	4.5	6.8	48	4.8	4.3	7.2	11	75	7.5	6.8	11	17
6	10	9	0.9	0.8	1.4	2.0	15	1.5	1.4	2.3	3.4	22	2.2	2.0	3.3	5.0	36	3.6	3.3	5.4	8.1	58	5.8	5.2	8.7	13	90	9.0	8.1	14	20
10	18	11	1.1	1.0	1.7	2.5	18	1.8	1.7	2.7	4.1	27	2.7	2.4	4.1	6.1	43	4.3	3.9	6.5	9.7	70	7.0	6.3	11	16	110	11	10	17	25
18	30	13	1.3	1.2	2.0	2.9	21	2.1	1.9	3.2	4.7	33	3.3	3.0	5.0	7.4	52	5.2	4.7	7.8	12	84	8.4	7.6	13	19	130	13	12	20	29
30	50	16	1.6	1.4	2.4	3.6	25	2.5	2.3	3.8	5.6	39	3.9	3.5	5.9	8.8	62	6.2	5.6	9.3	14	100	10	9.0	15	23	160	16	14	24	36
50	80	19	1.9	1.7	2.9	4.3	30	3.0	2.7	4.5	5.8	46	4.6	4.1	6.9	10	74	7.4	6.7	11	17	120	12	11	18	27	190	19	17	29	43
80	120	22	2.2	2.0	3.3	5.0	35	3.5	3.2	5.3	7.9	54	5.4	4.9	8.1	12	87	8.7	7.8	13	20	140	14	13	21	32	220	22	20	33	50
120	180	25	2.5	2.3	3.8	5.6	40	4.0	3.6	6.0	9.0	63	6.3	5.7	9.5	14	100	10	9.0	15	23	160	16	15	24	36	250	25	23	38	56
180	250	29	2.9	2.6	4.4	6.5	46	4.6	4.1	6.9	10	72	7.2	6.5	11	16	115	12	10	17	26	185	19	17	28	42	290	29	26	44	65
250	315	32	3.2	2.9	4.8	7.2	52	5.2	4.7	7.8	12	81	8.1	7.3	12	18	130	13	12	19	29	210	21	19	32	47	320	32	29	48	72
315	400	36	3.6	3.2	5.4	8.1	57	5.7	5.1	8.4	13	89	8.9	8.0	13	20	140	14	13	21	32	230	23	21	35	32	360	36	32	54	81
400	500	40	4.0	3.6	6.0	9.0	63	6.3	5.7	9.5	14	97	9.7	8.7	15	22	155	16	14	23	35	250	25	23	38	56	400	40	36	60	90

二、验收极限方式及其选择

为保证检验的正确性，避免或减少误判，应正确选择验收极限方式。根据工件的功能要求和重要程度不同，并考虑误判发生的概率与加工的工艺能力指数 C_p 和实际（组成）要素的分布规律等因素，GB/T 3177—2009 规定了以下两种验收极限方式。

1. 内缩方式

如图 6-2 所示，孔、轴验收极限分别从工件的 MMS 和 LMS 向内缩一个安全裕度 A 值。

显然，采用内缩的验收极限方式，可以减少或防止“误收”，但不可避免地增加了“误废”。不过在实际生产中，当工艺能力指数 C_p 足够大时，误废率不会太大，因此，不会明显影响经济性。

2. 不内缩方式

如图 6-3 所示，其验收极限等于规定的最大实体尺寸（MMS）和最小实体尺寸（LMS）。这实际上是上述内缩方式在 $A=0$ 时的特殊情况。

对于这两种验收极限方式，在选择应用时，应结合尺寸功能要求及其重要程度、尺寸公差等级、测量不确定度和工艺能力等因素综合考虑。具体选择原则如下：

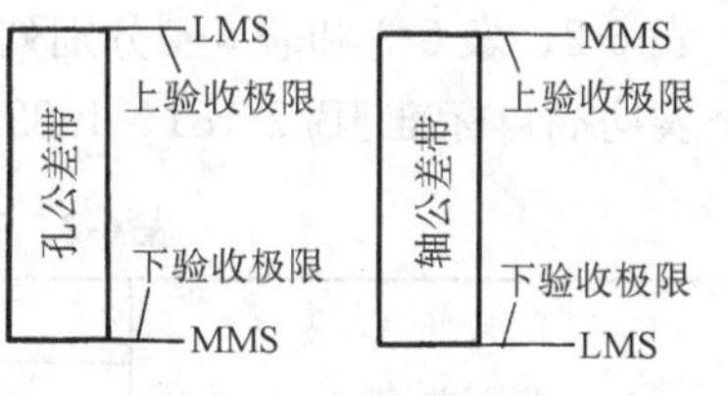

图 6-3 孔、轴的不内缩验收极限方式

1）对遵守包容要求且公差等级较高的尺寸，应选用内缩方式。

2）当工艺能力指数 $C_p \geqslant 1$ 时，应选用不内缩方式。但对遵守包容要求的尺寸，在其最大实体尺寸的一侧仍应选用内缩方式，另一侧采用不内缩方式，如图 6-4 所示。

3）当一批工件的实际（组成）要素服从偏态分布时，应对尺寸偏向的一侧选用内缩方式，而另一侧则采用不内缩方式，如图 6-5 所示。

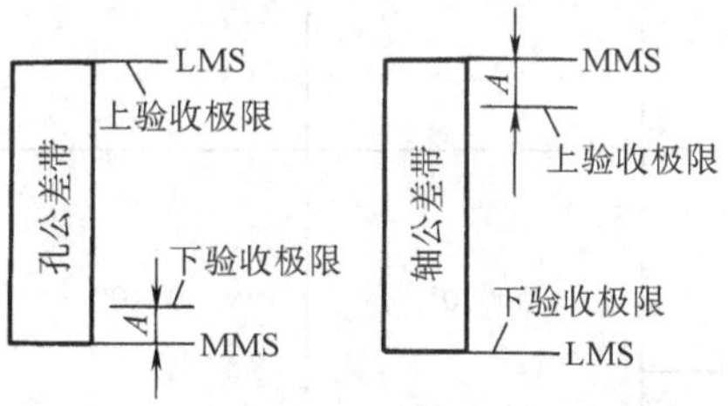

图 6-4 采用包容要求时，一侧内缩的验收极限方式

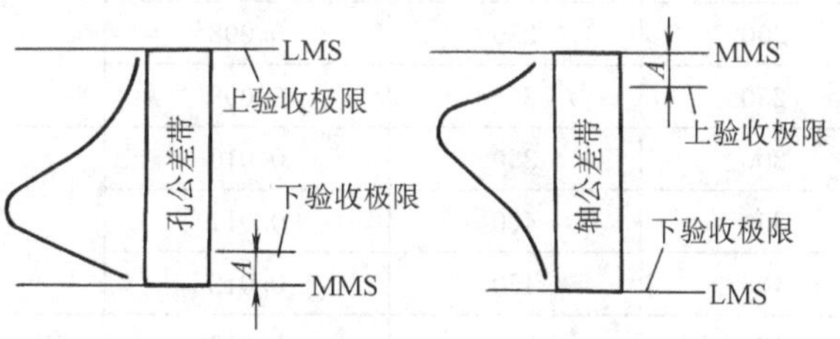

图 6-5 工件尺寸偏态分布时一侧内缩的验收极限方式

4）对非配合尺寸和一般公差的尺寸，均可选用如图 6-3 所示的不内缩方式。

三、计量器具的选择

合理地选择计量器具，是检验工作中一个重要的环节。选择计量器具时，既要保证检验结果的精度要求，又要使检验工作的经济性好。

由于各种测量误差的影响，导致测量结果偏离被测对象的真值，并呈分散状态，其分散程度可用测量不确定度来表示。

测量不确定度允许值 u 主要由计量器具的测量不确定度允许值 u_1 和因受测量温度、工件形状误差以及压陷效应等因素而影响的测量不确定度的允许值 u_2 组成。根据统计分析表明：

1）u_1 与测量不确定度允许值 u 的关系为 $u_1=0.9u$。

2）u_2 应为 u_1 的一半，即 $u_2=u_1/2=0.45u$。

两者按平方和合成为 u，即

$$u=\sqrt{u_1^2+u_2^2}\approx\sqrt{(0.9u)^2+(0.45u)^2}$$

计量器具的测量不确定度允许值 u_1 按测量不确度允许值 u 与工件公差 T 的比值（u/T）

分挡：对于 IT6～IT11 分有Ⅰ、Ⅲ、Ⅲ三挡；对于 IT12～IT18 分有Ⅰ、Ⅱ挡。Ⅰ、Ⅱ、Ⅲ挡分别对应的 u/T 比值为：1/10、1/6、1/4。在应用中，一般应优先选用Ⅰ挡，其次选用Ⅱ挡、Ⅲ挡。u_1 的数值列于表 6-1。

选择计量器具的原则是：按照计量器具的测量不确定度允许值 u_1 选择计量器具，所选用的计量器具的测量不确定度数值 u_1' 应小于或等于允许值 u_1。当对测量结果有争议时，可以采用更精确的计量器具或按事先商定的方法解决。

表 6-2、表 6-3 和表 6-4 分别列出了几种常用普通计量器具的测量不确定度 u_1' 的数值。这三个表均摘自标准 JB/Z 181—1982，但此标准已作废，现已被标准 GB/T 3177—2009 代替。

表 6-2　千分尺和游标卡尺的测量不确定度 u_1'　（单位：mm）

<table>
<tr><th colspan="2" rowspan="2">尺寸范围</th><th colspan="4">计量器具类型</th></tr>
<tr><th>分度值 0.01
外径千分尺</th><th>分度值 0.01
内径千分尺</th><th>分度值 0.02
游标卡尺</th><th>分度值 0.05
游标卡尺</th></tr>
<tr><th>大于</th><th>至</th><th colspan="4">不确定度 u_1'</th></tr>
<tr><td>0</td><td>50</td><td>0.004</td><td rowspan="3">0.008</td><td rowspan="6">0.020</td><td rowspan="6">0.050</td></tr>
<tr><td>50</td><td>100</td><td>0.005</td></tr>
<tr><td>100</td><td>150</td><td>0.006</td></tr>
<tr><td>150</td><td>200</td><td>0.007</td><td rowspan="3">0.013</td></tr>
<tr><td>200</td><td>250</td><td>0.008</td></tr>
<tr><td>250</td><td>300</td><td>0.009</td></tr>
<tr><td>300</td><td>350</td><td>0.010</td><td rowspan="3">0.020</td><td rowspan="4">0.040*</td><td rowspan="4">0.100</td></tr>
<tr><td>350</td><td>400</td><td>0.011</td></tr>
<tr><td>400</td><td>450</td><td>0.012</td></tr>
<tr><td>450</td><td>500</td><td>0.013</td><td>0.025</td></tr>
</table>

注：1. 当采用比较测量时，千分尺的不确定度可小于表中规定的数值（但不低于表中数值的 60%）。
2. 当所采用的计量器具不确定度达不到 GB/T 3177—2009 规定的 u_1 值（表 6-1）时，在一定范围内，允许按所采用的计量器具的不确定度数值 u_1' 重新计算出相应的安全裕度 A'（$A'=u_1'/0.9$），再由最大实体尺寸和最小实体尺寸分别向工件公差带内缩 A'值，定出验收界限。
3. * 根据游标卡尺的示值误差而定。

表 6-3　比较仪的测量不确定度 u_1'　（单位：mm）

<table>
<tr><th colspan="2" rowspan="2">尺寸范围</th><th colspan="4">所使用的计量器具</th></tr>
<tr><th>分度值为 0.0005
（相当于放大倍数
2000 倍）的比较仪</th><th>分度值为 0.001
（相当于放大倍数
1000 倍）的比较仪</th><th>分度值为 0.002
（相当于放大倍数
400 倍）的比较仪</th><th>分度值为 0.005
（相当于放大倍数
250 倍）的比较仪</th></tr>
<tr><th>大于</th><th>至</th><th colspan="4">不确定度 u_1'</th></tr>
<tr><td>0</td><td>25</td><td>0.0006</td><td rowspan="2">0.0010</td><td>0.0017</td><td rowspan="6">0.0030</td></tr>
<tr><td>25</td><td>40</td><td>0.0007</td><td rowspan="3">0.0018</td></tr>
<tr><td>40</td><td>65</td><td>0.0008</td><td rowspan="2">0.0011</td></tr>
<tr><td>65</td><td>90</td><td>0.0008</td></tr>
<tr><td>90</td><td>115</td><td>0.0009</td><td>0.0012</td><td rowspan="2">0.0019</td></tr>
<tr><td>115</td><td>165</td><td>0.0010</td><td>0.0013</td></tr>
</table>

（续）

尺寸范围		所使用的计量器具			
		分度值为 0.0005（相当于放大倍数 2000 倍）的比较仪	分度值为 0.001（相当于放大倍数 1000 倍）的比较仪	分度值为 0.002（相当于放大倍数 400 倍）的比较仪	分度值为 0.005（相当于放大倍数 250 倍）的比较仪
大于	至	不确定度 u_1'			
165	215	0.0012	0.0014	0.0020	0.0035
215	265	0.0014	0.0016	0.0021	
265	315	0.0016	0.0017	0.0022	

表 6-4　指示表的不确定度 u'　（单位：mm）

尺寸范围		所使用的计量器具			
		分度值为 0.001 的千分表（0 级在全程范围内，1 级在 0.2mm 内） 分度值为 0.002 的千分表（在 1 转范围内）	分度值为 0.001、0.002、0.005 的千分表（1 级在全程范围内） 分度值为 0.01 的百分表（0 级在任意 1mm 内）	分度值为 0.01 的百分表（0 级在全程范围内，1 级在任意 1mm 内）	分度值为 0.01 的百分表（1 级在全程范围内）
大于	至	不确定度 u_1'			
0	115	0.005	0.010	0.018	0.030
115	315	0.006			

注：表中数据使用的标准器由 4 块 1 级（或 4 等）量块组成。

例 6-1　若检验尺寸为 $\phi 60f8(^{-0.030}_{-0.076})$ Ⓔmm 的轴，已知工艺能力指数 $C_P=0.67$，工件尺寸遵循正态分布，试选择计量器具并确定验收极限。

解　(1) 确定验收极限　因该工件遵守包容要求，且 $C_P<1$，故应按内缩方式确定验收极限。由表 6-1 查得 IT8＝0.046mm，$A=0.0046$mm，则

上验收极限＝MMS－A＝[(60＋0.030)－0.0046]mm＝59.9654mm

下验收极限＝LMS＋A＝[(60－0.076)＋0.0046]mm＝59.9286mm

如图 6-6 所示。

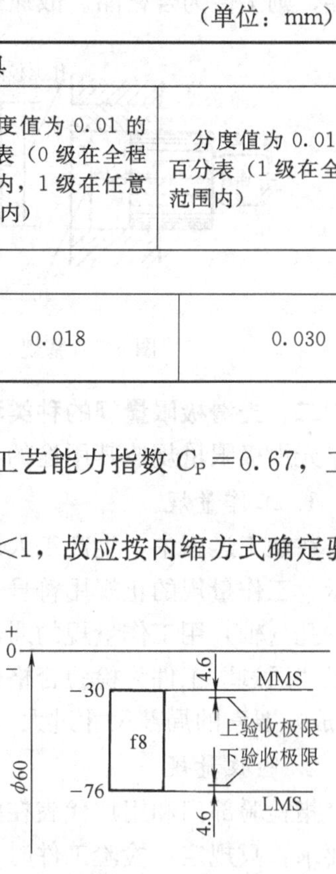

图 6-6　工件的验收极限尺寸

(2) 选择计量器具　计量器具的测量不确定度允许值 u_1 优先按 Ⅰ 挡选取，查表 6-1 知：$u_1=0.0041$mm。按表 6-3 确定选用分度值为 0.005mm 的比较仪，其不确定度 $u_1'=0.0030$mm，可满足使用要求。

第三节　用光滑极限量规检验

光滑极限量规是具有以孔或轴的上极限尺寸和下极限尺寸为公称尺寸的标准测量面，能反映控制被检孔或轴边界条件的无刻度长度测量器具。国家标准 GB/T 1957—2006 对采用光滑极限量规检验工件孔或轴进行了具体规定，该标准适用于孔和轴公称尺寸至 500mm、公差等级为 IT6～IT16 的光滑极限量规。

一、光滑极限量规及其特点

光滑极限量规（简称量规）是一种无刻度的专用量具，它用模拟装配状态的方法检验工件孔或轴，只能检验工件孔或轴的尺寸是否合格，而不能测出工件孔或轴的实际（组成）要素值。

光滑极限量规的结构简单、制造容易、使用方便，适用于大批量工件的检验。用于孔径检验的光滑极限量规称为塞规，其测量面为外圆柱面。如图 6-7 所示；用于轴径检验的光滑极限量规称为环规，其测量面为内圆柱面。用于检验轴径，其测量面为非圆柱面的光滑极限量规称为卡规，如图 6-8 所示。无论是塞规或环规（卡规）都有通端和止端之分。通端量规称为通规，止端量规称为止规。用量规检验工件时，如通规能通过工件，同时止规不能通过工件，则工件为合格品。故通规和止规必须成对使用，才能正确判断工件是否合格。

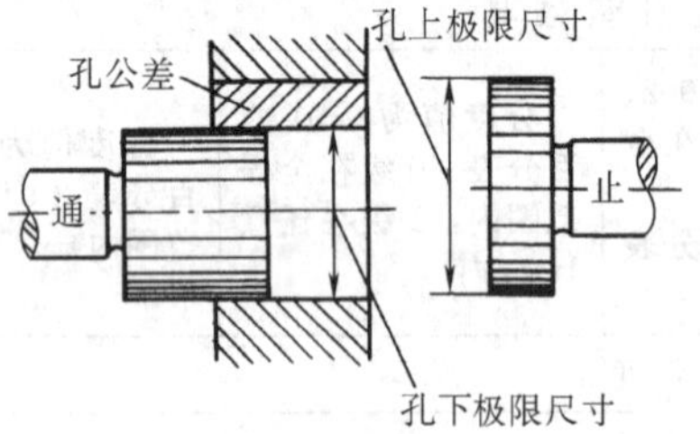

图 6-7　塞规

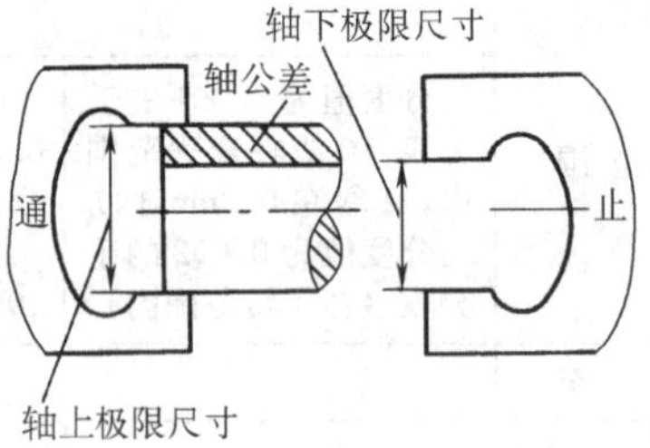

图 6-8　卡规

二、光滑极限量规的种类和作用

光滑极限量规按其用途的不同，可分为三大类。

1. 工作量规

在加工过程中，生产工人用来检验工件合格与否的量规。工作量规的通规用符号“T”表示，工作量规的止规用符号“Z”表示。

孔（轴）用工作量规的通规是为防止孔（轴）的体外作用尺寸过小（大）而设计，检验时以“通过”工件为检验合格标志；孔（轴）用工作量规的止规是为防止孔（轴）的提取（组成）要素的局部尺寸过大（小）而设计，检验时以“不通过”工件为检验合格标志。

2. 验收量规

指检验部门和用户代表在验收产品时使用的量规。国家标准没有对验收量规另行规定公差要求，只规定：检验工件时，加工工人应使用新的或磨损较少的工作量规通规；检验部门应使用与加工工人所用量规形式相同，且已磨损较多但未超出其磨损极限的工作量规通规；用户代表所使用的量规，其通规尺寸应接近工件的最大实体尺寸，止规尺寸应接近工件的最小实体尺寸。

3. 校对量规

指用于检验（即校对）轴用工作量规的量规。由于孔用工作量规的工作表面尺寸是外尺寸（轴），测量容易，因此，标准没有规定其校对量规。校对量规有：“校通-通”（“TT”）、“校止-通”（“ZT”）和“校通-损”（“TS”）三种。“校通-通”是检验轴用工作量规通规用的，其作用是防止通规制造时尺寸过小（尺寸过小将使工件的生产公差缩小）。检验时应以“通过”为检验合格的标志。“校止-通”是检验轴用工作量规止规用的，其作用是防止止规制造时尺寸过小，检验时应以“通过”为检验合格的标志。“校通-损”是检验轴用工作量规通规用的，其作用是防止通规工作面尺寸因磨损而超出磨损极限，检验时应以“不通过”为检验合格标志。

三、工作量规的公差带

1. 尺寸公差带

国家标准 GB/T 1957—2006 对光滑极限量规规定了公称尺寸至 500mm，公差等级为 IT6～IT16 的孔用和轴用量规的尺寸公差带，如图 6-9 所示。

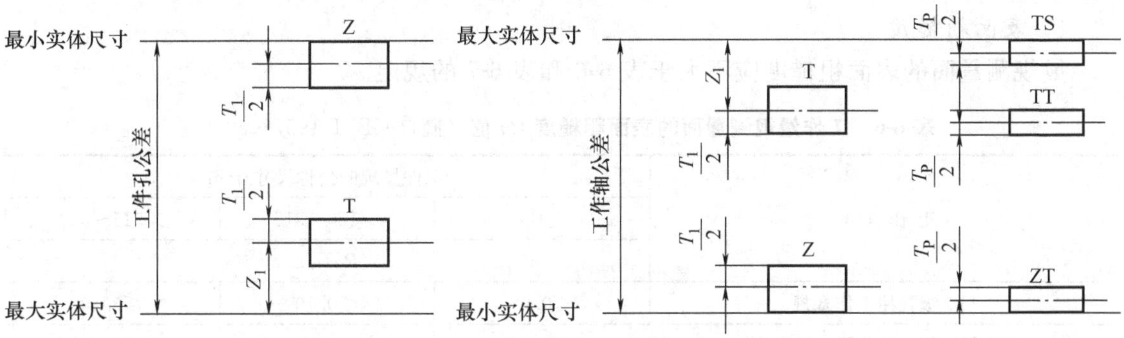

图 6-9 量规公差带

为防止误收，保证产品质量，国家标准规定工作量规的公差带全部偏置于被检工件的公差带之内，并具有以下特点：

1）止规公差带以工件的最小实体尺寸定位，偏向被检工作公差带的内侧。

2）通规公差带以工件的最大实体尺寸定位，也偏向工件公差带的内侧，但由于通规在使用中经常要通过工件，容易被磨损，为使其具有合理的使用寿命，所以应考虑适当的“磨损带”，故通规公差带中心与工件最大实体尺寸相距一位置要素 Z_1 值，并以工件的最大实体尺寸为磨损极限尺寸。

3）通、止规公差带大小相同，等于规定的工作量规尺寸公差 T_1。

工作量规的尺寸公差 T_1 和位置要素 Z_1 的数值取决于工件尺寸公差大小，其系列值是考虑量规的制造工艺水平和一定的使用寿命，按等比级数关系计算确定的，见表 6-5。

表 6-5 IT6～IT12 级工作量规制造公差和位置要素值（摘自 GB/T 1957—2006）

（单位：μm）

工件公称尺寸 D/mm	IT6			IT7			IT8			IT9			IT10			IT11			IT12		
	IT6	T_1	Z_1	IT7	T_1	Z_1	IT8	T_1	Z_1	IT9	T_1	Z_1	IT10	T_1	Z_1	IT11	T_1	Z_1	IT12	T_1	Z_1
～3	6	1.0	1.0	10	1.2	1.6	14	1.6	2.0	25	2.0	3	40	2.4	4	60	3	6	100	4	9
>3～6	8	1.2	1.4	12	1.4	2.0	18	2.0	2.6	30	2.4	4	48	3.0	5	75	4	8	120	5	11
>6～10	9	1.4	1.6	15	1.8	2.4	22	2.4	3.2	36	2.8	5	58	3.6	6	90	5	9	150	6	13
>10～18	11	1.6	2.0	18	2.0	2.8	27	2.8	4.0	43	3.4	6	70	4.0	8	110	6	11	180	7	15
>18～30	13	2.0	2.4	21	2.4	3.4	33	3.4	5.0	52	4.0	7	84	5.0	9	130	7	13	210	8	18
>30～50	16	2.4	2.8	25	3.0	4.0	39	4.0	6.0	62	5.0	8	100	6.0	11	160	8	16	250	10	22
>50～80	19	2.8	3.4	30	3.6	4.6	46	4.6	7.0	74	6.0	9	120	7.0	13	190	9	19	300	12	26
>80～120	22	3.2	3.8	35	4.2	5.4	54	5.4	8.0	87	7.0	10	140	8.0	15	220	10	22	350	14	30
>120～180	25	3.8	4.4	40	4.8	6.0	63	6.0	9.0	100	8.0	12	160	9.0	18	250	12	25	400	16	35
>180～250	29	4.4	5.0	46	5.4	7.0	72	7.0	10.0	115	9.0	14	185	10.0	20	290	14	29	460	18	40

2. 几何公差

国家标准 GB/T 1957—2006 规定工作量规的形状和位置误差，应在工作量规尺寸公差范围内，其几何公差值为量规尺寸公差的 50%，当量规的尺寸公差小于或等于 0.002mm 时，考虑到制造和测量的困难，其几何公差取为 0.001mm。

校对量规的尺寸公差 T_p 为被校对轴用工作量规尺寸公差 T_1 的一半，即 $T_p=T_1/2$。其形状和位置误差应控制在其尺寸公差 T_p 范围内。

3. 表面粗糙度

量规测量面的表面粗糙度应不大于表 6-6 和表 6-7 的规定。

表 6-6　工作量规测量面的表面粗糙度 *Ra* 值（摘自 GB/T 1957—2006）

工作量规	工件量规的公称尺寸/mm		
	≤120	>120～315	>315～500
	Ra/μm		
IT6 级孔用工作塞规	≤0.05	≤0.10	≤0.20
IT7 级～IT9 级孔用工作塞规	≤0.10	≤0.20	≤0.40
IT10 级～IT12 级孔用工作塞规	≤0.20	≤0.040	≤0.80
IT13 级～IT16 级孔用工作塞规	≤0.40	≤0.08	
IT6 级～IT9 级轴用工作环（卡）规	≤0.10	≤0.20	≤0.40
IT10 级～IT12 级轴用工作环（卡）规	≤0.20	≤0.40	≤0.80
IT13 级～IT16 级轴用工作环（卡）规	≤0.40	≤0.80	

表 6-7　校对量规测量面的表面粗糙度 *Ra* 值（摘自 GB/T 1957—2006）

校对塞规	校对塞规的公称尺寸/mm		
	≤120	>120～315	>315～500
	Ra/μm		
IT6～IT9 级轴用工作环规的校对塞规	≤0.05	≤0.10	≤0.20
IT10～IT12 级轴用工作环规的校对塞规	≤0.10	≤0.20	≤0.40
IT13～IT16 级轴用工作环规的校对塞规	≤0.20	≤0.40	

四、光滑极限量规的结构形式及其选择

对于控制工件体外作用尺寸的工作量规通规，其测量面应该是与被检工件相对应的完整表面，且其长度不小于给定配合长度，称这样的量规为全形量规，如全形塞规、全形环规（卡规）等。而对于控制工件提取（组成）要素的局部尺寸的工作量规止规，其测量面应该是点状的，即能与被检工件形成两点式接触，称这样的量规为不全形量规，如卡规、片状塞规、球端杆规等。也就是说，符合泰勒原则的量规形式通规应该是全形轮廓、止规应该是点状的。

在工件的实际检验中，如果使用不符合泰勒原则的量规，方法又不规范时，往往会造成“误收”。如图 6-10 所示为一个在 x 和 y 方向均超出孔的极限尺寸的椭圆形孔，若通规采用不全形的（片状）塞规和止规采用全形的（圆柱）塞规，则检验该孔时，通规可以通过该

孔，而止规不能通过该孔，这样就将不合格的孔误判为合格，但如果通规采用全形的圆柱塞规和止规采用不全形的片状塞规来检验该孔时，显然能够得出该孔不合格的正确结论。

但在实际生产中，很少采用完全符合泰勒原则的量规。为了减少制造困难或使用不便的麻烦，国家标准允许在保证被检验工件的形状误差不致影响其配合性质的条件下，使用偏离泰勒原则的量规。例如，检验小孔用的止规，为增加刚度和便于制造，常采用全形的塞规；在车床或磨床上以顶尖支承加工轴时，不便使用环形通规，而常用卡规通规检验；检验大尺寸孔用通规，常用球端杆规等。值得注意的是：当使用偏离泰勒原则的量规检验工件时，为了防止误判，检验时必须采取正确的方法。如检验图 6-10 中的工件时，若使用不全形的片状塞规，则应在工件正截面的各个方向进行检验，便能得到正确的判断。

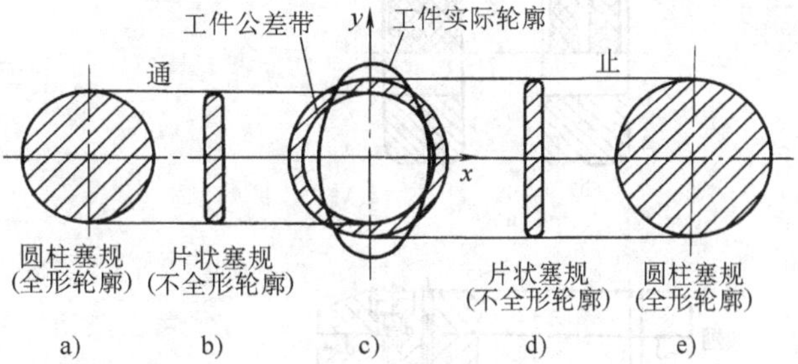

图 6-10　量规形式对检验结果的影响

对于量规形式的选择，GB/T 1957—2006 在附录中列出了推荐的量规形式和应用尺寸范围，如图 6-11 所示。图中纵向的“1”、“2”表示推荐顺序。

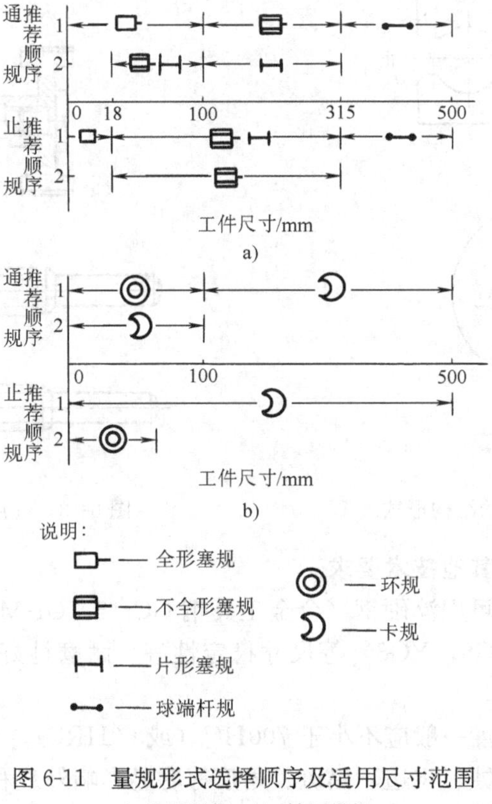

图 6-11　量规形式选择顺序及适用尺寸范围
a）孔用量规　b）轴用量规

图 6-12 和图 6-13 分别列举了几种常用的轴用、孔用量规的结构形式，可供选择时参考，具体设计时各种结构形式量规的详细内容可参考有关专业标准。

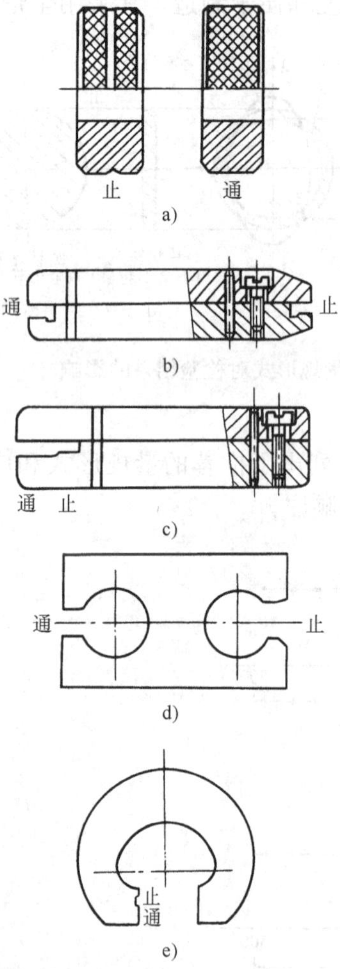

图 6-12 轴用量规的结构形式

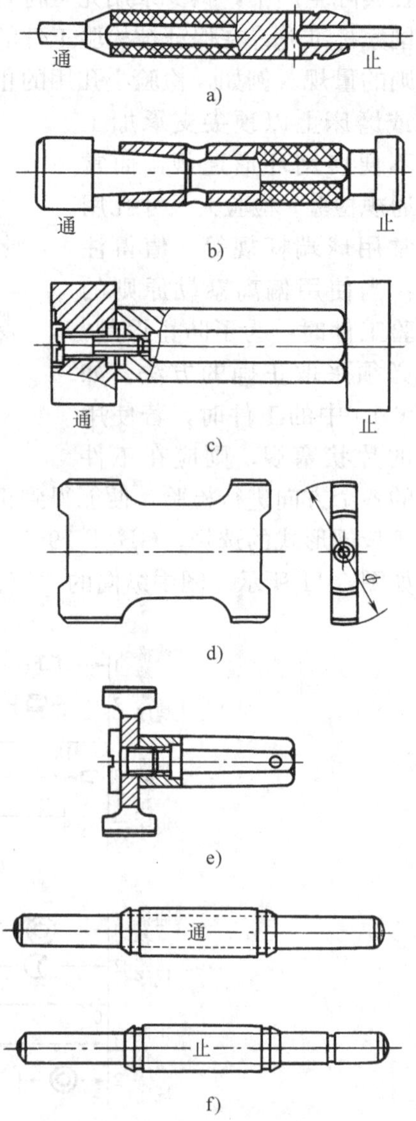

图 6-13 孔用量规的结构形式

五、光滑极限量规的其他技术要求

量规工作部分的材料可用淬硬钢（合金工具钢 GCr15，Gr-Mn，碳素工具钢 T10A，渗碳钢 20）或硬质合金（YG6，YG8）等尺寸稳定性好、耐磨性好的材料制成，也可在测量面上进行镀铬或氮化处理。

钢制量规测量面的硬度一般应不小于 700HV（或 60HRC）。

量规测量面不应有锈蚀、飞边、黑斑、划痕等明显影响外观和使用质量的缺陷。其他表面不应有锈蚀和裂纹。

塞规的测头与手柄的连接应牢固可靠，在使用过程中不应松动。

量规应经过稳定性处理。

六、光滑极限量规的设计

光滑极限量规设计的一般步骤是：根据被检对象的尺寸和形状，按 GB/T 1957—2006 查出量规的尺寸公差 T_1 和位置要素 Z_1 的规定画出量规公差带图，计算量规的工作尺寸；选定量规的结构形式和结构尺寸，绘制量规工作图，并标注尺寸公差、几何公差和表面粗糙度 Ra 及主要技术要求等。

例 6-2　已知一对ϕ30H8/f7 的孔、轴配合，试设计用于检验该孔、轴工件用的工作量规。

解　1. 计算量规的工作尺寸

1）确定被检孔、轴的上、下极限偏差和公差，查表 2-2、表 2-5 和表 2-6 得

孔：ES＝＋0.033mm，EI＝0mm，IT8＝33μm

轴：es＝－0.020mm，ei＝－0.041mm，IT7＝21μm

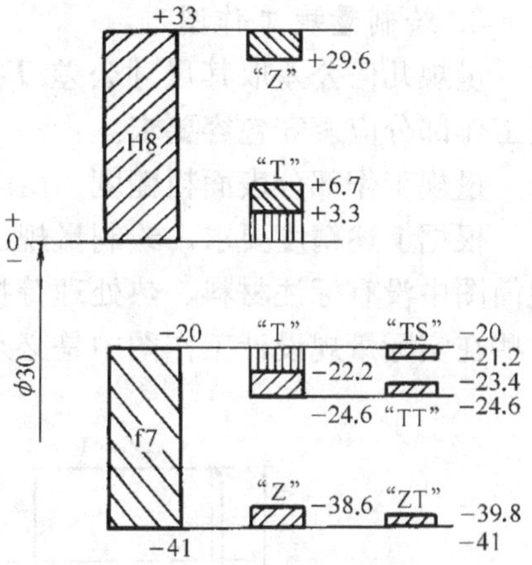

图 6-14　例 6-2 量规公差带图

2）确定量规的尺寸公差 T_1 和位置要素 Z_1，由表 6-5 查得如下数据

孔用量规：尺寸公差 T_1＝ 3.4μm　　　　轴用量规：尺寸公差 T_1＝2.4μm

　　　　　位置要素 Z_1＝5μm　　　　　　　　　　位置要素 Z_1＝3.4μm

3）画出量规公差带图并计算量规工作尺寸。图 6-14 为量规的尺寸公差带图，表 6-8 为量规工作尺寸。

表 6-8　例 6-2 的数据表

量规种类		上极限偏差/μm	下极限偏差/μm	工作尺寸/mm
孔用工作塞规	"T"	es＝EI＋Z_1＋T_1/2＝0＋5＋3.4/2＝＋6.7	ei＝EI＋Z_1－T_1/2＝0＋5－3.4/2＝＋3.3	$\phi30.067_{-0.0034}^{0}$
	"Z"	es＝ES＝＋33	ei＝ES－T_1＝＋33－3.4＝＋29.6	$\phi30.033_{-0.0034}^{0}$
轴用工作量规	"T"	ES＝es－Z_1＋T_1/2＝－20－3.4＋2.4/2＝－22.2	EI＝es－Z_1－T_1/2＝－20－3.4－2.4/2＝－24.6	$\phi29.9754_{0}^{+0.0024}$
	"Z"	ES＝ei＋T_1＝－41＋2.4＝－38.6	EI＝ei＝－41	$\phi29.9590_{0}^{+0.0024}$
校对量规	"TT"	es＝es－Z_1＝－20－3.4＝－23.4	ei＝es－T_P＝－23.4－1.2＝－24.6	$\phi29.9766_{-0.0012}^{0}$
	"ZT"	es＝ei＋T_P＝－41＋1.2＝－39.8	ei＝ei＝－41	$\phi29.9602_{-0.0012}^{0}$
	"TS"	es＝es＝－20	ei＝es－T_P＝－20－1.2＝－21.2	$\phi29.9800_{-0.0012}^{0}$

2. 选择量规的结构形式

因为被检验孔为中等尺寸，参照图 6-11，孔用工作量规选用如图 6-13b 所示的圆柱形塞规。轴用工作量规选择图 6-12e 所示的单头双极限卡规。

3. 绘制量规工作图

量规几何公差取其尺寸公差 T_1 的一半，即塞规为 0.0017mm；卡规为 0.0012mm。量规工作部分应遵守包容要求。

量规工作部分表面粗糙度，由表 6-6 查得 Ra＝0.10μm。

根据上述精度要求，绘制量规工作简图，如图 6-15 所示。应该说明的是，图 6-15 的量规简图中没有标注材料、热处理等技术要求以及其他结构尺寸及公差等，为便于制造加工，这些在实际量规设计工作图中是必须标注的。

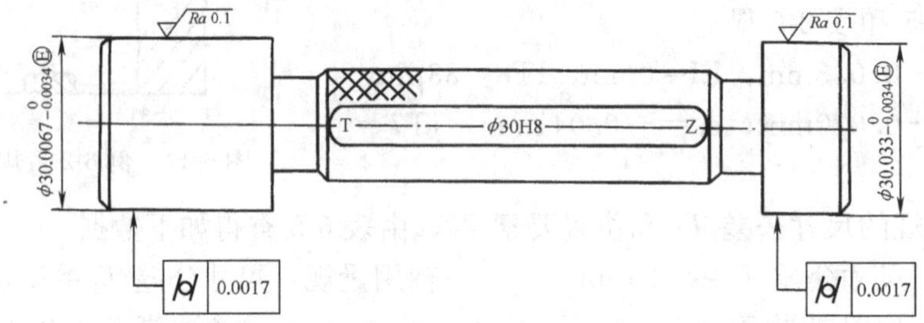

a)

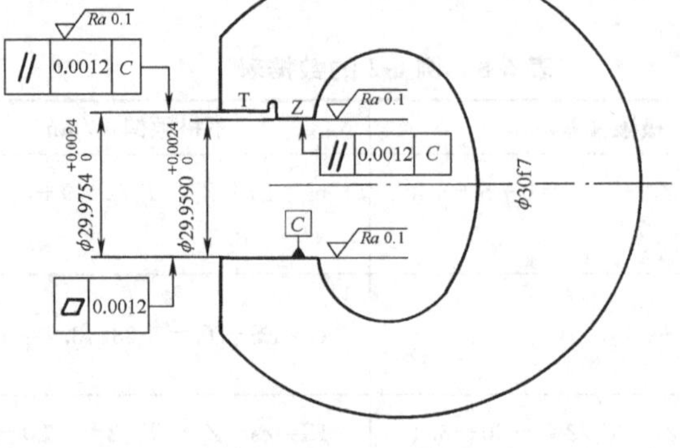

b)

图 6-15 φ30H8/f7 工作量规简图

a）孔用塞规 b）轴用卡规

思 考 题

6-1 什么是“误收”和“误废”？它们对互换性有何影响？

6-2 为什么要规定验收极限和安全裕度？验收极限方式有哪些？

6-3 怎样选择通用计量器具？如因条件限制，使所选通用计量器具的 $u_1'>u_1$，应采取什么措施？

6-4 什么是工作量规、验收量规和校对量规？为什么要规定用较旧的或磨损较多的量规作验收量规？为什么孔用量规没有校对量规？

6-5 为什么光滑极限量规一般都成对使用？为什么通规规定了磨损公差带而止规不规定？

6-6 什么是极限尺寸判断原则？在什么条件下量规的测量面形式可以偏离极限尺寸判断原则？偏离极限尺寸判断原则的量规对测量结果有何影响？

练 习 题

6-1 判断题（对的在括号内填上“√”，错的填上“×”）

1. 实际（组成）要素在极限尺寸之内的工件一定是合格件。（　　）
2. 国家标准规定内缩验收方式的目的是防止工件被“误收”。（　　）
3. 符合极限尺寸判断原则的止规形状应该是两点接触式的。（　　）
4. 用光滑极限量规检验工件时，只要通规通过被检验孔，该工件便合格。（　　）
5. 光滑极限量规通规是控制工件体外作用尺寸的。（　　）

6-2 有一配合 $\phi60H8/f7$，试按泰勒原则写出孔、轴合格条件，并填入表 6-9。

表 6-9

<table>
<tr><td rowspan="4">φ60H8</td><td rowspan="2">极限尺寸</td><td></td><td rowspan="4">φ60f7</td><td rowspan="2">极限尺寸</td><td></td></tr>
<tr><td></td><td></td></tr>
<tr><td rowspan="2">合格条件</td><td></td><td rowspan="2">合格条件</td><td></td></tr>
<tr><td></td><td></td></tr>
</table>

6-3 工件尺寸为 $\phi140f7$Ⓔ，工艺能力指数 $C_p=1$，试选择适当的计量器具并确定验收极限。

6-4 工件尺寸为 $\phi60H10$，工艺能力指数 $C_p=0.68$，试选择适当的计量器具并确定验收极限。

6-5 确定 $\phi40H7/g6$ 孔与轴用工作量规的极限偏差、工作尺寸，并填入表 6-10 和表 6-11中，绘出量规公差带图。

表 6-10　　（单位：mm）

工件公差带代号	被测工件		工件量规	
	上极限偏差	下极限偏差	尺寸公差 T_1	位置公差 Z_1
$\phi40G7$				
$\phi40h7$				

表 6-11　　（单位：mm）

量规种类		量规极限尺寸		量规工作尺寸标注	
		上极限尺寸	下极限尺寸		
塞规	“T”				
	“Z”				
卡规	“T”				
	“Z”				

6-6 将题 6-5 中工作量规的工作尺寸以及量规工作面的几何公差、表面粗糙度和技术条件标注在图 6-16 和图 6-17 上。

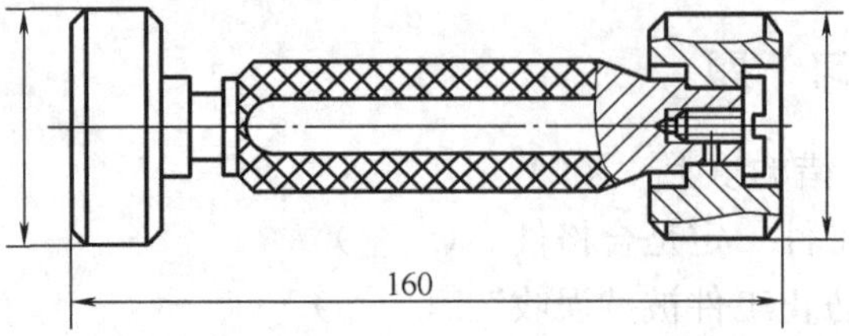

技术条件
1. 材料：
2. 测量面硬度：
3. 在侧面标记字样：

图 6-16

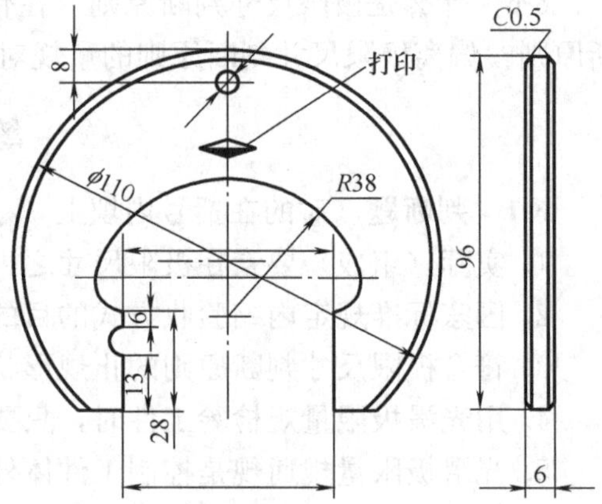

技术条件
1. 材料：
2. 测量面硬度：
3. 在侧面标记字样：

图 6-17

第七章　滚动轴承配合的互换性及精度设计

第一节　概　　述

滚动轴承是由专业化的滚动轴承制造厂生产、广泛应用于机器、仪器上的标准部件，它由外圈、内圈、滚动体和保持架组成，如图 7-1 所示。外圈外径 D 和内圈内径 d 是配合尺寸，分别与壳体孔和轴颈相配合。

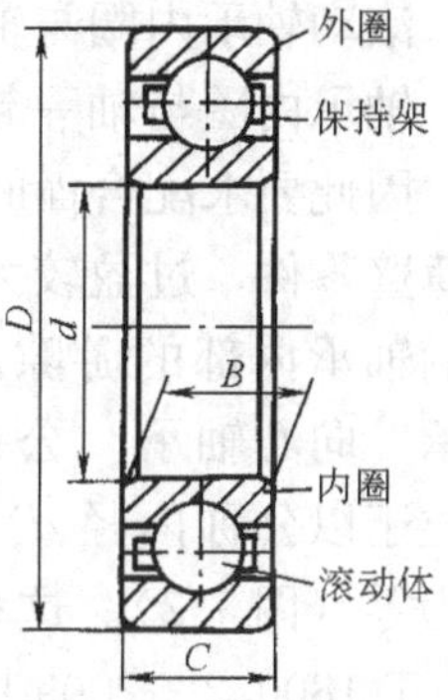

图 7-1　滚动轴承结构

本章仅讨论滚动轴承在使用上的有关内容，如滚动轴承的精度等级，滚动轴承与轴颈、外壳孔的配合的选择和轴颈、外壳孔的几何精度设计等。为了使轴颈和外壳孔的几何精度设计规范化，我国不仅规定了滚动轴承的尺寸精度、旋转精度和测量方法，还规定了与滚动轴承相配合的外壳孔和轴颈的尺寸精度、配合、几何公差和表面粗糙度等。相关的国家标准有 GB/T 307.1—2005《滚动轴承　向心轴承　公差》、GB/T 307.3—2005《滚动轴承　通用技术规则》和 GB/T 275—1993《滚动轴承与轴和外壳的配合》等。

第二节　滚动轴承的精度等级及其应用

一、滚动轴承的精度等级

滚动轴承的精度等级由轴承的尺寸公差和旋转精度决定。前者是指轴承内径 d、外径 D、宽度 B 等的尺寸公差；后者是指轴承内、外圈作相对转动时跳动的程度，包括成套轴承内、外圈的径向跳动，成套轴承内、外圈端面对滚道的跳动，内圈基准端面对内孔的跳动等。

根据滚动轴承的尺寸公差和旋转精度，GB/T 307.3—2005《滚动轴承　通用技术规则》把轴承加以分级。其中，向心轴承的精度等级分为 0、6、5、4、2 五级；圆锥滚子轴承的精度等级分为 0、6X、5、4、2 五级，精度依次由低到高排列，0 级最低，2 级最高。

2 级和 0 级轴承内圈内径公差数值分别与 GB/T 1800.2—2009 中 IT3 和 IT5 的公差数值相近，而外圈外径公差数值分别与 IT2 和 IT5 的公差数值相近。

二、各精度等级的应用

0 级轴承是普通级轴承，在各种机器上的应用最广。它用于对旋转精度和运转平稳性要求不高的一般旋转机构中。例如，减速器的旋转机构，普通机床的变速、进给机构，汽车、拖拉机的变速机构，普通电动机、水泵、压缩机的旋转机构等。

6、5、4 级轴承应用在旋转精度和运转平稳性要求较高或转速较高的旋转机构中。其中，6 级、5 级轴承多用于比较精密的机床和机器中。例如，卧式车床主轴的前轴承采用 5

级轴承、后轴承多采用 6 级轴承。4 级轴承多用于转速很高或旋转精度要求很高的机床和机器的旋转机构中。例如，高精度磨床和车床、精密螺纹车床和磨齿机等的主轴轴承，多采用 4 级轴承。

2 级轴承应用在精密机械的旋转机构中。例如，精密坐标镗床的主轴轴承、高精度齿轮磨床以及数控机床的主轴轴承多采用 2 级轴承。

第三节　滚动轴承内、外径的配合及其公差带特点

一、滚动轴承内、外径公差带的特点

滚动轴承内圈与轴颈的配合应采用基孔制，外圈与外壳孔的配合应采用基轴制。

轴承内圈与轴一起旋转时，为了防止内圈与轴颈的配合面相对滑动而影响轴承的工作性能，因此要求配合面间有少量的过盈（因为不传递载荷或转矩）。此外，轴承内、外圈因为是薄壁零件，过盈较大会使它们产生较大的变形，影响轴承内部的游隙。GB/T 307.1—2005《滚动轴承　向心轴承　公差》规定：内圈基准孔公差带位于以公称内径 d 为零线的下方，且上极限偏差为零（图 7-2）。这种特殊的基准孔公差带与从 GB/T 1800.2—2009 中选取的基本偏差代号为 k、m、n 等的轴颈公差带所形成的内圈与轴颈的配合为具有小过盈的配合，相应地比 GB/T 1800.2—2009 中基本偏差代号为 k、m、n 等的轴颈公差带与基本偏差代号为 H 的基准孔公差带形成的配合有不同程度的偏紧。

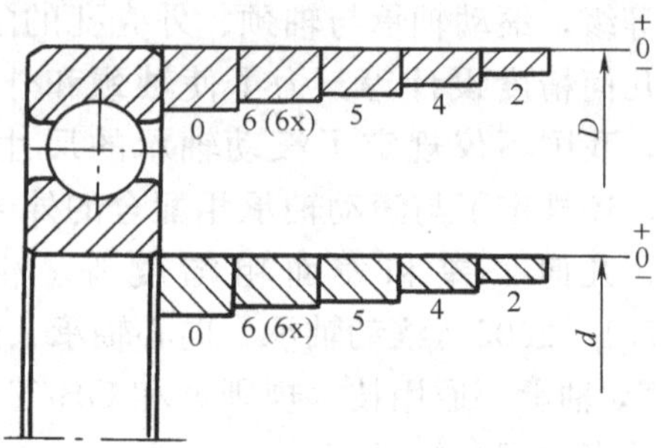

图 7-2　滚动轴承公差带特点

轴承外圈安装在机器外壳孔中。机器工作时，温度会升高而使轴热膨胀。若外圈不旋转，则可把外圈与外壳孔配合得稍微松一点，使之能补偿轴的热膨胀微伸长量，否则轴会弯曲，轴承内、外圈中间的滚动体就有可能卡死。GB/T 307.1—2005 规定：轴承外圈外圆柱面公差带位于以公称外径 D 为零线的下方，且上极限偏差为零（图 7-2）。该公差带与一般基轴制配合的基准轴公差带的基本偏差（其代号为 h）相同。

薄壁零件型的轴承内、外圈，无论在制造过程中或在自由状态下都容易变形，但当轴承与形状正确的轴颈、外壳孔装配后，这种变形容易得到矫正。因此，GB/T 307.1—2005 规定：在轴承内、外圈任一横截面内测得的最大与最小直径平均值对公称直径的实际偏差分别在内、外径公差带内，就认为合格。

二、与滚动轴承配合的轴颈和外壳孔的常用公差带

由于滚动轴承内圈内径和外圈外径的公差带在生产轴承时已经确定，因此轴承在使用时，与轴颈和外壳孔的配合面间所需要的配合性质要由轴颈和外壳孔的公差带确定。为了实现各种松紧程度的配合性质要求，GB/T 275—1993《滚动轴承与轴和外壳的配合》规定了 0 级和 6 级轴承与轴颈和外壳孔配合时轴颈和外壳孔的常用公差带。该标准对轴颈规定了 17 种公差带、对外壳孔规定了 16 种公差带（图 7-3）。这些公差带分别采用 GB/T 1800.2—2009 中的轴公差带和孔公差带。

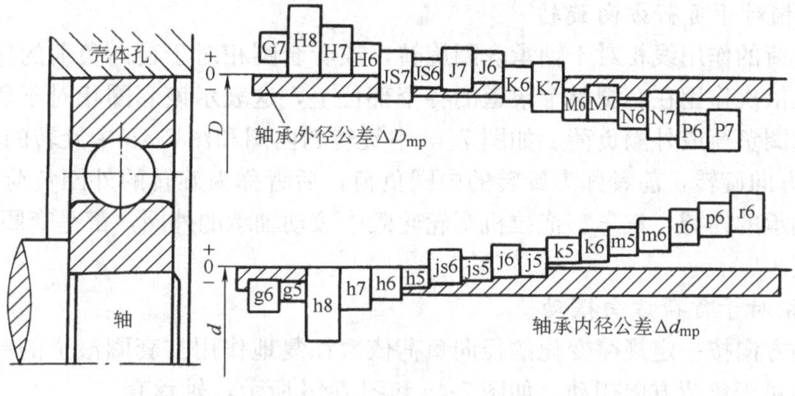

图 7-3　滚动轴承与轴颈和外壳孔配合的常用公差带

第四节　轴颈和外壳孔公差带的规定

轴颈和外壳孔几何精度设计主要是根据轴承套圈承受负荷的性质和大小，并结合轴承的类型和尺寸、工作条件、轴与外壳的材料和结构以及工作温度等因素综合考虑。

一、轴承套圈相对于负荷方向的运转状态

作用在轴承上的径向负荷，可以是定向负荷（如带轮的拉力或齿轮的作用力）或旋转负荷（如机件的转动离心力），或者是两者的合成负荷。它的作用方向与轴承套圈（内圈或外圈）存在着以下三种关系。

1. 套圈相对于负荷方向固定

当径向负荷的作用线相对于轴承套圈不旋转，或者套圈相对于径向负荷的作用线不旋转时，该径向负荷始终作用在套圈滚道的某一局部区域上，这表示该套圈相对于负荷方向固定，称为固定的内圈负荷或外圈负荷，如图 7-4a 和图 7-4b 所示。轴承承受一个方向和大小均不变的径向负荷 F_r，图 7-4a 中不旋转的外圈和图 7-4b 中不旋转的内圈皆相对于径向负荷 F_r 方向固定，前者称为固定的外圈负荷，后者称为固定的内圈负荷。像减速器转轴两端滚动轴承的外圈，汽车、拖拉机车轮轮毂中滚动轴承的内圈，都是套圈相对于负荷方向固定的实例。

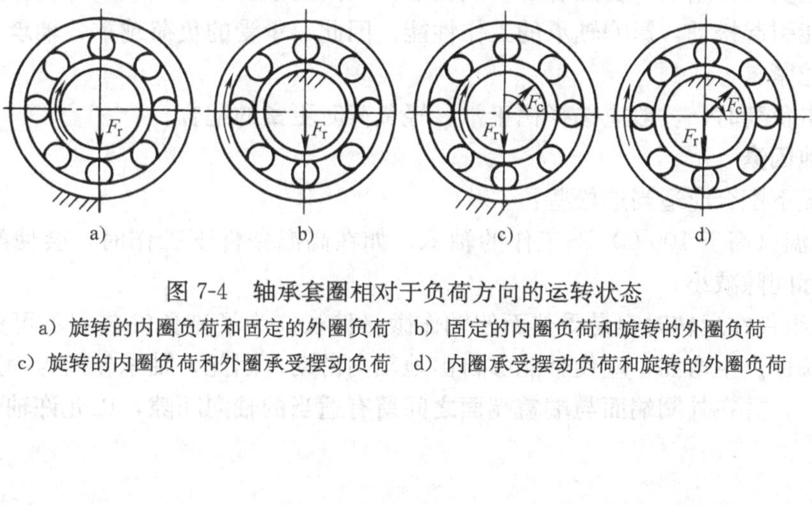

图 7-4　轴承套圈相对于负荷方向的运转状态

a）旋转的内圈负荷和固定的外圈负荷　b）固定的内圈负荷和旋转的外圈负荷

c）旋转的内圈负荷和外圈承受摆动负荷　d）内圈承受摆动负荷和旋转的外圈负荷

2. 套圈相对于负荷方向旋转

当径向负荷的作用线相对于轴承套圈旋转，或者套圈相对于径向负荷的作用线旋转时，该径向负荷就依次作用在套圈整个滚道的各个部位上，这表示该套圈相对于负荷方向旋转，称为旋转的内圈负荷或外圈负荷。如图 7-4a 中旋转的内圈和图 7-4b 中旋转的外圈皆相对于径向负荷 F_r 方向旋转，前者称为旋转的内圈负荷，后者称为旋转的外圈负荷。像减速器转轴两端滚动轴承的内圈，汽车、拖拉机车轮轮毂中滚动轴承的外圈，都是套圈相对于负荷方向旋转的实例。

3. 套圈相对于负荷方向摆动

当大小和方向按一定规律变化的径向负荷依次往复地作用在套圈滚道的一段区域上时，表示该套圈相对于负荷方向摆动。如图 7-4c 和图 7-4d 所示，轴承套圈承受一个大小和方向均固定的径向负荷 F_r 和一个旋转的径向负荷 F_c（它的方向是转动的），两者合成的径向负荷的大小将由小逐渐增大，再由大逐渐减小，周而复始地周期性变化，这样的径向负荷称为摆动负荷。当 $F_r>F_c$ 时（图 7-5），按照矢量合成的平行四边形法则，F_r 与 F_c 的合成负荷 F 就在 AB 区域内摆动。那么，不旋转的套圈就相对于负荷 F 的方向摆动，而旋转的套圈就相对于负荷 F 的方向旋转。套圈相对于负荷方向的运转状态不同，该套圈与轴颈或外壳孔配合的松紧程度也应不同。

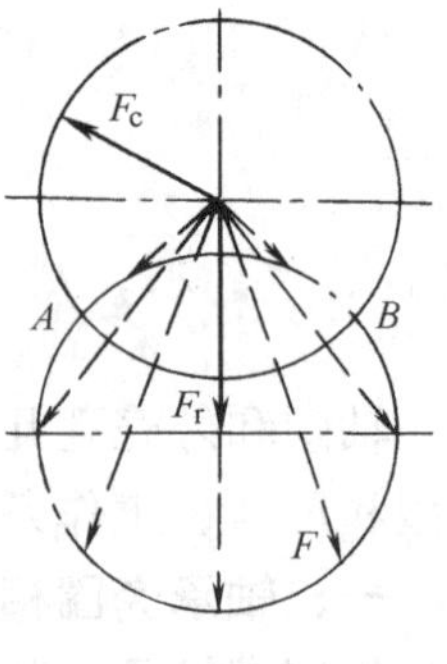

图 7-5 摆动负荷

当套圈相对于负荷方向固定时，该套圈与轴颈或外壳孔的配合应稍松些，一般选用具有平均间隙较小的过渡配合或具有极小间隙的间隙配合。

当套圈相对负荷方向旋转时，该套圈与轴颈或外壳孔的配合应较紧，一般选用过盈小的过盈配合或过盈概率大的过渡配合。必要时，过盈的大小可以通过计算确定。

当套圈相对于负荷方向摆动时，该套圈与轴颈或外壳孔配合的松紧程度，一般与套圈相对于负荷方向旋转时选用的配合相同，或稍松一些。

二、负荷的大小

轴承套圈与轴颈或外壳孔配合的最小过盈量取决于负荷的大小。对向心轴承，负荷的大小用径向当量动负荷 P_r 与径向额定动负荷 C_r 的比值区分，当 $P_r/C_r \leqslant 0.07$ 时称为轻负荷；当 $0.07<P_r/C_r \leqslant 0.15$ 时称为正常负荷；$P_r/C_r>0.15$ 时称为重负荷。

轴承在重负荷作用下，套圈容易产生变形，因而使该套圈与轴颈或外壳孔配合的实际过盈减小而可能引起松动，影响轴承的工作性能。因此，承受的负荷越重，轴承与轴颈或外壳孔的配合应越紧。

当受冲击负荷时，一般应选择比正常、轻负荷时更紧的配合。

三、其他因素

下列情况下配合应适当选松些：

1）在高温（高于 100℃）下工作的轴承，如在高温条件下工作时，会使配合面实际过盈增大或实际间隙减小。

2）轴承组件在运转时容易受热而使轴作微量伸长。为了避免安装着不可分离型轴承的轴因受热伸长而产生弯曲，应使轴能够自由地轴向游动。因此，轴承外圈与固定的外壳孔的配合应选松些，并在外圈端面与端盖端面之间留有适当的轴向间隙，以允许轴带着轴承一起作轴向游动。

下列情况下配合应适当选紧些：

1）旋转速度高的轴承比旋转速度低的轴承。

2）尺寸大的轴承比尺寸小的轴承。

3）空心轴颈比实心轴颈。

4）薄壁外壳比厚壁外壳。

5）轻合金外壳比钢或铸铁外壳。

6）整体式外壳比剖分式外壳。

表 7-1～表 7-4 列出了国家标准（GB/T 275—1993）推荐的向心轴承与轴和外壳配合时的轴、外壳孔公差带、几何公差和表面粗糙度允许值，可供设计时参考。

表 7-1 向心轴承和轴的配合 轴公差带代号（摘自 GB/T 275—1993）

运转状态		负荷状态	深沟球轴承、调心球轴承和角接触球轴承	圆柱滚子轴承和圆锥滚子轴承	调心滚子轴承	公差带
圆柱孔轴承						
说明	举例		轴承公称内径/mm			
旋转的内圈负荷及摆动负荷	一般通用机械、电动机、机床主轴、泵、内燃机、正齿轮传动装置、铁路机车车辆轴箱、破碎机等	轻负荷	≤18	—	—	h5
			>18～100	≤40	≤40	j6①
			>100～200	>40～140	>40～100	k6①
			—	>140～200	>100～200	m6①
		正常负荷	≤18	—	—	j5，js5
			>18～100	≤40	≤40	k5②
			>100～140	>40～100	>40～65	m5②
			>140～200	>100～140	>65～100	m6
			>200～280	>140～200	>100～140	n6
			—	>200～400	>140～280	p6
			—	—	>280～500	r6
		重负荷		>50～140	>50～100	n6
				>140～200	>100～140	p6③
				>200	>140～200	r6
				—	>200	r7
固定的内圈负荷	静止轴上的各种轮子，张紧轮绳轮、振动筛、惯性振动器	所有负荷	所有尺寸			f6 g6① h6 j6
仅有轴向负荷		所有尺寸				j6，js6
圆锥孔轴承						
所有负荷	铁路机车车辆轴箱	装在退卸套上的所有尺寸				h8（IT6）④⑤
	一般机械传动	装在紧定套上的所有尺寸				h9（IT7）④⑤

① 凡对精度有较高要求的场合，应用 j5，k5…代替 j6，k6…

② 圆锥滚子轴承、角接触球轴承配合对游隙影响不大，可用 k6，m6 代替 k5，m5。

③ 重负荷下轴承游隙应选大于 0 组。

④ 凡有较高精度或转速要求的场合，应选用 h7（IT5）代替 h8（IT6）等。

⑤ IT6，IT7 表示圆柱度公差数值。

表 7-2　向心轴承和外壳的配合　孔公差带代号（摘自 GB/T 275—1993）

运转状态		负荷状态	其他状况	公差带①	
说　明	举　例			球轴承	滚子轴承
固定的外圈负荷	一般机械、铁路机车车辆轴箱、电动机、泵、曲轴主轴承	轻、正常、重	轴向易移动、可采用剖分式外壳	H7，G7②	
		冲击	轴向能移动，可采用整体或剖分式外壳	J7，JS7	
摆动负荷		轻、正常			
		正常、重	轴向不移动，采用整体式外壳	K7	
		冲击		M7	
旋转的外圈负荷	张紧滑轮、轮毂轴承	轻		J7	K7
		正常		K7，M7	M7，N7
		重		—	N7，P7

① 并列公差带随尺寸的增大从左至右选择；对旋转精度有较高要求时，可相应提高一个公差等级。

② 不适用于剖分式外壳。

表 7-3　轴和外壳的几何公差（摘自 GB/T 275—1993）　　（单位：μm）

公称尺寸/mm		圆柱度 t				轴向圆跳动 t_1			
		轴　颈		外壳孔		轴　肩		外壳孔肩	
		轴承公差等级							
大于	到	G	E(Ex)	G′	E(Ex)	G	E(Ex)	G	E(Ex)
10	18	3.0	2.0	5	3.0	8	5	12	8
18	30	4.0	2.5	6	4.0	10	6	15	10
30	50	4.0	2.5	7	4.0	12	8	20	12
50	80	5.0	3.0	8	5.0	15	10	25	15
80	120	6.0	4.0	10	6.0	15	10	25	15

注：G 级和 E 级对应于 GB/T 307.3—2005 中的 0 级和 6 级，Ex 对应于 6x。

表 7-4　配合面的表面粗糙度（摘自 GB/T 275—1993）　　（单位：μm）

轴或轴承座直径/mm		轴或外壳配合表面直径公差等级								
		IT7			IT6			IT5		
		表面粗糙度								
超过	到	Rz	Ra 磨	Ra 车	Rz	Ra 磨	Ra 车	Rz	Ra 磨	Ra 车
	80	10	1.6	3.2	6.3	0.8	1.6	4.0	0.4	0.8
80	500	16	1.6	3.2	10	1.6	3.2	6.3	0.8	1.6
端　面		25	3.2	6.3	25	3.2	6.3	10	1.6	3.2

第五节　轴颈和外壳孔精度设计示例

已知某减速器的功率为 5kW，输出轴转速为 83r/min，其两端的轴承为 30211 圆锥滚子轴承（d=55mm，D=100mm）。从动齿轮齿数 z=79，法向模数 m_n=3mm，标准压力角 α_n=20°，分度圆螺旋角$\beta=8°6'34''$，径向当量动负荷P_r为2401N，径向额定动负荷C_r为86410N。试确定轴颈和外壳孔的公差带代号（尺寸极限偏差）、几何公差值和表面粗糙度参数值，并将它们分别标注在装配图和零件图上。

解 1）减速器属于一般机械，轴的转速不高，所以选用0级轴承。

2）该轴承承受定向的径向负荷的作用，内圈与轴一起旋转，外圈安装在剖分式外壳的孔中，不旋转。因此，内圈相对于负荷方向旋转，它与轴颈的配合应较紧；外圈相对于负荷方向固定，它与外壳孔的配合应较松。

3）按照$P_r/C_r=0.028$，小于0.07，该轴承负荷状态属于轻负荷。此外，减速器工作时，该轴承有时承受冲击负荷。

4）按轴承工作条件从表7-1和表7-2中分别选取轴颈公差带为ϕ55k6（基孔制配合），外壳孔公差带为ϕ100J7（基轴制配合）。

5）查表7-3选取几何公差值：轴颈圆柱度公差0.005mm，轴肩轴向圆跳动公差0.015mm；外壳孔圆柱度公差0.01mm。

6）查表7-4选取轴颈和外壳孔的表面粗糙度参数值：轴颈Ra的上限值为0.8μm，轴肩端面Ra的上限值为3.2μm；外壳孔Ra的上限值为1.6μm。

7）将确定好的上述各项公差标注在图7-6上。

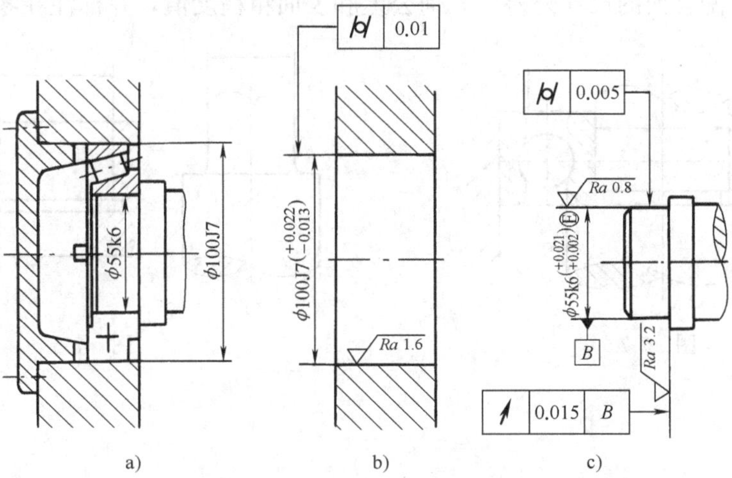

图7-6 轴颈和外壳孔精度设计示例

a）装配图 b）外壳孔的图样 c）轴颈的图样

思考题

7-1 滚动轴承的精度是依据什么来划分的？共有几级？代号是什么？

7-2 国家标准规定滚动轴承内圈内径及外圈外径公差带与一般基孔制的基准孔及一般基轴制的基准轴公差带有什么不同？为什么要这样规定？

7-3 选择滚动轴承公差等级应考虑哪些主要因素？各级精度的轴承各用在什么场合？

7-4 选择滚动轴承的配合时，应考虑哪些因素？

练 习 题

7-1 判断题（对的在括号内填上“√”，错的填上“×”）

1. 0 级精度的滚动轴承广泛应用于一般机构中。（ ）

2. 滚动轴承的内径公差带与基本偏差代号为 k、m、n 的轴公差带形成的配合为过渡配合。（ ）

3. 规定滚动轴承内、外径尺寸的最大值和最小值，主要是为了限制轴承的变形量。（ ）

4. 在装配图上标注滚动轴承和外壳孔的配合时，只标注轴和外壳孔的公差带代号。（ ）

5. 滚动轴承内圈与轴的配合为基孔制配合，外圈与外壳孔的配合为基轴制配合。（ ）

6. 滚动轴承外圈旋转、内圈不转，且径向负荷与外圈同步旋转，因此，内圈与轴颈的配合比外圈与外壳孔的配合应松些。（ ）

7. 滚动轴承单一平面平均内、外径公差带的位置均单向偏置在零线下侧，（ ）而公差带的大小均取自 GB/T 1800.1—2009。（ ）

7-2 某深沟球轴承（外径为 85mm，内径为 45mm，额定动负荷 C 为 25.6kN），安装于闭式传动的减速器中，如图 7-7 所示。轴上承受 2kN 的固定径向负荷作用，轴的转速为 980r/min。试确定：(1) 轴承内圈与轴、外圈与座孔的配合，并标注在装配图 7-7 上；(2) 轴和外壳孔有关配合面的尺寸公差、几何公差和表面粗糙度值，并标注在零件图 7-8 上。

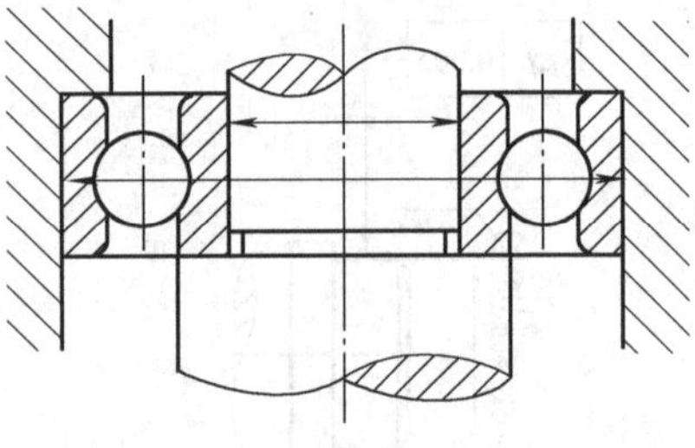

图 7-7

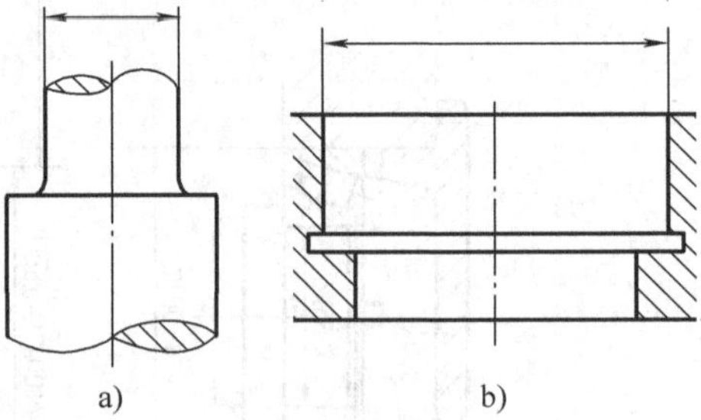

图 7-8

第八章　键与花键联接的互换性及精度设计

键联接和花键联接广泛用作轴和轴上传动件（如齿轮、带轮、链轮、联轴器等）之间的可拆联接，用以传递转矩；有时也用作轴上传动件的导向，如变速器中变速齿轮花键孔与花键轴的联接。

为了保证平键联接、矩形花键联接的互换性，我国发布了 GB/T 1095—2003《平键　键槽的剖面尺寸》和 GB/T 1144—2001《矩形花键尺寸、公差和检验》等国家标准。

第一节　平键联接的精度设计

由于键联接具有结构简单、紧凑，联接可靠，装拆方便和成本低廉等优点，因此它是最常用的联接方式之一。键联接有平键、半圆键、楔键等联接。以平键联接应用最广。平键和键槽的剖面尺寸如图 8-1 所示。

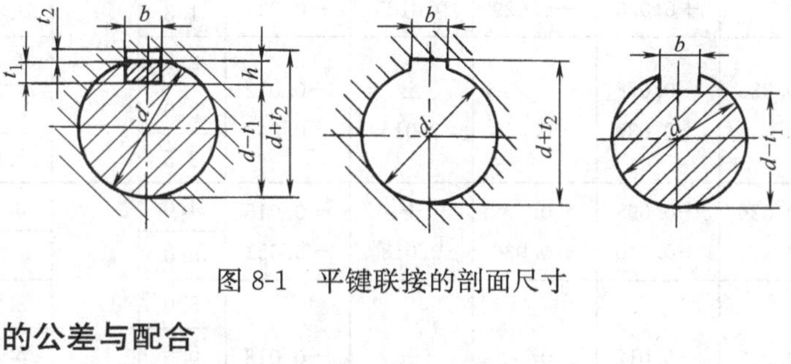

图 8-1　平键联接的剖面尺寸

一、平键联接的公差与配合

平键联接是通过键和键槽侧面实现转矩传递的，因此 GB/T 1095—2003 把键（槽）宽度 b 作为配合尺寸，并规定了三种配合，如图 8-2 所示。

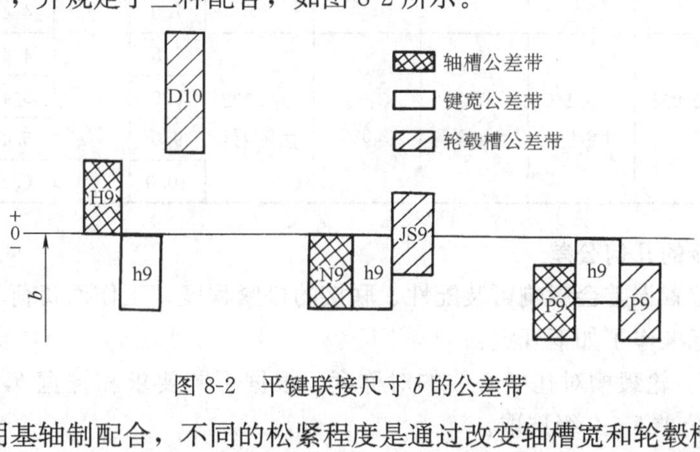

图 8-2　平键联接尺寸 b 的公差带

平键联接采用基轴制配合，不同的松紧程度是通过改变轴槽宽和轮毂槽宽的公差带来实现的。这样便于键作为标准件集中生产。国家标准规定的三种配合的主要应用场合见表8-1。平键联接有关尺寸的极限偏差列于表 8-2。

表 8-1 平键联接的配合种类及其应用

配合种类	尺寸 b 的公差带			配合性质及应用
	键	轴槽	轮毂槽	
松联接	h9	H9	D10	键在轴上及轮毂中均能滑动，主要用于导向平键，轮毂可在轴上作轴向移动
正常联接		N9	JS9	键在轴上及轮毂中均固定，用于载荷不大的场合
紧密联接		P9	P9	键在轴上及轮毂中均固定，主要用于载荷较大、载荷具有冲击性以及双向传递转矩的场合

表 8-2 普通平键的键槽剖面尺寸及极限偏差（摘自 GB/T 1095—2003） （单位：mm）

键尺寸 $b\times h$	键槽											
	宽度 b						深度 h				半径 r	
	公称尺寸	极限偏差					轴 t_1		毂 t_2			
		松联接		正常联接		紧密联接	公称尺寸	极限偏差	公称尺寸	极限偏差		
		轴 H9	毂 D10	轴 N9	毂 JS9	轴和毂 P9					min	max
2×2	2	+0.025 0	+0.060 +0.020	−0.004 −0.029	± 0.0125	−0.006 −0.031	1.2	+0.1 0	1.0	+0.1 0	0.08	0.16
3×3	3						1.8		1.4			
4×4	4	+0.030 0	+0.078 +0.030	0 −0.030	± 0.015	−0.012 −0.042	2.5		1.8			
5×5	5						3.0		2.3		0.16	0.25
6×6	6						3.5		2.8			
8×7	8	+0.036 0	+0.098 +0.040	0 −0.036	± 0.018	−0.015 −0.051	4.0	+0.2 0	3.3	+0.2 0		
10×8	10						5.0		3.3		0.25	0.40
12×8	12	+0.043 0	+0.012 +0.050	0 −0.043	± 0.0215	−0.018 −0.061	5.0		3.3			
14×9	14						5.5		3.8			
16×10	16						6.0		4.3			
18×11	18						7.0		4.4			
20×12	20	+0.052 0	+0.149 +0.065	0 −0.052	± 0.026	−0.022 −0.074	7.5		4.9		0.40	0.60
22×14	22						9.0		5.4			
25×14	25						9.0		5.4			
28×16	28						10.0		6.4			

二、平键联接的几何公差

键（槽）的位置误差会影响可装配性、联接的松紧程度、工作面负荷不均匀性和导向精度等。因此国家标准作了如下规定：

1）轴槽对轴、轮毂槽对孔中心线的对称度，根据不同要求和键宽 b，按 GB/T 1184—1996 中的对称度公差 7～9 级选取。

2）当键长 L 与键宽 b 之比大于或等于 8 时，键槽两侧面对轴线的平行度，应符合 GB/T 1184—1996 的规定。当 $b\leqslant 6$mm 时，按 7 级；$b\geqslant 8$～36mm 时，按 6 级；$b\geqslant 40$mm 时，按 5 级。

三、平键联接的表面粗糙度

表面粗糙度 Ra 值的选用，对于配合表面一般取 1.6～3.2μm；非配合表面取 6.3μm。

四、键槽的检测

键和键槽的尺寸测量比较简单，在小批生产中可采用通用测量器具，如游标卡尺、千分尺等测量器具。键槽需检测的项目较多，在成批生产中可采用量规检测。尺寸可用光滑极限量规检测，位置误差可用位置量规检测，见表 8-3。

表 8-3　键槽检测用量规

检测参数	检测量规	量规名称及说明
槽宽 b	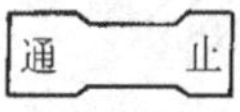	槽宽 b 用的板式塞规
轮毂槽深 $d+t_2$	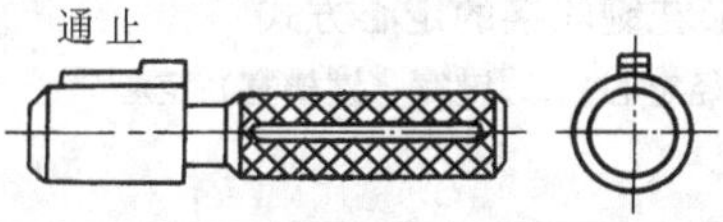	轮毂槽深量规
轴槽深度 $d-t_1$	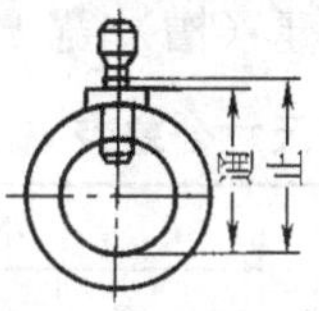	轴槽深度量规。圆环内径作为测量基准，上支杆相当于深度尺
轮毂槽的对称度误差	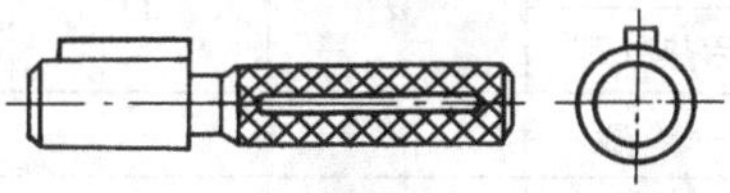	轮毂槽对称度量规。量规能塞入孔内即为合格
轴槽的对称度误差	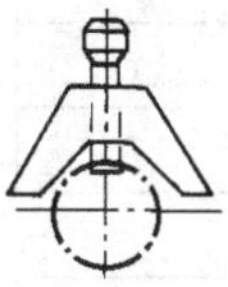	轴槽对称度量规。带有中心柱的 V 形块，只有通端，量规能通过轴槽即为合格

第二节　矩形花键联接的精度设计

花键联接能传递较大的转矩，定心精度较高，导向性好，联接可靠，故广泛应用于机床、汽车、拖拉机、工程机械及矿山机械中。

花键联接是多键联接，具有多个均布键的轴（花键轴）与具有多个均布键槽的孔（花键孔）联接即构成花键联接。花键联接的类型较多，按键廓形状的不同可分为矩形花键、渐开线花键及三角形花键，矩形花键联接在各种机械中应用最多，特别适用于传递转矩不大，而精度要求较高的场合。

一、矩形花键的定心方式

矩形花键联接的主要参数有大径 D、小径 d 和键宽 B（图 8-3）。为了达到花键轴与花键孔定心精度的要求，只需从中选一参数来实现。GB/T 1144—2001 规定：矩形花键联接采用小径定心，即规定小径 d 的精度较高，以保证定心精度。采用小径定心，能用磨削的办法消除热处理变形，使定心直径的尺寸和几何误差大大减小，从而获得较高的精度。若用大径或键宽定心，热处理后，内花键不便再加工，因而精度低。此外，采用小径定心，花键轴、孔都经过热处理后磨削，其硬度和表面粗糙度大为提高，耐磨性好，寿命长，有利于提高产品的性能和质量。

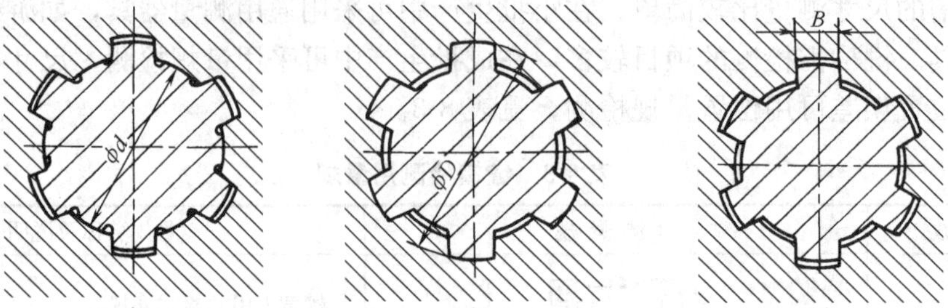

a) b) c)

图 8-3 矩形花键联接的定心方式

a）小径定心 b）大径定心 c）键宽（键槽宽）定心

二、矩形花键的尺寸精度

GB/T 1144—2001 规定的小径 d、大径 D 及键（槽）宽 B 的尺寸公差带见表 8-4。

表 8-4 内、外花键尺寸公差带

内花键				外花键			装配方式
d	D	B		d	D	B	
		拉削后不热处理	拉削后热处理				
一般用							
H7	H10	H9	H11	f7	a11	d10	滑动
				g7		f9	紧滑动
				h7		h10	固定
精密传动用							
H5	H10	H7，H9		f5	a11	d8	滑动
				g5		f7	紧滑动
				h5		h8	固定
H6				f6		d8	滑动
				g6		f7	紧滑动
				h6		h8	固定

注：1. 对于精密传动用的内花键，当需要控制键侧配合间隙时，槽公差带可选用 H7，一般情况下可选用 H9。

2. 当内花键公差带为 H6 和 H7 时，允许与提高一级的外花键配合。

对内花键规定了拉削后热处理和不热处理两种。标准中规定，按装配方式分为滑动、紧滑动和固定三种配合。其区别在于，前两种在工作过程中既可传递转矩，且花键套还可在轴上移动；后者只用来传递转矩，花键套在轴上无轴向移动。

花键联接采用基孔制，目的是减少拉刀的规格数量。

各尺寸（D、d 和 B）的极限偏差，可按其公差带代号及公称尺寸由“极限与配合”国家标准的相应表格查出。

三、矩形花键的几何精度

由于矩形花键的几何误差会影响可装配性、定心精度和承载的不均匀性，因此标准对矩形花键的几何公差按照公差原则作了如下规定：

1）因为矩形花键的小径 d 既是配合尺寸，又是定心尺寸，所以小径 d 应遵守包容要求。

2）花键的键槽宽和键宽是花键联接的非定心配合尺寸，在工作中起传递转矩的作用。因此，为保证内、外花键的互换装配，花键的位置度公差应遵守最大实体要求。位置度公差 t_1 值见表 8-5，标注方法如图 8-4 所示。此时，位置度公差综合控制各键之间的角度位置，并包括各键对轴线的对称度误差以及键侧对轴线的平行度误差。检验方法采用综合量规检验。对于较长的花键，可以根据要求自行规定键侧面对花键轴线的平行度公差。

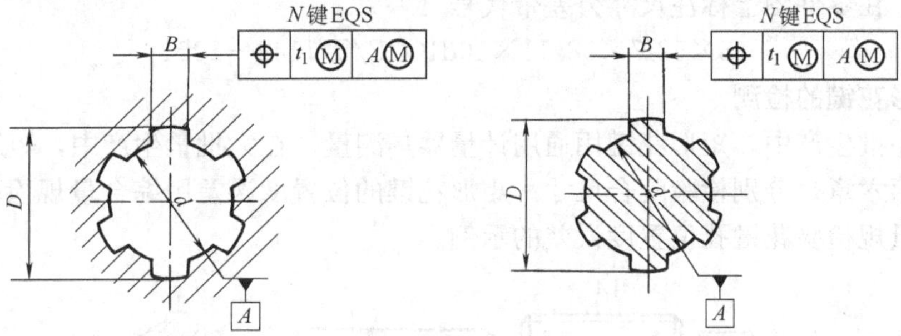

图 8-4　矩形花键位置度公差的标注

当单件或小批量生产矩形花键而没有专用综合量规时，可标注对称度公差，以便作单项测量。对称度公差的标注如图 8-5 所示，其公差值可参照表 8-6 选用。

表 8-5　位置度公差 t_1 值　（单位：mm）

键槽宽或键宽 B	3	3.5～6	7～10	12～18
键槽宽	0.010	0.015	0.020	0.025
键宽（滑动、固定）	0.010	0.015	0.020	0.025
键宽（紧滑动）	0.006	0.010	0.013	0.016

表 8-6　对称度公差 t_2 值　（单位：mm）

键槽宽或键宽 B	3	3.5～6	7～10	12～18
一般用	0.010	0.012	0.015	0.018
精密传动用	0.006	0.008	0.009	0.011

矩形花键的表面粗糙度 Ra 推荐值见表 8-7。

四、矩形花键的标记

矩形花键的规格按下列顺序表示：键数 N×小径 d×大径 D×键宽（键槽宽）B。在装配图上标注花键的配合代号和在零件图上标注花键的尺寸公差带代号。例如，花键键数为 8、小径 d 的配合为 52H7/ f7、大径 D 的配合为 58H10/a11、键槽宽与键宽 b 的配合为 10H11/d10 的花键副，其标注为：

表 8-7　Ra 推荐值　（单位：μm）

配合表面	内花键	外花键
小径	1.6	0.8
大径	6.3	3.2
键侧	6.3	1.6

花键副，在装配图上标注配合代号

$$8\times52\frac{\mathrm{H7}}{\mathrm{f7}}\times58\frac{\mathrm{H10}}{\mathrm{a11}}\times10\frac{\mathrm{H11}}{\mathrm{d10}}\mathrm{GB/\ T\ 1144—2001}$$

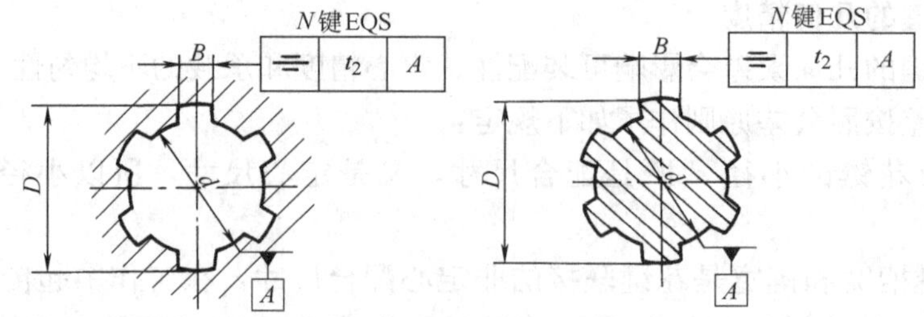

图 8-5 矩形花键对称度公差的标注

内花键，在零件图上标注尺寸公差带代号

8×52H7×58H10×10H11GB/T 1144—2001

外花键，在零件图上标注尺寸公差带代号

8×52f7×58a11×10d10GB/T 1144—2001

五、矩形花键的检测

在单件小批生产中，矩形花键用通用计量器具测量。在大批量生产中，矩形花键可用极限量规（见第六章）分别检验配合尺寸。矩形花键的位置度误差用综合量规检验。图 8-6 所示为用综合量规检验花键孔位置度误差的示例。

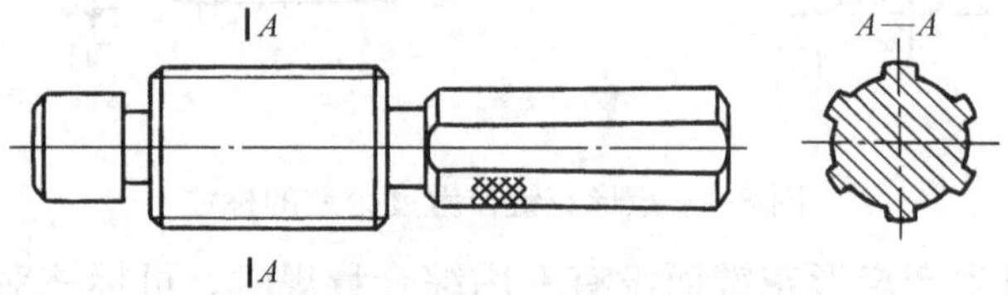

图 8-6 花键孔的检测示例

思 考 题

8-1 在平键和半圆键联接中，键宽和键槽宽的配合有哪几种？各种配合的应用情况如何？

8-2 为什么国家标准规定矩形花键的定心方式采用小径定心？

8-3 单键联接和花键联接各采用什么基准制配合？

8-4 6×23H7/g7×26H10/a11×6H11/f9 的含义是什么？

练 习 题

8-1 填空题

1. 键和键槽的配合尺寸是________，采用的是基________制配合，当键槽对轴线有位置公差要求时，________公差是最主要的要求。

2. GB/T 1144—2001 对矩形花键规定________、________和________的尺寸公差带，定心直径采用________，内、外花键的配合采用的基________制配合。

3. 某矩形花键的标记代号为“6×23f7×26a11×6d10 GB/T 1144—2001”，代号中的“6”表示______________，“23f7”表示______________，“26a11”表示______________，“6d10”表示______________。

8-2　某二级齿轮减速器中，轴与齿轮孔配合代号为 ϕ40H8/k7，采用平键一般联接键长为 55mm。试将孔、轴、槽宽和槽深的尺寸公差标注在图 8-7 上，并注出相应的几何公差和表面粗糙度参数值。

8-3　某变速器传动轴采用矩形花键联接，键数和花键的标称尺寸为“6×23×26×6”。要求定心精度较高，固定联接并批量生产。试确定内、外花键配合的标记代号，并将内、外花键的尺寸公差、几何公差和表面粗糙度值标注在图 8-8 上。

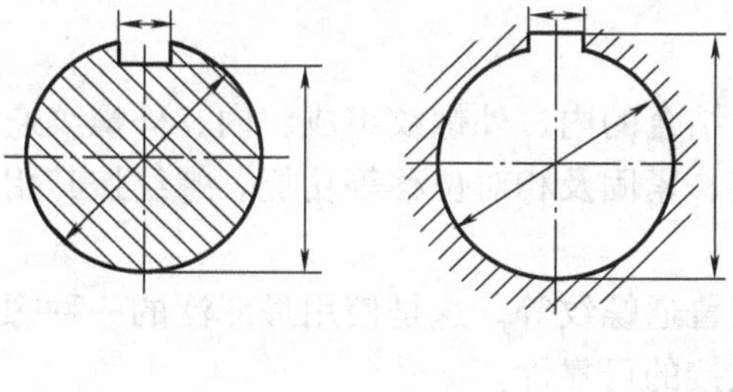

图　8-7

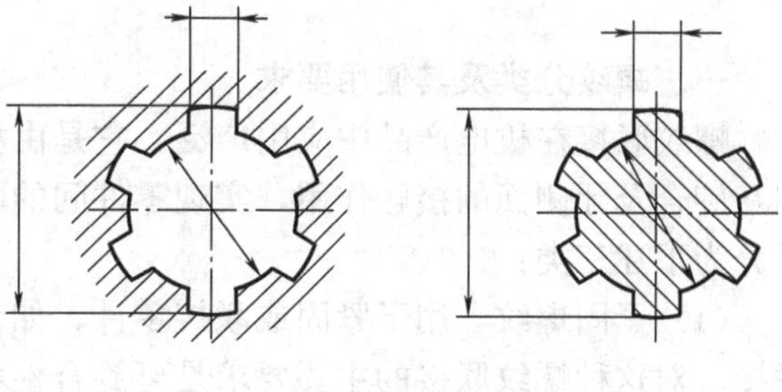

图　8-8

第九章　螺纹联接的互换性及精度设计

第一节　概　　述

一、螺纹分类及其使用要求

螺纹联接在机电产品中应用广泛，它是由相互结合的内、外螺纹组成。内、外螺纹通过相互旋合及牙侧面的接触作用，实现零件间的联接、紧固及相对位移等功能。螺纹按其用途可分为下述三类：

（1）紧固螺纹　用于紧固或联接零件，如米制普通螺纹等。这是使用最广泛的一种螺纹联接。对这种螺纹联接的主要要求是可旋合性和联接的可靠性。

（2）传动螺纹　用于传递动力或精确的位移，如丝杠等。对这种螺纹联接的主要要求是传递动力的可靠性，或传动比的稳定性（保持恒定）。这种螺纹联接要求保证一定的间隙，以便传动及储存润滑油。

（3）紧密螺纹　用于密封的螺纹联接。对这种螺纹联接的主要要求是联接紧密，不漏水、漏气和漏油，如管螺纹联接。

除上述三类螺纹外，还有一些专门用途的螺纹，如石油螺纹、气瓶螺纹、灯泡螺纹以及轮胎气门芯螺纹等。本章主要讨论普通螺纹和梯形螺纹的互换性及其精度设计。

二、普通螺纹的基本牙型及其主要参数

普通螺纹的基本牙型如图 9-1 所示，它是削去原始三角形顶部和底部所形成的内、外螺纹共有的理论牙型。它是确定螺纹设计牙型的基础。普通螺纹的主要参数有：

（1）大径（D 或 d）　与外螺纹牙顶或内螺纹牙底相切的假想圆柱的直径。普通螺纹大径的公称尺寸为螺纹的公称直径。外螺纹的大径 d 又称为顶径；内螺纹的大径 D 又称为底径。

（2）小径（D_1 或 d_1）　与外螺纹牙底或内螺纹牙顶相切的假想圆柱的直径。外螺纹的小径 d_1 又称为底径；内螺纹的小径 D_1 又称为顶径。

（3）中径（D_2 或 d_2）　一个假想圆柱的直径。该圆柱的素线通过牙型上沟槽和凸起宽度相等的地方。该假想圆柱称为中径圆柱。

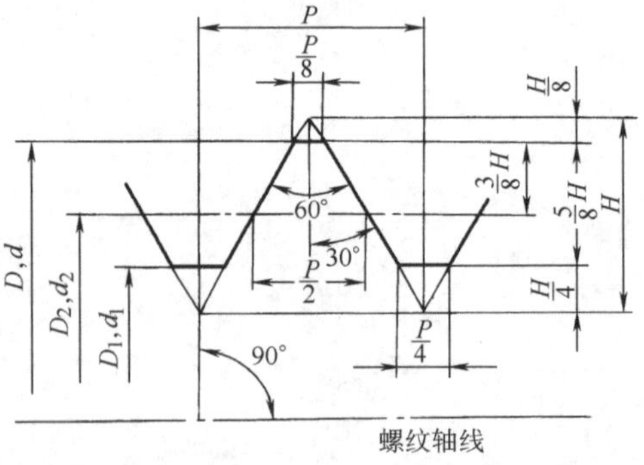

图 9-1　普通螺纹的基本牙型及其主要参数

在基本牙型上，该圆柱的素线正好通过牙型上沟槽和凸起宽度等于 1/2 基本螺距的地方。

（4）单一中径（D_{2DY} 或 d_{2DY}）　一个假想圆柱的直径。该圆柱的素线通过牙型上沟槽宽度等于 1/2 基本螺距的地方。由于该直径在槽宽为固定值处测量，因此测量方便，而且可以有效地控制中径本身的尺寸，是最实用的中径尺寸。

当螺距无误差时，螺纹的中径就是螺纹的单一中径。但螺距有误差时，单一中径与中径是不相等的，如图 9-2 所示。

（5）螺距 P　相邻两牙在中径线上对应两点间的轴向距离。

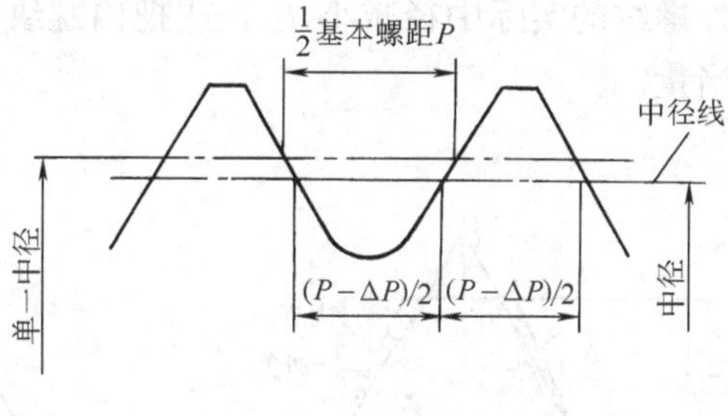

图 9-2　螺纹中径
P—基本螺距　ΔP—螺距误差

（6）牙型角 α　在螺纹牙型上，两相邻牙侧间的夹角称为牙型角。普通螺纹的牙型角 $\alpha=60°$。

（7）牙型半角 α_1、α_2　在螺纹牙型上，牙侧与螺纹轴线的垂线间的夹角。α_1 表示左牙型半角、α_2 表示右牙型半角，普通螺纹的基本牙型半角 $\alpha_1=\alpha_2=30°$。

（8）原始三角形高度 H　由原始三角形顶点沿垂直于螺纹轴线方向到其底边的距离。

（9）螺纹旋合长度　两个相互配合的螺纹沿螺纹轴线方向相互旋合部分的长度。

（10）螺纹最大实体牙型　由设计牙型和各直径的基本偏差和公差所决定的最大实体状态下的螺纹牙型。

（11）螺纹最小实体牙型　由设计牙型和各直径的基本偏差和公差所决定的最小实体状态下的牙型。

第二节　螺纹几何参数误差对互换性的影响

影响螺纹联接互换性的主要几何参数误差有螺距误差、牙型半角误差和中径误差。

一、螺距误差的影响

对于普通螺纹，螺纹误差会影响螺纹的旋合性和联接强度。

为便于分析，假设内螺纹具有理想的牙型，外螺纹的中径及牙型半角与内螺纹相同，但是螺距有误差，并假设外螺纹的螺距大于内螺纹的螺距，在几个螺牙长度上，螺距累积误差为 ΔP_Σ。这时，在牙侧处将产生干涉（如图 9-3 中的阴影部分）。为使内、外螺纹能旋合，应把外螺纹的实际中径减小 f_p 值或把内螺纹的实际中径增加 f_p 值。f_p 值叫做螺距误差中径当量。

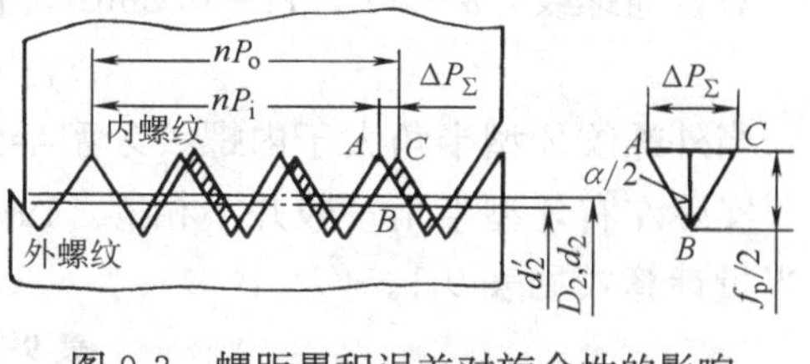

图 9-3　螺距累积误差对旋合性的影响

从图 9-3 的△ABC 中可以看出

$$f_p = \Delta P_\Sigma \cot\left(\frac{\alpha}{2}\right) \tag{9-1}$$

对于牙型角 $\alpha=60°$的米制普通螺纹

$$f_p = 1.732\,|\Delta P_\Sigma| \tag{9-2}$$

二、牙型半角误差的影响

牙型半角误差同样会影响螺纹的旋合性和联接强度。

为了便于分析，假设内螺纹具有理想的牙型，外螺纹的中径和螺距与内螺纹相同，但是牙型半角有误差。如图 9-4 所示，当外螺纹的牙型半角小于（图 9-4a）或大于（图 9-4b）内螺纹的牙型半角时，在牙侧处将产生干涉（图中阴影线部分）。为使内、外螺纹能旋合，应把外螺纹的实际中径减小 $f_{\alpha i}$，或把内螺纹的实际中径增加 $f_{\alpha i}$ 值。$f_{\alpha i}$ 值叫做牙型半角误差中径当量。

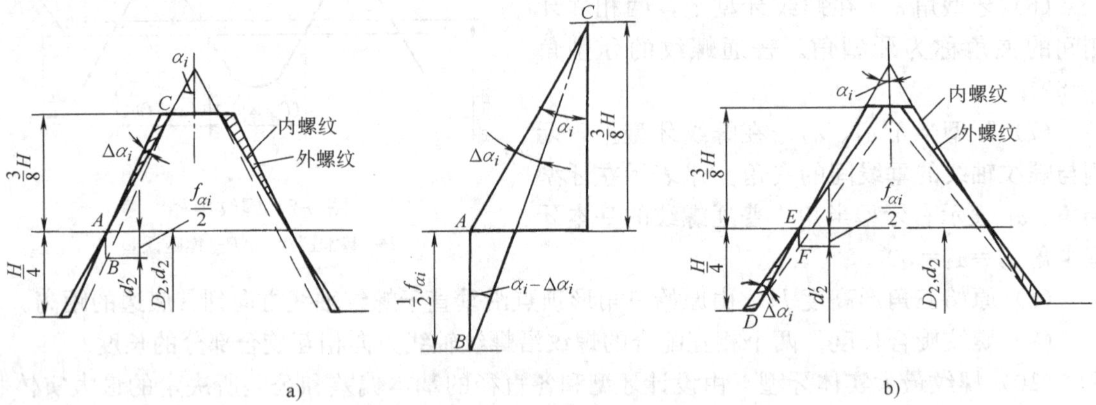

图 9-4 牙型半角误差引起的牙侧干涉

当外螺纹的牙型半角小于内螺纹的牙型半角时，由图 9-4a 中的△ABC，按正弦定理得

$$f_{\alpha i}/\sin\Delta\alpha_i = AC/\sin(\alpha_i - \Delta\alpha_i)$$

其中

$$AC = (3H/8)/\cos\alpha_i$$

因 $\Delta\alpha_i$ 很小，故 $\sin\Delta\alpha_i \approx \Delta\alpha_i$ $\quad \sin(\alpha_i - \Delta\alpha_i) \approx \sin\alpha_i$

所示

$$f_{\alpha i} = (2\times 3H/8\times\Delta\alpha_i)/(\sin\alpha_i\cos\alpha_i) = (1.5H\Delta\alpha_i)/\sin\alpha$$

上式中，如 $\Delta\alpha_i$ 以（′）计、H 以 mm 计，则 $f_{\alpha i}$ 以 μm 计。

$$f_{\alpha i} = (1.5\times 0.291\times 10^{-3}\times 10^{-3}H\Delta\alpha_i)/\sin\alpha = (0.44H\Delta\alpha_i)\sin\alpha$$

对普通螺纹，$\alpha=60°$，$H=0.866P$，代入上式得

$$f_{\alpha i} = 0.44P\Delta\alpha_i$$

当外螺纹牙型半角大于内螺纹牙型半角时，同理可推出 $f_{\alpha i}=0.291P\Delta\alpha_i$。

实际左右牙型半角一般并不相等，$\Delta\alpha_i$ 可能为正，也可能为负，各种情况的牙型半角中径当量计算式见表 9-1。

表 9-1 $f_{\alpha i}$ 的计算式

外螺纹牙型半角误差		$f_{\alpha i}$ 的计算公式
$\Delta\alpha_1>0$	$\Delta\alpha_2>0$	$f_{\alpha i}=0.291P(\|\Delta\alpha_1\|+\|\Delta\alpha_2\|)/2$
$\Delta\alpha_1<0$	$\Delta\alpha_2<0$	$f_{\alpha i}=0.44P(\|\Delta\alpha_1\|+\|\Delta\alpha_2\|)/2$
$\Delta\alpha_1>0$	$\Delta\alpha_2<0$	$f_{\alpha i}=P/2(0.291\|\Delta\alpha_1\|+0.44\|\Delta\alpha_2\|)$
$\Delta\alpha_1<0$	$\Delta\alpha_2>0$	$f_{\alpha i}=P/2(0.44\|\Delta\alpha_1\|+0.291\|\Delta\alpha_2\|)$

注：半角误差单位为（′），P 单位为 mm，$f_{\alpha i}$ 单位为 μm。

三、中径误差对互换性的影响

螺纹中径误差是指中径实际尺寸与中径公称尺寸之代数差。外螺纹中径比内螺纹中径大就会影响螺纹的旋合性；反之，则使配合过松而影响联接的可靠性和紧密性，削弱联接强度。因此，对中径误差也必须加以限制。

四、螺纹中径合格性的判断原则

实际螺纹往往同时存在中径、螺距和牙型半角误差，而三者对旋合性均有影响。螺距和牙型半角误差对旋合性的影响已由前面分析可知：对于外螺纹，其效果相当于中径增大了；对于内螺纹，其效果相当于中径减小了。这个增大了或减小了的假想螺纹中径，叫做螺纹的作用中径。

GB/T 14791—1993 对作用中径定义如下：在规定的旋合长度内，恰好包容实际螺纹的一个假想螺纹的中径，这个假想螺纹具有理想的螺距、半角以及牙型高度，并另在牙顶和牙底留有间隙，以保证包容时不与实际螺纹的大、小径发生干涉。外螺纹的作用中径如图 9-5 所示。螺纹作用中径的值为

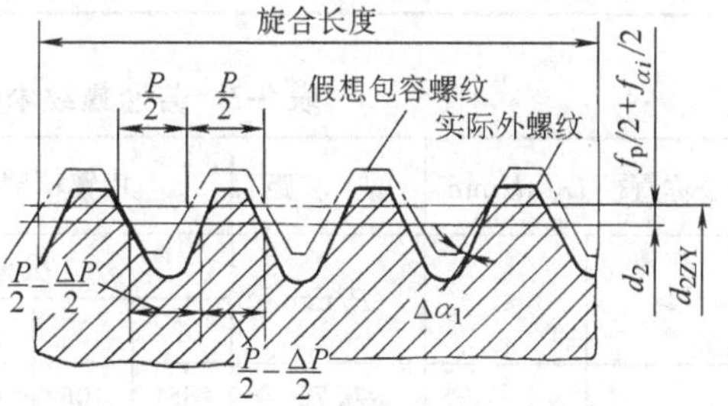

图 9-5　外螺纹的作用中径

外螺纹　$d_{2ZY}=d_{2SJ}+(f_p+f_{\alpha i})$　(9-3)

内螺纹　$D_{2ZY}=D_{2SJ}-(f_p+f_{\alpha i})$　(9-4)

式中，D_{2ZY}为外螺纹作用中径；D_{2SJ}为外螺纹实际中径；D_{2ZY}为内螺纹作用中径；D_{2SJ}为内螺纹实际中径。

因此，判断螺纹能否旋合的指标不是单一中径而是作用中径，也就是说要使螺纹能旋合，必须保证 $D_{2ZY}\geqslant d_{2ZY}$。

对于普通螺纹，国家标准没有单独规定螺距及牙型半角的公差，而只规定了一个中径总公差（T_{D_2}，T_{d_2}），如图 9-6 所示。它是同时用来限制单一中径、螺距及牙型半角误差的。那么，螺纹中径合格性应如何判断呢？与光滑工件极限尺寸判断原则（泰勒原则）类同，即螺纹的作用中径不能超出最大实体牙型的中径，而实际螺纹上任何部位的单一中径不能超出最小实体牙型的中径，即

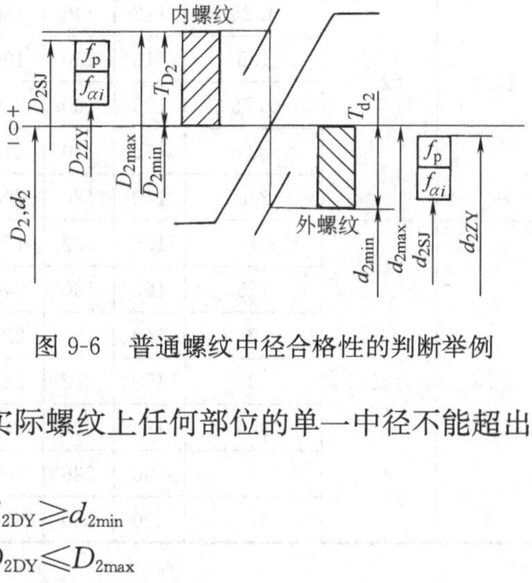

图 9-6　普通螺纹中径合格性的判断举例

外螺纹　$d_{2ZY}\leqslant d_{2max}$　$d_{2DY}\geqslant d_{2min}$

内螺纹　$D_{2ZY}\geqslant D_{2min}$　$D_{2DY}\leqslant D_{2max}$

第三节　普通螺纹的公差带及其选用

一、普通螺纹公差

从互换性的角度来看，螺纹的基本几何要素有五个，即大径、小径、中径、螺距和牙型半角。但普通螺纹在内、外螺纹配合以后，在大径之间和小径之间实际上都是有间隙的，对螺距和牙型半角不单独规定公差，而是用中径公差来综合控制。这样，在普通螺纹中，为了满足互换性的要求，就只需规定大径、中径和小径公差。但由于外螺纹和内螺纹的底径（d_1 和 D）是在加工时和中径一起由刀具切出，其尺寸由刀具保证，因此也不规定公差。这样在螺纹公差标准中，就只规定了 d、d_2 和 D_2、D_1 的公差。其各自的公差等级见表 9-2，公差

值见表 9-3 和表 9-4。

表 9-2　普通螺纹公差等级（摘自 GB/T 197—2003）

螺纹直径	公差等级	螺纹直径	公差等级
内螺纹小径 D_1	4、5、6、7、8	外螺纹大径 d	4、6、8
内螺纹中径 D_2	4、5、6、7、8	外螺纹中径 d_2	3、4、5、6、7、8、9

表 9-3　普通螺纹中径公差（摘自 GB/T 197—2003）　　(单位：μm)

公称直径 D、d/mm		螺　距	内螺纹中径公差 T_{D_2}					外螺纹中径公差 T_{d_2}						
			公差等级					公差等级						
>	≤	P/mm	4	5	6	7	8	3	4	5	6	7	8	9
5.6	11.2	0.75	85	106	132	170	—	50	63	80	100	125	—	—
		1	95	118	150	190	236	56	71	90	112	140	180	224
		1.25	100	125	160	200	250	60	75	95	118	150	190	236
		1.5	112	140	180	224	280	67	85	106	132	170	212	295
11.2	22.4	1	100	125	160	200	250	60	75	95	118	150	190	236
		1.25	112	140	180	224	280	67	85	106	132	170	212	265
		1.5	118	150	190	236	300	71	90	112	140	180	224	280
		1.75	125	160	200	250	315	75	95	118	150	190	236	300
		2	132	170	212	265	335	80	100	125	160	200	250	315
		2.5	140	180	224	280	355	85	106	132	170	212	265	335
22.4	45	1	106	132	170	212	—	63	80	100	125	160	200	250
		1.5	125	160	200	250	315	75	95	118	150	190	236	300
		2	140	180	224	280	355	85	106	132	170	212	265	335
		3	170	212	265	335	425	100	125	160	200	250	315	400
		3.5	180	224	280	355	450	106	132	170	212	265	335	425
		4	190	236	300	375	475	112	140	180	224	280	355	450
		4.5	200	250	315	400	500	118	150	190	236	300	375	475

二、普通螺纹基本偏差

内、外螺纹的公差带相对于基本牙型的位置和极限与配合的公差带位置一样，由基本偏差来确定。对于外螺纹，基本偏差是上极限偏差（es）；对于内螺纹，基本偏差是下极限偏差（EI），则

外螺纹下极限偏差：　　　　　$\mathrm{ei} = \mathrm{es} - T$

内螺纹上极限偏差：　　　　　$\mathrm{ES} = \mathrm{EI} + T$

式中，T 是螺纹公差。

在普通螺纹标准中，对内螺纹规定了两种公差带位置，其基本偏差分别为 G、H；对外螺纹规定了四种公差带位置，其基本偏差分别为 e、f、g、h。如图 9-7 所示，H、h 的基本偏差为零，G 的基本偏差为正值，e、f、g 的基本偏差为负值。各基本偏差的数值见表 9-4。

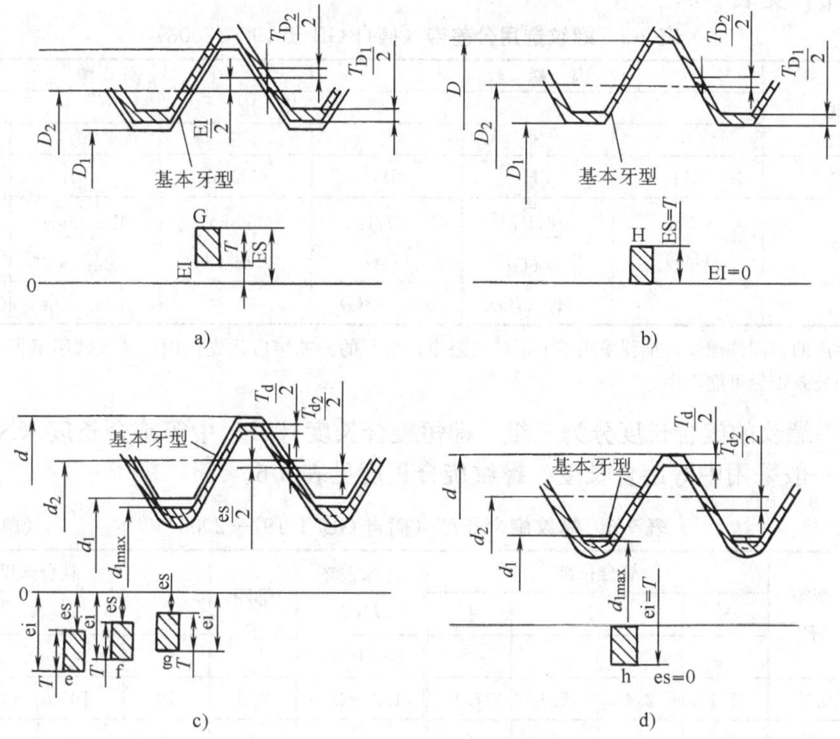

图 9-7　螺纹公差带

a）内螺纹公差带位置 G　b）内螺纹公差带位置 H

c）外螺纹公差带位置 e、f、g　d）外螺纹公差带位置 h

表 9-4　普通螺纹的基本偏差和顶径公差（摘自 GB/T 197—2003）　（单位：μm）

螺距 P /mm	内螺纹的基本偏差 EI		外螺纹的基本偏差 es				内螺纹小径公差 T_{D_1} 公差等级					外螺纹大径公差 T_d 公差等级		
	G	H	e	f	g	h	4	5	6	7	8	4	6	8
1	+26		−60	−40	−26		150	190	236	300	375	112	180	280
1.25	+28		−63	−42	−28		170	212	265	335	425	132	212	335
1.5	+32		−67	−45	−32		190	236	300	375	475	150	236	375
1.75	+34	0	−71	−48	−34	0	212	265	335	425	530	170	265	425
2	+38		−71	−52	−38		236	300	375	475	600	180	280	450
2.5	+42		−80	−58	−42		280	355	450	560	710	212	335	530
3	+48		−85	−63	−48		315	400	500	630	800	236	375	600
3.5	+53	0	−90	−70	−53	0	355	450	560	710	900	265	425	670
4	+60		−95	−75	−60		375	475	600	750	950	300	475	750

三、普通螺纹的公差带及其配合

用标准规定的各种基本偏差、顶径公差和中径公差可以组成很多种公差带。若不加以限制就会使螺纹公差带种类繁多，给组织专业化生产带来困难。为此，标准规定了内、外螺纹的选用公差带，见表 9-5。

表 9-5 螺纹选用公差带（摘自 GB/T 197—2003）

公差精度	内螺纹			外螺纹		
	旋合长度					
	S	N	L	S	N	L
精密	4H	5H	6H	(3h4h)	*4h	(5h4h)
中等	*5H；(5G)	6H；*6G	*7H；(7G)	(5h6h)；(5g6g)	6h；6g；*6e；*6f	(7h6h)；(7g6g)；(7e6e)
粗糙		7H；(7G)	8H；(8G)		(8e)；8g	(9e8e)；(9g8e)

注：大量生产的紧固件螺纹，推荐采用带方框的公差带；带*的公差带应优先选用，其次选用不带*的公差带，括号内的公差带尽可能不用。

标准中将螺纹的旋合长度分为三组，即短旋合长度（S）、中等旋合长度（N）和长旋合长度（L）。一般采用中等旋合长度。螺纹旋合长度见表 9-6。

表 9-6 螺纹旋合长度（摘自 GB/T 197—2003） （单位：mm）

公称直径 D,d		螺距 P	旋合长度				公称直径 D,d		螺距 P	旋合长度			
			S	N		L				S	N		L
>	≤		≤	>	≤	>	>	≤		≤	>	≤	>
5.6	11.2	0.75	2.4	2.4	7.1	7.1	11.2	22.4	2.5	10	10	30	30
		1	3	3	9	9	22.4	45	1	4	4	12	12
		1.25	4	4	12	12			1.5	6.3	6.3	19	19
		1.5	5	5	15	15			2	8.5	8.5	25	25
11.2	22.4	1	3.8	3.8	11	11			3	12	12	36	36
		1.25	4.5	4.5	13	13			3.5	15	15	45	45
		1.5	5.6	5.6	16	16			4	18	18	53	53
		1.75	6	6	18	18			4.5	21	21	63	63
		2	8	8	24	24							

螺纹的旋合长度与螺纹的精度密切相关。旋合长度增加，螺纹牙型半角误差和螺距误差就可能增加，以同样的中径公差值加工就会更困难。显然，衡量螺纹的精度应包括旋合长度。

内、外螺纹选用的公差带可以任意组合，为了保证足够的接触高度，加工好的内、外螺纹最好组成 H/g、H/h 或 G/h 的配合。一般情况采用最小间隙为零的 H/h 配合；对用于经常拆卸、工作温度高或需涂镀的螺纹，通常采用 H/g 或 G/h，它们是具有保证间隙的配合。

四、普通螺纹的标记

普通螺纹的完整标记由螺纹代号、螺纹公差带代号和螺纹旋合长度代号所组成，见如下标记示例：

外螺纹：

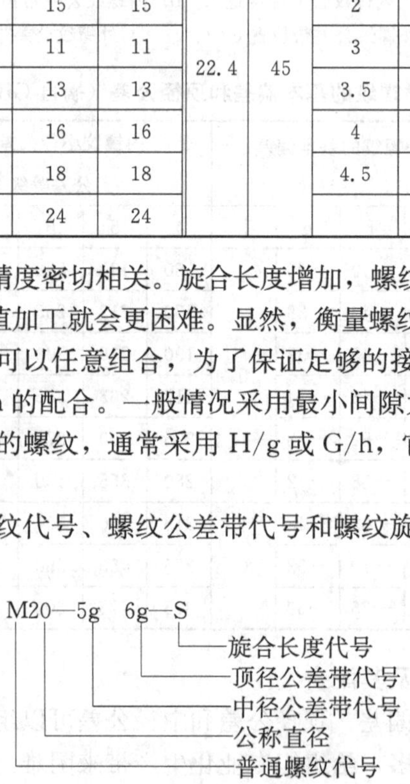

内螺纹：

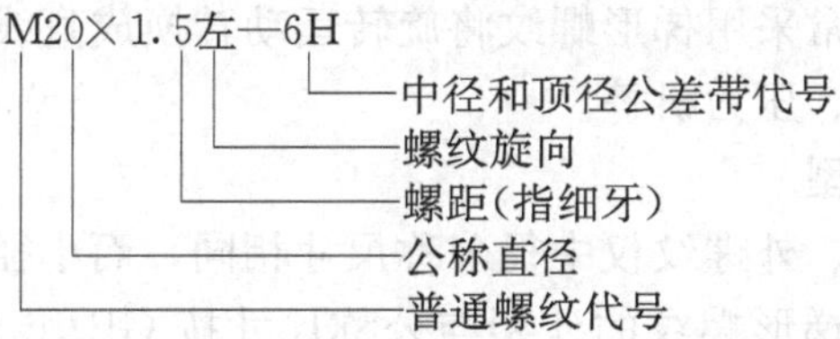

在装配图上，内、外螺纹公差带代号用斜线分开，左边表示内螺纹公差带代号，右边表示外螺纹公差带代号，如 M6—6H/6g。

例 9-1　有一螺母，大径 D 为 24mm，中径 $D_2=22.051$mm，螺距为 3mm，螺母中径的公差带为 6H，加工后测得尺寸为：单一中径 $D_{2DY}=22.285$，螺距误差 $\Delta P_\Sigma=+50\mu m$，牙型半角误差 $\Delta\alpha_1=-80'$，$\Delta\alpha_2=+60'$，试画出中径公差带图，并判断该螺母是否合格？

解　根据已知条件，查表 9-3、表 9-4 得，基本偏差 EI＝0μm，中径公差 $T_{D_2}=265\mu m$，则中径的上极限偏差 $ES=EI+T_{D_2}=+265\mu m$，所以

$$D_{2max}=D_2+T_{D2}=(22.051+0.265)\ mm$$
$$=22.316mm$$
$$D_{2min}=D_2=22.051mm$$

由式（9-1）和表 9-1 可计算螺距误差和牙型半角误差的中径当量值，即

$$f_p=1.732\,|\Delta P_\Sigma|=1.732\times50\mu m=86.6\mu m\approx0.087mm$$

$$f_{\alpha i}=1/2P\ (0.44\,|\Delta\alpha_1|+0.291\,|\Delta\alpha_2|)=1/2\times3\ (0.44\times80+0.291\times60)\ \mu m$$
$$=78.99\mu m\approx0.079mm$$

由式（9-4）可计算螺母的作用中径

$$D_{2ZY}=D_{2SJ}-(f_p+f_{\alpha i})=[22.285-(0.087+0.079)]\ mm=22.119mm$$
$$D_{2DY}=22.285mm<D_{2max}=22.316mm$$
$$D_{2ZY}=22.119mm>D_{2min}=22.051mm$$

故该螺母合格，满足互换性要求。其公差带图如图 9-8 所示。

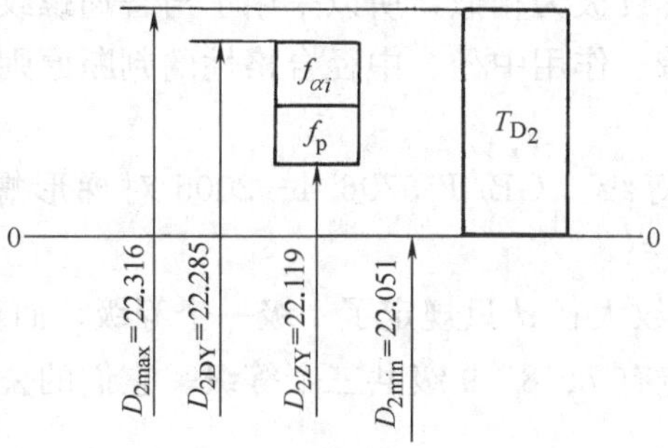

图 9-8　例 9-1 中的中径公差带图

第四节　梯形螺纹的公差带及其选用

螺旋传动是广泛用来传递运动和动力的一种机械传动。传动螺纹的牙型多采用梯形，因为梯形螺纹的螺旋传动具有传动平稳和可靠的优点，而且螺纹加工方便。

在各种机电产品中常常采用梯形螺纹将旋转运动转换成直线运动，如车床的尾座、各种机床的进给机构、千斤顶、压力机等。

一、梯形螺纹基本牙型

梯形螺纹的特点是内、外螺纹仅中径公称尺寸相同，而小径和大径的公称尺寸不同，这与普通螺纹是不一样的。梯形螺纹的牙型与公称尺寸按 GB/T 5796.3—2005 的规定，如图 9-9 所示。公称尺寸的名称、代号及关系式见表 9-7。

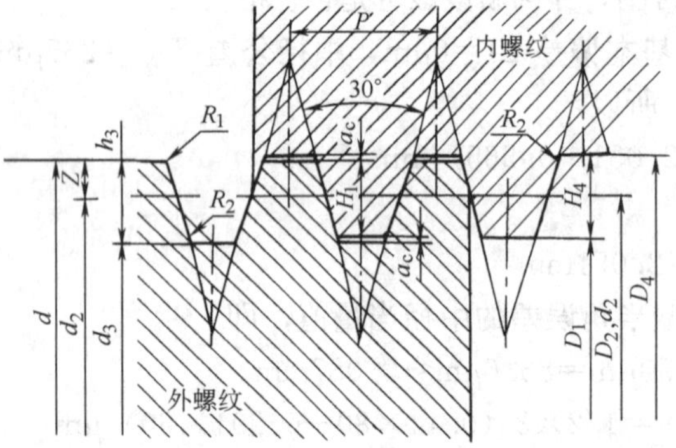

图 9-9 梯形螺纹

表 9-7 梯形螺纹公称尺寸的名称、代号及关系

名 称	代号	关 系 式
外螺纹大径	d	
螺距	P	
牙顶间隙	a_c	
基本牙型牙高	H_1	$H_1=0.5P$
外螺纹牙高	h_3	$h_3=H_1+a_c=0.5P+a_c$
内螺纹牙高	H_4	$H_4=H_1+a_c=0.5P+a_c$
牙顶高	Z	$Z=0.25P=H_1/2$
外螺纹中径	d_2	$d_2=d-2Z=d-0.5P$
内螺纹中径	D_2	$D_2=d-2Z=d-0.5P$
外螺纹小径	d_3	$d_3=d-2h_3$
内螺纹小径	D_1	$D_1=d-2H_1=d-P$
内螺纹大径	D_4	$D_4=d+2a_c$
外螺纹牙顶圆角	R_1	$R_{1max}=0.5a_c$
牙底圆角	R_2	$R_{2max}=a_c$

二、梯形螺纹公差

由于 GB/T 5796.4—2005《梯形螺纹 第 4 部分：公差》是一般用途的传动螺纹，其加工工艺和检测方法与普通螺纹极为相似，所以采用了与普通螺纹相同的公差原则。为此，普通螺纹中有关的牙型公差带、作用中径、中径合格性的判断原则、公差结构等概念和原则均适用于梯形螺纹。

(1) 梯形螺纹的公差等级 GB/T 5796.4—2005 对梯形螺纹各直径规定的公差等级如下：

内螺纹小径 D_1 和外螺纹大径 d 只规定了 4 级一个等级，而对内螺纹中径 D_2、外螺纹中径 d_2 和外螺纹小径 d_3 规定有 7、8、9 级共三个等级。它们的公差数值见表 9-8～表9-10。

表 9-8 顶径公差（摘自 GB/T 5796.4—2005） （单位：μm）

螺距 P /mm	内螺纹小径公差 T_{D_1}（4 级）	外螺纹大径公差 T_d（4 级）	螺距 P /mm	内螺纹小径公差 T_{D_1}（4 级）	外螺纹大径公差 T_d（4 级）
1.5	190	150	5	450	335
2	236	180	6	500	375
3	315	236	7	560	425
4	375	300	8	630	450

表 9-9　中径公差（摘自 GB/T 5796.4—2005）　（单位：μm）

公称直径 D，d/mm		螺距 P/mm	内螺纹中径公差 T_{D_2} 公差等级			外螺纹中径公差 T_{d_2} 公差等级		
>	≤		7	8	9	7	8	9
5.6	11.2	1.5	224	280	355	170	212	265
		2	250	315	400	190	236	300
		3	280	355	450	212	265	335
11.2	22.4	2	265	335	425	200	250	315
		3	300	375	475	224	280	355
		4	355	450	560	265	335	425
		5	375	475	600	280	355	450
		8	475	600	750	355	450	560

表 9-10　外螺纹小径公差 T_{d_3}（摘自 GB/T 5796.4—2005）　（单位：μm）

公称直径 d/mm		螺距 P/mm	中径公差带位置为 c 公差等级			中径公差带位置为 e 公差等级		
>	≤		7	8	9	7	8	9
5.6	11.2	1.5	352	405	471	279	332	398
		2	388	445	525	309	366	446
		3	435	501	589	350	416	504
11.2	22.4	2	400	462	544	321	383	465
		3	450	520	614	365	435	529
		4	521	609	690	426	514	595
		5	562	656	775	456	550	669
		8	709	828	965	576	695	832

（2）梯形螺纹的基本偏差　GB/T 5796.4—2005 对内螺纹大、中、小径（D_4，D_2，D_1）只规定了一种公差带位置 H，即基本偏差 EI 为零，如图 9-10 所示。对外螺纹大、小径（d，d_3）也只规定了一种公差带位置 h，基本偏差 es 为零。而对中径 d_2 则规定了 e、c 两种公差带位置，其基本偏差 es 为负值，如图 9-11 所示。内、外螺纹中径的基本偏差见表 9-11。

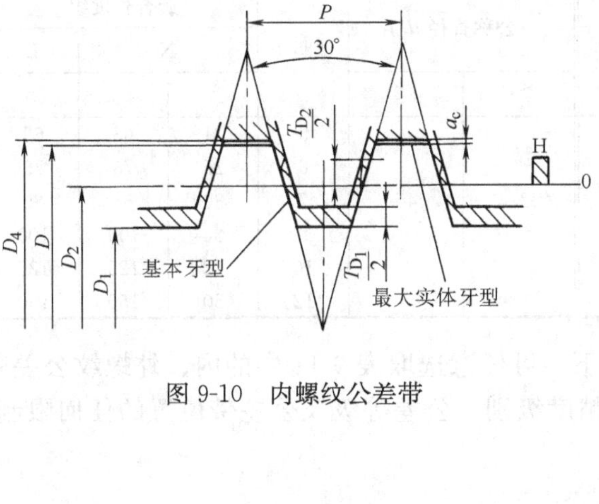

图 9-10　内螺纹公差带

表 9-11　梯形螺纹中径的基本偏差（摘自 GB/T 5796.4—2005）　（单位：μm）

螺距 P/mm	内螺纹 D_2 H EI	外螺纹 d_2 c es	外螺纹 d_2 e es
1.5	0	−140	−67
2	0	−150	−71
3	0	−170	−85
4	0	−190	−95
5	0	−212	−106
6	0	−236	−118
7	0	−250	−125
8	0	−265	−132

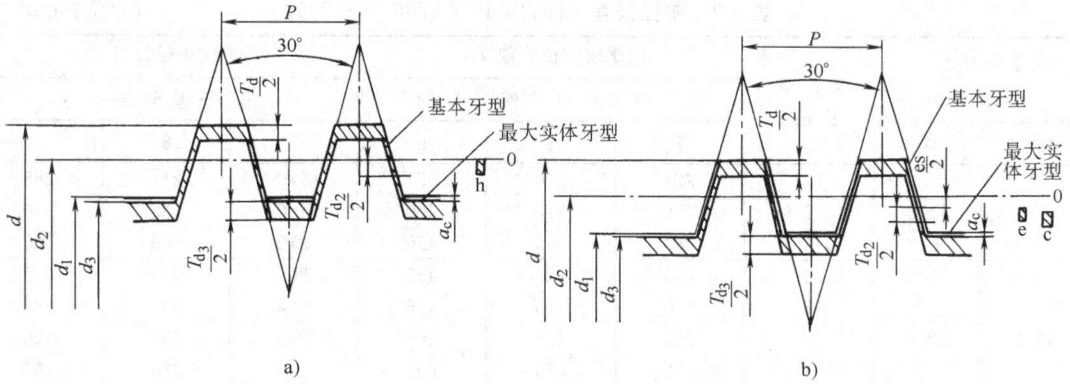

图 9-11 外螺纹公差带

三、梯形螺纹精度与公差带的选用

梯形螺纹精度由旋合长度和公差带共同构成，据此梯形螺纹精度分有中等和粗糙两个精度级别，见表 9-12。

表 9-12 内、外螺纹选用的公差带

精 度	内 螺 纹		外 螺 纹	
	N	L	N	L
中 等	7H	8H	7e	8e
粗 糙	8H	9H	8c	9c

由于标准对内螺纹小径 D_1 和外螺纹大径 d 都只规定了一种公差带（4H，4h），外螺纹小径公差带位置只有 h，而公差等级数与外螺纹中径组合的公差等级数相同，故梯形螺纹公差带的选择是指中径公差带的选择。选择梯形螺纹公差带时，通常选中等精度级和中等旋合长度；只有当要求不高时，才选粗糙精度级。当有强度、平稳性要求时，可选长旋合长度。一般情况下，应选表 9-12 规定的选用公差带。中等旋合长度组 N 和长旋合长度组 L 的长度划分范围见表 9-13。

表 9-13 梯形螺纹旋合长度（GB/T 5796.4—2005）（单位：mm）

公称直径 d		螺距 P	旋合长度组			公称直径 d		螺距 P	旋合长度组		
			N		L				N		L
>	≤		>	≤	>	>	≤		>	≤	>
11.2	22.4	2	8	24	24	22.4	45	5	21	63	63
		3	11	32	32			6	25	75	75
		4	15	43	43			7	30	85	85
		5	18	53	53			8	34	100	100
		8	30	85	85			10	42	125	125
22.4	45	3	12	36	36			12	50	150	150

必须指出，在满足产品性能要求的前提下，可任意选取表 9-11 中的内、外螺纹公差带组成螺纹副。内、外螺纹构成配合时，不受精度级别、公差等级及公差带位置的任何限制。螺纹副的精度由内、外螺纹共同决定。

四、梯形螺纹的标记

梯形螺纹的标记由梯形螺纹代号、公差带代号及旋合长度代号组成。梯形螺纹代号由表示梯形螺纹特征的字母“Tr”和表示梯形螺纹直径与螺距的数字组成。内、外螺纹及螺纹副的标记示例为

内螺纹： Tr40×7—7H—L

- L：旋合长度组别代号（不注时为中等旋合长度）
- 7H：内螺纹中径公差带代号
- Tr40×7：梯形螺纹代号（公称直径 40mm，螺距 7mm）

外螺纹： Tr40×14(P7)LH—7e

- 7e：外螺纹中径公差带代号
- Tr40×14(P7)LH：梯形螺纹代号（公称直径 40mm，导程 14mm，螺距 7mm，左旋，不注时为右旋）

螺纹副：Tr40×7—7H/7e

五、丝杠工作图的标注示例

图 9-12 所示为 Tr30×6—8e 丝杠工作图的标注。

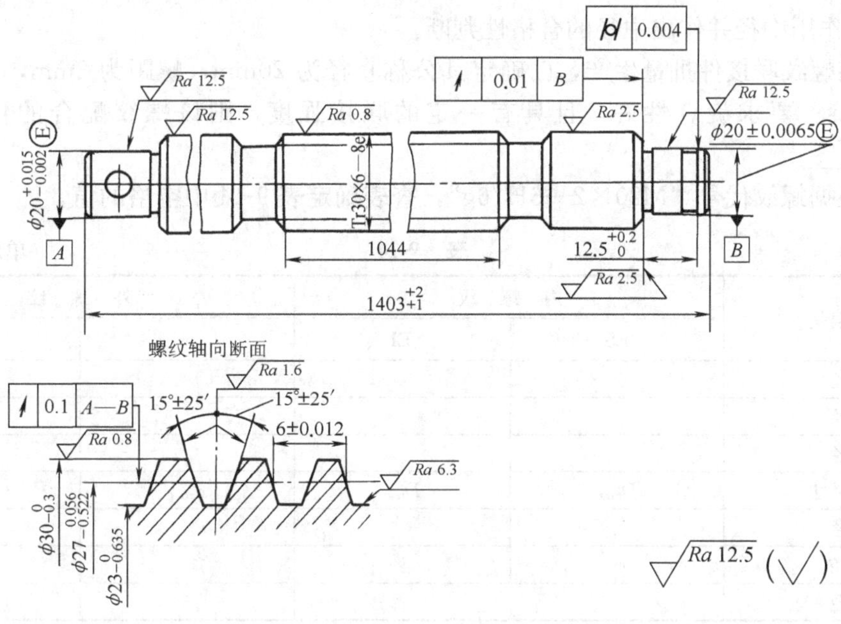

图 9-12 丝杠工作图

思 考 题

9-1 螺纹中径、单一中径和作用中径三者有何区别和联系？

9-2 普通螺纹联接中，内、外螺纹中径公差是如何构成的？如何判断中径的合格性？

9-3 对普通紧固螺纹，标准为什么不单独规定螺距公差与牙型半角公差？

9-4 普通螺纹的实际中径在中径极限尺寸内，中径是否就合格？为什么？

9-5 影响螺纹互换性的参数有哪些？

9-6 普通螺纹和传动螺纹的基本牙型和公差带有何异同？

练　习　题

9-1 判断题（对的在括号内填上“√”，错的填上“×”）

1. 螺纹的牙型角是指相邻两牙侧间的夹角。(　　)

2. 螺纹的牙侧角是牙型角的1/2，即牙型半角。(　　)

3. 螺纹的单一中径是指中径线通过牙型上的沟槽和突起两者宽度相等的假想圆柱面直径。(　　)

4. 普通螺纹的中径公差，可以同时限制中径、螺距和牙型半角三个参数的误差。(　　)

5. 若内螺纹具有理想牙型，外螺纹具有螺距误差，且 $\Delta P_\Sigma > 0$，则内、外螺纹旋合时在螺纹牙型右侧面发生干涉。(　　)

6. 若外螺纹具有理想牙型，内螺纹仅有牙型半角误差，且 $\Delta\alpha_1 = \Delta\alpha_2$，则内、外螺纹旋合时干涉部位发生在近螺纹的大径处。(　　)

7. 对相同规格和同一公差等级的普通螺纹，内、外螺纹的公差值不一定相等。(　　)

9-2 有一 M20—7H 的螺母（$P = 2.5$mm，$D_2 = 18.376$mm），测得单一中径 D_2 为 18.61mm、螺距累积误差的中径当量为 0.015mm、牙型半角误差的中径当量为 0.023mm。求该螺母的作用中径并作出中径的合格性判断。

9-3 某螺纹联接件批量生产，已确定其公称直径为 20mm，螺距为 2mm，旋合长度为 22mm，右旋。要求旋合性好，且具有一定的联接强度，则该螺纹配合的代号可选为______________。

9-4 根据螺纹代号“M20×2—6H/6g”，查表确定表 9-14 中空格的值。

表 9-14　　(单位：mm)

极限偏差	内螺纹		外螺纹	
	ES	EI	es	ei
大径				
中径				
小径				
极限尺寸	D_{max}	D_{min}	d_{max}	d_{min}
大径				
中径				
小径				

9-5 根据题 9-4 中普通螺纹的标记代号和表 9-15 中的测得值，填写表 9-15 中的空格。

表 9-15　　(单位：mm)

	单一中径	ΔP_Σ	f_p	$\Delta\alpha_1$	$\Delta\alpha_2$	$f_{\alpha i}$	作用中径
内螺纹	18.781	+0.030		1°10′	+1°30′		
外螺纹	18.566	−0.040		+40′	+1°		
能否满足旋合性要求			理由				
是否联接可靠			理由				

第十章　渐开线圆柱齿轮的精度设计

第一节　概　　述

圆柱齿轮传动在各类机械装置中应用非常广泛，各类齿轮都是用来传递运动或动力的，其使用要求因用途不同而异，但归纳起来主要有以下四个方面：

1）传递运动的准确性。即要求齿轮在一转范围内，平均传动比的变化不大，以保证从动齿轮与主动齿轮运动协调一致。对精密分度装置中的齿轮应重点保证。

2）传动的平稳性。即要求齿轮在一个齿距范围内，其瞬时传动比变化不大，以避免产生冲击、振动和噪声。它是高速轻载传动装置中齿轮的主要要求。

3）载荷分布的均匀性。即要求齿轮啮合时，齿轮齿面接触良好，以免引起轮齿上应力集中，造成局部损伤和断齿，影响齿轮的使用寿命。它是低速重载传动装置中齿轮的主要要求。

4）传动侧隙的合理性。不论哪类齿轮传动都要求齿轮副啮合时，在非工作齿面间应具有适当的侧隙，以用来储存润滑油，补偿热变形和弹性变形等。

齿轮传动精度与齿轮精度及其安装情况等密切相关。因此，为保证齿轮传动的互换性，不仅应规定单个齿轮的精度，还应对齿轮副规定制造及安装精度。

目前我国推荐使用的圆柱齿轮标准为：《圆柱齿轮　精度制》GB/T 10095—2008；《圆柱齿轮　检验实施规范》GB/Z 18620—2008；《渐开线圆柱齿轮精度　检验细则》GB/T 13924—2008。

第二节　渐开线圆柱齿轮精度指标

一、轮齿同侧齿面偏差

1. *齿距偏差*

（1）单个齿距偏差（f_{pt}）　在端平面上，在接近齿高中部的一个与齿轮轴线同心的圆上，实际齿距与理论齿距的代数差（图 10-1）。

（2）齿距累积偏差（F_{pk}）　任意 k 个齿距的实际弧长与理论弧长的代数差（图 10-1）。理论上它等于这 k 个齿距的各单个齿距偏差的代数和（图 10-1 和图 10-2）。如果在较少的齿距数上的齿距累积偏差过大时，在实际工作中将产生很大的加速度力，形成很大的动载荷。这在高速齿轮传动中更应重视。一般 F_{pk}的允许值适用于齿距数 k 为 2 到 $z/8$ 范围（z 为齿数），通常 k 取 $z/8$ 就足够了。

（3）齿距累积总偏差（F_p）　齿轮同侧齿面任意弧段（$k=1$ 至 $k=z$）内的最大齿距累积偏差。它表现为齿距累积偏差曲线的总幅值（图 10-2）。

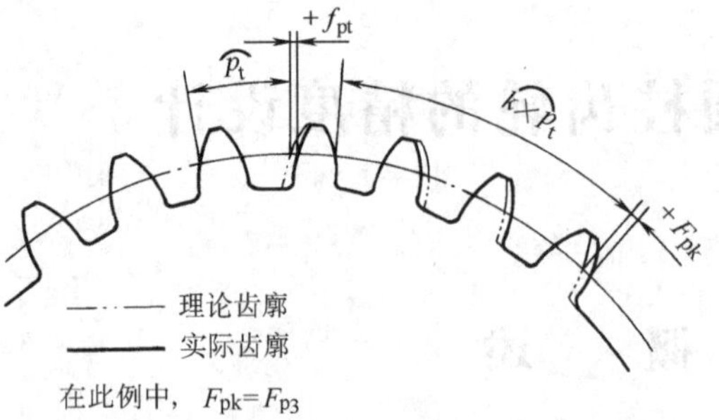

图 10-1 单个齿距偏差和齿距累积偏差

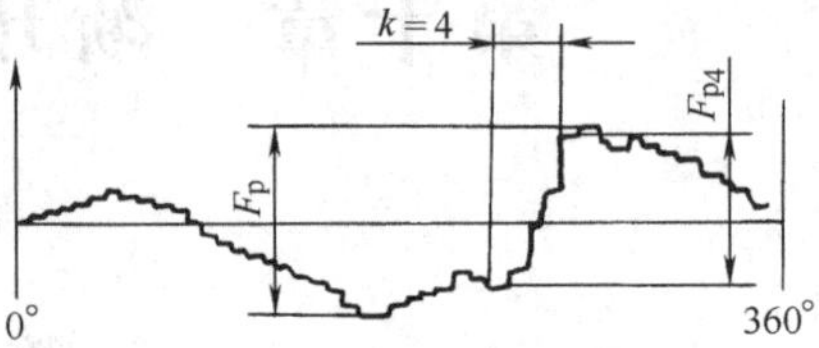

图 10-2 齿距累积总偏差 F_p

2. 齿廓偏差

齿廓偏差是指实际齿廓偏离设计齿廓的量，该量在端平面内且垂直于渐开线齿廓的方向计值。

(1) 齿廓总偏差（F_α） 在计值范围 L_α 内，包容实际齿廓迹线的两条设计齿廓迹线间的距离，如图 10-3a 所示。齿廓总偏差 F_α 主要影响齿轮平稳性精度。

(2) 齿廓形状偏差（$f_{f\alpha}$） 在计值范围 L_α 内，包容实际齿廓迹线的并与平均齿廓迹线

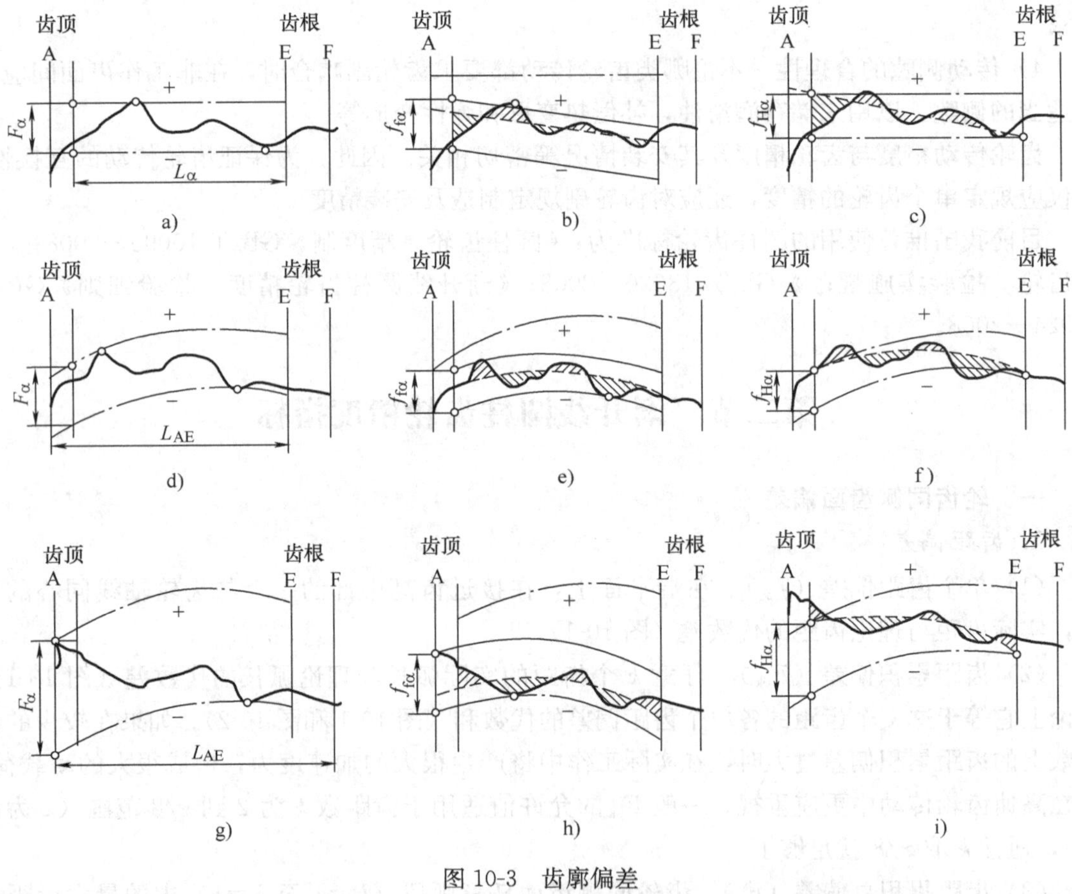

图 10-3 齿廓偏差

a)、d)、g) 齿廓总偏差 b)、e)、h) 齿廓形状偏差 c)、f)、i) 齿廓倾斜偏差

完全相同的两条曲线间的距离，且两条曲线与平均齿廓迹线的距离为常数，如图 10-3b 所示。图中：点画线为设计轮廓；粗实线为实际轮廓；虚线为平均轮廓。

(3) 齿廓倾斜偏差（$f_{H\alpha}$） 在计值范围 L_α 内，两端与平均齿廓迹线相交的两条设计齿廓迹线间的距离，如图 10-3c 所示。

在近代齿轮设计中，对于高速传动齿轮，为减少基圆齿距偏差和轮齿弹性变形引起的冲击、振动和噪声，常采用以理论渐开线齿形为基础的修正齿形，如修缘齿形、凸齿形等，如图 10-3 所示。所以设计齿形可以是渐开线齿形，也可以是这种修正齿形。

1）设计齿廓为未修形的渐开线；实际齿廓在减薄区偏向体内，如图 10-3a、b、c 所示。

2）设计齿廓为修形的渐开线；实际齿廓在减薄区偏向体内，如图 10-3d、e、f 所示。

3）设计齿廓为修形的渐开线；实际齿廓在减薄区偏向体外，如图 10-3g、h、i 所示。

对于齿轮质量分级，只需检验齿廓总偏差 F_α 即可。有时为了进行工艺分析或应用户要求，也可在测量曲线上分析检验出 $f_{H\alpha}$ 和 $f_{f\alpha}$。

3. *螺旋线偏差*

在端面基圆切线方向上测得的实际螺旋线偏离设计螺旋线的量。

(1) 螺旋线总偏差（F_β） 在计值范围 L_β 内，包容实际螺旋线迹线的两条设计螺旋线迹线间的距离（图 10-4）。

在螺旋线检查仪上测量非修形螺旋线的斜齿轮偏差，原理是将产品齿轮的实际螺旋线与标准的理论螺旋线逐点进行比较并将所得的差值在记录纸上画出偏差曲线图，如图10-4所示。没有螺旋线偏差的螺旋线展开后应该是一条直线（设计螺旋线迹线），即图中的线 1。如果无 F_β 偏差，仪器的记录笔应该走出一条与 1 重合的直线；而当存在 F_β 偏差时，则走出一条曲线 2（实际螺旋线迹线）。齿轮从基准面Ⅰ到非基准面Ⅱ的轴向距离为齿宽 b。齿宽 b 两端各减去 5% 的齿宽或减去一个模数长度后得到的两者中最小值是螺旋线计值范围 L_β，过实际螺旋线迹线最高点和最低点作与设计螺旋线平行的两条直线的距离即为 F_β。该项偏差主要影响齿面接触精度。

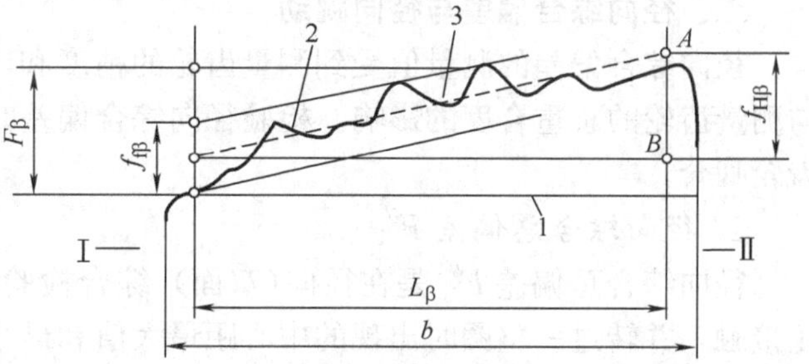

图 10-4 螺旋线偏差

(2) 螺旋线形状偏差（$f_{f\beta}$） 在计值范围 L_β 内，包容实际螺旋线迹线的并与平均螺旋线迹线完全相同的两条曲线间的距离（图 10-4），且两条曲线与平均螺旋线迹线的距离为常数。平均螺旋线迹线是在计值范围内，按最小二乘法确定的（图 10-4 中的 3）。

(3) 螺旋线倾斜偏差（$f_{H\beta}$） 在计值范围 L_β 的两端与平均螺旋线迹线相交的两条设计螺旋线迹线间的距离（图 10-4 中的 A、B）。

注意上述 F_β、$f_{f\beta}$、$f_{H\beta}$ 的取值方法适用于非修形螺旋线，当齿轮设计成修形螺旋线时，设计螺旋线迹线不再是直线。

对直齿圆柱齿轮，螺旋角 $\beta=0$，此时 F_β 又称为齿向偏差。

螺旋线偏差是在端面基圆切线方向测量的实际螺旋线与设计螺旋线之间的差值，如果偏差是在齿面的法向测量，则应除以 $\cos\beta_b$ 换算成端面的偏差量，然后才能与公差值比较。

对于齿轮质量分等，只需检验螺旋线总偏差 F_{β} 即可。有时为进行工艺分析或应用户要求可从测量曲线上进一步分析出 $f_{f\beta}$或 $f_{H\beta}$的值。

4. 切向综合偏差

(1) 切向综合总偏差（F'_{i}） 产品齿轮与测量齿轮单面啮合检验时，产品齿轮一转内，齿轮分度圆上实际圆周位移与理论圆周位移的最大差值（图 10-5）。F'_{i} 是反映齿轮运动精度的检查项目。

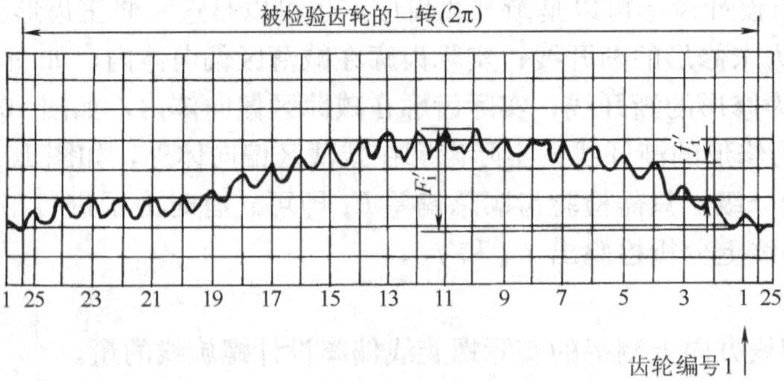

图 10-5 切向综合偏差曲线图

(2) 一齿切向综合偏差（f'_{i}） 如图 10-5 所示，在一个齿距内的切向综合偏差值（取所有齿的最大值）。f'_{i} 是检验齿轮平稳性精度的项目。

二、径向综合偏差与径向跳动

径向综合偏差的测量值受到测量齿轮的精度和产品齿轮（指正在被测量或评定的齿轮）与测量齿轮的总重合度的影响。检验径向综合偏差时，测量齿轮应在有效长度 L_{AE}上与产品齿轮啮合。

1. 径向综合总偏差 F''_{i}

径向综合总偏差 F''_{i} 是在径向(双面) 综合检验时，产品齿轮的左右齿面同时与测量齿轮接触，并转过一整圈时出现的中心距最大值和最小值之差，如图 10-6 所示。

图 10-6 为在双啮仪上测量画出的 F''_{i} 偏差曲线，横坐标表示齿轮转角，纵坐标表示偏差，过曲线最高、最低点作平行于横轴的两条直线，两平行线间距离即为 F''_{i} 值。F''_{i} 是反映齿轮运动精度的项目。

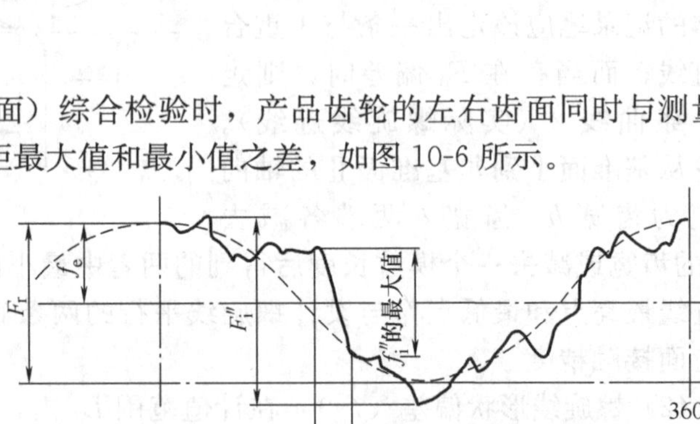

图 10-6 径向综合偏差曲线图

2. 一齿径向综合偏差（f''_{i}）

一齿径向综合偏差 f''_{i} 是产品齿轮与测量齿轮啮合一整圈(径向综合检验）时，对应一个齿距（360°/z）的径向综合偏差值（图 10-6)。产品齿轮所有轮齿的 f''_{i} 的最大值不应超过规定的允许值。f''_{i} 反映齿轮工作平稳精度。

径向偏差包括径向综合总偏差 f''_{i} 和一齿径向综合偏差 f''_{i}。一般是在齿轮双啮仪上测量。

图 10-7 为双啮仪测量原理图。理想精确的测量齿轮安装在固定滑座 2 的心轴上，产品

齿轮安装在可动滑座 3 的心轴上，在弹簧力的作用下，两者达到紧密无间隙的双面啮合，此时的中心距为度量中心距 a'。当两者转动时由于产品齿轮存在加工误差，使得度量中心距发生变化，此变化通过测量台架的移动传到指示表或由记录装置画出偏差曲线，从偏差曲线上可读得 F''_i 和 f''_i。径向综合偏差包括了左、右齿面啮合偏差的成分，它不可能得到同侧齿面的单向偏差。该方法可应用于大量生产的中等精度齿轮和小模数齿轮（模数 1～10mm，中心距 50～300mm）的检测。

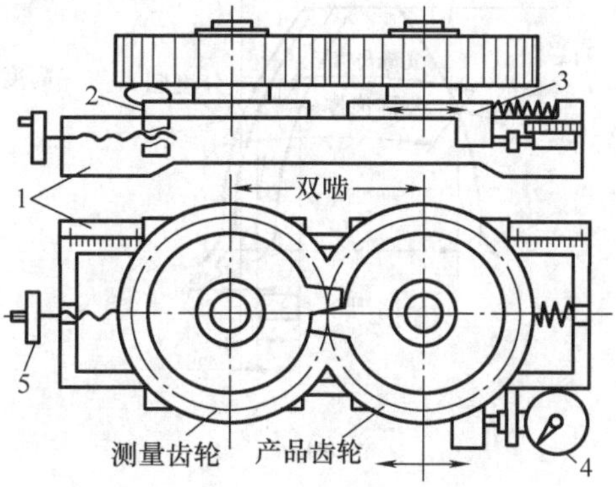

图 10-7 双啮仪测量原理图

1—基体 2—固定滑座 3—可动滑座 4—指示表 5—手轮

3. 径向跳动（F_r）

齿轮径向跳动为测头（球形、圆柱形、砧形）相继置于每个齿槽内时，从它到齿轮轴线的最大和最小径向距离之差，如图 10-8a 所示。检查时测头在近似齿高中部与左右齿面接触，根据测量数值可画出如图 10-8b 所示的径向跳动曲线图。图中偏心量是径向跳动的一部分。

F_r 主要反映齿轮的几何偏心，它是检测齿轮运动精度的项目。

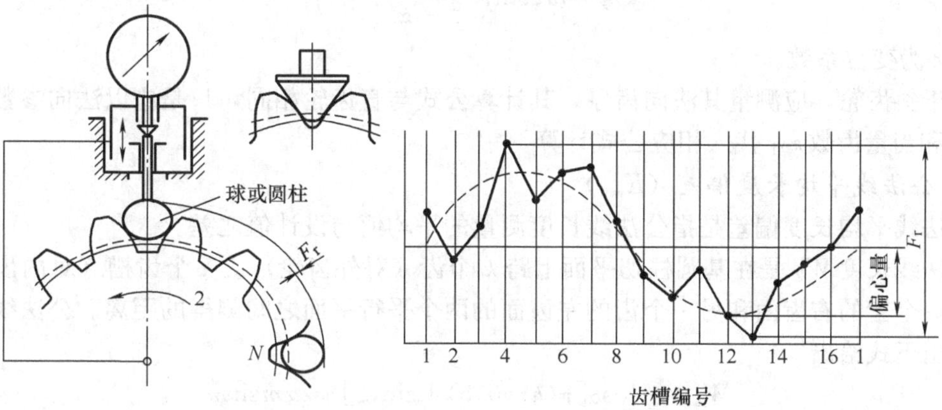

图 10-8 径向跳动

三、齿厚偏差及公法线平均长度偏差

1. 齿厚偏差（E_{sn}）

齿厚偏差是指在分度圆柱面上齿厚的实际值与公称值之差。如图 10-9a 所示。齿厚测量可用齿厚游标卡尺（图 10-9b），也可用精度更高些的光学测齿仪测量。

用齿厚卡尺测齿厚时，首先将齿厚卡尺的高度游标卡尺调至相应于分度圆弦齿高$\overline{h}_a$ 位置，然后用宽度游标卡尺测出分度圆弦齿厚$\overline{S}$值，将其与理论值比较即可得到齿厚偏差 E_{sn}。对于非变位直齿轮$\overline{h}_a$ 与$\overline{S}$按下式计算

$$\overline{h}_a=m+\frac{zm}{2}\left[1-\cos\left(\frac{90^\circ}{z}\right)\right] \tag{10-1}$$

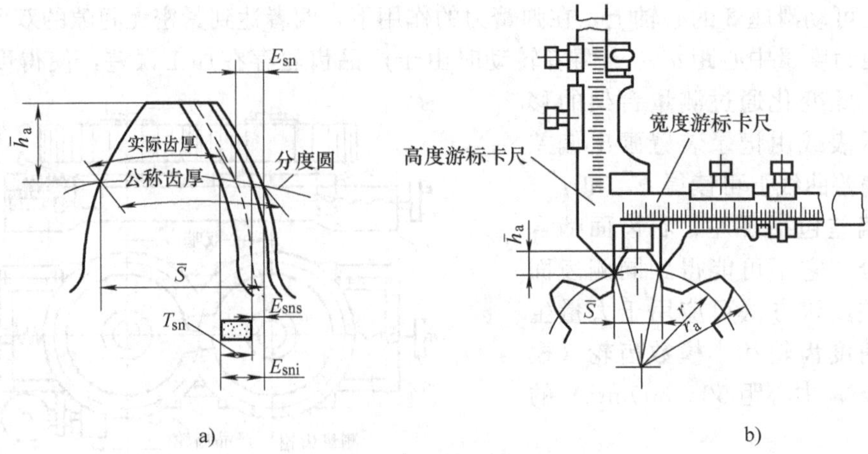

a)　　　　　　b)

图 10-9　齿厚偏差及测量

$$\overline{S}=zm\sin\frac{90°}{z} \tag{10-2}$$

对于变位直齿轮，$\overline{h}_a$ 与$\overline{S}$按下式计算

$$\overline{h}_{a变}=m\left[1+\frac{z}{2}\left(1-\cos\frac{90°+41.7°x}{z}\right)\right] \tag{10-3}$$

$$\overline{S}_{变}=mz\sin\left(\frac{90°+41.7°x}{z}\right) \tag{10-4}$$

式中，x 为变位系数。

对于斜齿轮，应测量其法向齿厚，其计算公式与直齿轮相同，只是应以法向参数即 m_n，α_n、x_n 和当量齿数 $z_{当}$ 代入相应公式计算。

2. 公法线平均长度偏差（E_{wm}）

公法线平均长度偏差是指公法线长度测量的平均值与设计值之差。

公法线长度 W_k 是在基圆柱切平面上跨 k 个齿（对外齿轮）或 k 个齿槽（对内齿轮）在接触到一个齿的右齿面和另一个齿的左齿面的两个平行平面之间测得的距离。公法线长度的设计值由下式给出

$$W_k=m\cos\alpha[\pi(k-0.5)+z\mathrm{inv}\alpha]+2xm\sin\alpha$$

对标准齿轮
$$W_k=m[1.476(2k-1)+0.014\times z]$$

式中，x 为径向变位系数；invα 为 α 角的渐开线函数；k 为测量时的跨齿数；m 为模数；z 为齿数。

齿厚偏差和公法线平均长度偏差是用来评定齿轮侧隙合理性的项目。

第三节　渐开线圆柱齿轮的精度等级及其应用

一、渐开线圆柱齿轮的精度等级

1. 渐开线圆柱齿轮轮齿同侧齿面的精度

GB/T 10095.1—2008 规定了单个渐形线圆柱齿轮轮齿同侧齿面的精度等级为 13 个精度等级，即 0，1，2，…，12 级，其中 0 级是最高级，12 级是最低级。分度圆直径 d 的范

围是 5～10000mm，法向模数 m_n 的范围是 0.5～70mm，齿宽 b 的范围是 4～1000mm。

（1）轮齿同侧齿面的精度允许值　表 10-1～表 10-4 摘录了 GB/T 10095.1—2008 规定的常用精度等级范围内，常用齿轮参数值的单个齿距偏差 $\pm f_{pt}$、齿距累积总偏差 F_p、齿廓总偏差 F_α 及螺旋线总偏差 F_β 的数值。

表 10-1　单个齿距偏差 $\pm f_{pt}$（摘自 GB/T 10095.1—2008）

分度圆直径 d/mm	法向模数 m_n/mm	精度等级 5	6	7	8	9
		$\pm f_{pt}/\mu m$				
$20<d\leqslant50$	$2<m_n\leqslant3.5$	5.5	7.5	11.0	15.0	22.0
	$3.5<m_n\leqslant6$	6.0	8.5	12.0	17.0	24.0
$50<d\leqslant125$	$2<m_n\leqslant3.5$	6.0	8.5	12.0	17.0	23.0
	$3.5<m_n\leqslant6$	6.5	9.0	13.0	18.0	26.0
	$6<m_n\leqslant10$	7.5	10.0	15.0	21.0	30.0
$125<d\leqslant280$	$2<m_n\leqslant3.5$	6.5	9.0	13.0	18.0	26.0
	$3.5<m_n\leqslant6$	7.0	10.0	14.0	20.0	28.0
	$6<m_n\leqslant10$	8.0	11.0	16.0	23.0	32.0
$280<d\leqslant560$	$2<m_n\leqslant3.5$	7.0	10.0	14.0	20.0	29.0
	$3.5<m_n\leqslant6$	8.0	11.0	16.0	22.0	31.0
	$6<m_n\leqslant10$	8.5	12.0	17.0	25.0	35.0

表 10-2　齿距累积总偏差 F_p（摘自 GB/T 10095.1—2008）

分度圆直径 d/mm	法向模数 m_n/mm	精度等级 5	6	7	8	9
		$F_p/\mu m$				
$20<d\leqslant50$	$2<m_n\leqslant3.5$	15.0	21.0	30.0	42.0	59.0
	$3.5<m_n\leqslant6$	15.0	22.0	31.0	44.0	62.0
$50<d\leqslant125$	$2<m_n\leqslant3.5$	19.0	27.0	38.0	53.0	76.0
	$3.5<m_n\leqslant6$	19.0	28.0	39.0	55.0	78.0
	$6<m_n\leqslant10$	20.0	29.0	41.0	58.0	82.0
$125<d\leqslant280$	$2<m_n\leqslant3.5$	25.0	35.0	50.0	70.0	100.0
	$3.5<m_n\leqslant6$	25.0	36.0	51.0	72.0	102.0
	$6<m_n\leqslant10$	26.0	37.0	53.0	75.0	106.0
$280<d\leqslant560$	$2<m_n\leqslant3.5$	33.0	46.0	65.0	92.0	131.0
	$3.5<m_n\leqslant6$	33.0	47.0	66.0	94.0	133.0
	$6<m_n\leqslant10$	34.0	48.0	68.0	97.0	137.0

表 10-3 齿廓总偏差 F_α（摘自 GB/T 10095.1—2008）

分度圆直径 d/mm	法向模数 m_n/mm	精度等级 5	6	7	8	9
		F_α/μm				
$20<d\leqslant50$	$2<m_n\leqslant3.5$	7.0	10.0	14.0	20.0	29.0
	$3.5<m_n\leqslant6$	9.0	12.0	18.0	25.0	35.0
$50<d\leqslant125$	$2<m_n\leqslant3.5$	8.0	11.0	16.0	22.0	31.0
	$3.5<m_n\leqslant6$	9.5	13.0	19.0	27.0	38.0
	$6<m_n\leqslant10$	12.0	16.0	23.0	33.0	46.0
$125<d\leqslant280$	$2<m_n\leqslant3.5$	9.0	13.0	18.0	25.0	36.0
	$3.5<m_n\leqslant6$	11.0	15.0	21.0	30.0	42.0
	$6<m_n\leqslant10$	13.0	18.0	25.0	36.0	50.0
$280<d\leqslant560$	$2<m_n\leqslant3.5$	10.0	15.0	21.0	29.0	41.0
	$3.5<m_n\leqslant6$	12.0	17.0	24.0	34.0	48.0
	$6<m_n\leqslant10$	14.0	20.0	28.0	40.0	56.0

表 10-4 螺旋线总偏差 F_β（摘自 GB/T 10095.1—2008）

分度圆直径 d/mm	齿宽 b/mm	精度等级 5	6	7	8	9
		F_β/μm				
$20<d\leqslant50$	$10<b\leqslant20$	7.0	10.0	14.0	20.0	29.0
	$20<b\leqslant40$	8.0	11.0	16.0	23.0	32.0
$50<d\leqslant125$	$10<b\leqslant20$	7.5	11.0	15.0	21.0	30.0
	$20<b\leqslant40$	8.5	12.0	17.0	24.0	34.0
	$40<b\leqslant80$	10.0	14.0	20.0	28.0	39.0
$125<d\leqslant280$	$10<b\leqslant20$	8.0	11.0	16.0	22.0	32.0
	$20<b\leqslant40$	9.0	13.0	18.0	25.0	36.0
	$40<b\leqslant80$	10.0	15.0	21.0	29.0	41.0
$280<d\leqslant560$	$20<b\leqslant40$	9.5	13.0	19.0	27.0	38.0
	$40<b\leqslant80$	11.0	15.0	22.0	31.0	44.0
	$80<b\leqslant160$	13.0	18.0	26.0	36.0	52.0

（2）切向综合偏差的公差 GB/T 10095.1—2008 在附录 A 中规定切向综合偏差的测量不是必须的。因此，这些偏差的公差未被列入本标准的正文中。该附录给出了切向综合偏差的公差的计算式，即

一齿切向综合偏差 $f'_i=K(4.3+f_{pt}+F_\alpha)$

式中，当总重合度 $\varepsilon_\gamma<4$ 时，取系数 $K=0.2\left(\frac{\varepsilon_\gamma+4}{\varepsilon_\gamma}\right)$；当 $\varepsilon_\gamma\geqslant4$ 时，取 $K=0.4$。不同精度等级的比值（f_i'/K）见表 10-5。

切向综合总偏差　　$F'_i = F_p + f'_i$

表 10-5　f'_i/K 的比值（摘自 GB/T 10095.1—2008）

分度圆直径 d/mm	法向模数 m_n/mm	精度等级 5	6	7	8	9
		(f'_i/K) /μm				
20<d≤50	2<m_n≤3.5	17.0	24.0	34.0	48.0	68.0
	3.5<m_n≤6	19.0	27.0	38.0	54.0	77.0
50<d≤125	2<m_n≤3.5	18.0	25.0	36.0	51.0	72.0
	3.5<m_n≤6	20.0	29.0	40.0	57.0	81.0
	6<m_n≤10	23.0	33.0	47.0	66.0	93.0
125<d≤280	2<m_n≤3.5	20.0	28.0	39.0	56.0	79.0
	3.5<m_n≤6	22.0	31.0	44.0	62.0	88.0
	6<m_n≤10	25.0	35.0	50.0	70.0	100.0
280<d≤560	2<m_n≤3.5	22.0	31.0	44.0	62.0	87.0
	3.5<m_n≤6	24.0	34.0	48.0	68.0	96.0
	6<m_n≤10	27.0	38.0	54.0	76.0	108.0

（3）齿廓与螺旋线的形状偏差和倾斜偏差的数值　GB/T 10095.1—2008 在附录 B 中规定齿廓与螺旋线的形状偏差和倾斜偏差不是强制性的单项检验项目，不作为标准要素。但由于形状偏差和倾斜偏差对齿轮的性能有重要影响，所以将有关数值列于表 10-6～表 10-8。

表 10-6　齿廓形状偏差 $f_{f\alpha}$（摘自 GB/T 10095.1—2008）

分度圆直径 d/mm	法向模数 m_n/mm	精度等级 5	6	7	8	9
		$f_{f\alpha}$/μm				
20<d≤50	2<m_n≤3.5	5.5	8.0	11.0	16.0	22.0
	3.5<m_n≤6	7.0	9.5	14.0	19.0	27.0
50<d≤125	2<m_n≤3.5	6.0	8.5	12.0	17.0	24.0
	3.5<m_n≤6	7.5	10.0	15.0	21.0	29.0
	6<m_n≤10	9.0	13.0	18.0	25.0	36.0
125<d≤280	2<m_n≤3.5	7.0	9.5	14.0	19.0	28.0
	3.5<m_n≤6	8.0	12.0	16.0	23.0	33.0
	6<m_n≤10	10.0	14.0	20.0	28.0	39.0
280<d≤560	2<m_n≤3.5	8.0	11.0	16.0	22.0	32.0
	3.5<m_n≤6	9.0	13.0	18.0	26.0	37.0
	6<m_n≤10	11.0	15.0	22.0	31.0	43.0

表 10-7 齿廓倾斜偏差$\pm f_{H\alpha}$（摘自 GB/T 10095.1—2008）

分度圆直径 d/mm	法向模数 m_n/mm	精度等级				
		5	6	7	8	9
		$\pm f_{H\alpha}/\mu m$				
$20<d\leqslant50$	$2<m_n\leqslant3.5$	4.5	6.5	9.0	13.0	18.0
	$3.5<m_n\leqslant6$	5.5	8.0	11.0	16.0	22.0
$50<d\leqslant125$	$2<m_n\leqslant3.5$	5.0	7.0	10.0	14.0	20.0
	$3.5<m_n\leqslant6$	6.0	8.5	12.0	17.0	24.0
	$6<m_n\leqslant10$	7.5	10.0	15.0	21.0	29.0
$125<d\leqslant280$	$2<m_n\leqslant3.5$	5.5	8.0	11.0	16.0	23.0
	$3.5<m_n\leqslant6$	6.5	9.5	13.0	19.0	27.0
	$6<m_n\leqslant10$	8.0	11.0	16.0	23.0	32.0
$280<d\leqslant560$	$2<m_n\leqslant3.5$	6.5	9.0	13.0	18.0	26.0
	$3.5<m_n\leqslant6$	7.5	11.0	15.0	21.0	30.0
	$6<m_n\leqslant10$	9.0	13.0	18.0	25.0	35.0

表 10-8 螺旋线形状偏差 $f_{f\beta}$ 和螺旋线倾斜偏差$\pm f_{H\beta}$（摘自 GB/T 10095.1—2008）

分度圆直径 d/mm	齿 宽 b/mm	精度等级				
		5	6	7	8	9
		$f_{f\beta}/\mu m$ 和 $\pm f_{H\beta}/\mu m$				
$20<d\leqslant50$	$10<b\leqslant20$	5.0	7.0	10.0	14.0	20.0
	$20<b\leqslant40$	6.0	8.0	12.0	16.0	23.0
$50<d\leqslant125$	$10<b\leqslant20$	5.5	7.5	11.0	15.0	21.0
	$20<b\leqslant40$	6.0	8.5	12.0	17.0	24.0
	$40<b\leqslant80$	7.0	10.0	14.0	20.0	28.0
$125<d\leqslant280$	$10<b\leqslant20$	5.5	8.0	11.0	16.0	23.0
	$20<b\leqslant40$	6.5	9.0	13.0	18.0	25.0
	$40<b\leqslant80$	7.5	10.0	15.0	21.0	29.0
$280<d\leqslant560$	$20<b\leqslant40$	7.0	9.5	14.0	19.0	27.0
	$40<b\leqslant80$	8.0	11.0	16.0	22.0	31.0
	$80<b\leqslant160$	9.0	13.0	18.0	26.0	37.0

2. 渐开线圆柱齿轮径向综合偏差和径向跳动的精度

GB/T 10095.2—2008 规定了单个渐开线圆柱齿轮的有关径向综合偏差的精度。与 GB/T 10095.1—2008 相比，径向综合偏差的精度有不同的等级范围，其直径和模数范围也不同。

径向综合偏差的精度由 9 个精度等级组成，即 4，5，…，12 级，其中 4 级最高，12 级最低。模数范围从 0.2～10mm，直径范围从 5.0～1000mm。径向综合总偏差 F''_i 和一齿径向综合偏差 f''_i 的数值见表 10-9 和表 10-10。

表 10-9 径向综合总偏差 F''_i（摘自 GB/T 10095.2—2008）

分度圆直径 d/mm	法向模数 m_n/mm	精度等级				
		5	6	7	8	9
		$F''_i/\mu m$				
$20<d\leqslant50$	$1.0<m_n\leqslant1.5$	16	23	32	45	64
	$1.5<m_n\leqslant2.5$	18	26	37	52	73
$50<d\leqslant125$	$1.0<m_n\leqslant1.5$	19	27	39	55	77
	$1.5<m_n\leqslant2.5$	22	31	43	61	86
	$2.5<m_n\leqslant4.0$	25	36	51	72	102
$125<d\leqslant280$	$1.0<m_n\leqslant1.5$	24	34	48	68	97
	$1.5<m_n\leqslant2.5$	26	37	53	75	106
	$2.5<m_n\leqslant4.0$	30	43	61	86	121
	$4.0<m_n\leqslant6.0$	36	51	72	102	144
$280<d\leqslant560$	$1.0<m_n\leqslant1.5$	30	43	61	86	122
	$1.5<m_n\leqslant2.5$	33	46	65	92	131
	$2.5<m_n\leqslant4.0$	37	52	73	104	146
	$4.0<m_n\leqslant6.0$	42	60	84	119	169

表 10-10 一齿径向综合偏差 f''_i（摘自 GB/T 10095.2—2008）

分度圆直径 d/mm	法向模数 m_n/mm	精度等级				
		5	6	7	8	9
		$f''_i/\mu m$				
$20<d\leqslant50$	$1.0<m_n\leqslant1.5$	4.5	6.5	9.0	13	18
	$1.5<m_n\leqslant2.5$	6.5	9.5	13	19	26
$50<d\leqslant125$	$1.0<m_n\leqslant1.5$	4.5	6.5	9.0	13	18
	$1.5<m_n\leqslant2.5$	6.5	9.5	13	19	26
	$2.5<m_n\leqslant4.0$	10	14	20	29	41
$125<d\leqslant280$	$1.0<m_n\leqslant1.5$	4.5	6.5	9.0	13	18
	$1.5<m_n\leqslant2.5$	6.5	9.5	13	19	27
	$2.5<m_n\leqslant4.0$	10	15	21	29	41
	$4.0<m_n\leqslant6.0$	15	22	31	44	62
$280<d\leqslant560$	$1.0<m_n\leqslant1.5$	4.5	6.5	9.0	13	18
	$1.5<m_n\leqslant2.5$	6.5	9.5	13	19	27
	$2.5<m_n\leqslant4.0$	10	15	21	29	41
	$4.0<m_n\leqslant6.0$	15	22	31	44	62

GB/T 10095.2—2008 在附录 B 中规定了渐开线圆柱齿轮径向跳动的精度等级为 13 个等级。即 0，1，2，…，12 级，其中 0 级最高，12 级最低。径向跳动公差值见表 10-11。

表 10-11 径向跳动公差 F_r（摘自 GB/T 10095.2—2008）

分度圆直径 d/mm	法向模数 m_n/mm	精度等级 5	6	7	8	9
		$F_r/\mu m$				
$20<d\leqslant50$	$2.0<m_n\leqslant3.5$	12	17	24	34	47
	$3.5<m_n\leqslant6.0$	12	17	25	35	49
$50<d\leqslant125$	$2.0<m_n\leqslant3.5$	15	21	30	43	61
	$3.5<m_n\leqslant6.0$	16	22	31	44	62
	$6.0<m_n\leqslant10$	16	23	33	46	65
$125<d\leqslant280$	$2.0<m_n\leqslant3.5$	20	28	40	56	80
	$3.5<m_n\leqslant6.0$	20	29	41	58	82
	$6.0<m_n\leqslant10$	21	30	42	60	85
$280<d\leqslant560$	$2.0<m_n\leqslant3.5$	26	37	52	74	105
	$3.5\leqslant m_n\leqslant6.0$	27	38	53	75	106
	$6.0\leqslant m_n\leqslant10$	27	39	55	77	109

二、精度等级的选择

齿轮精度等级的选用应根据齿轮的用途、使用要求、工作条件及其他技术要求决定。对不同的精度指标及齿轮的工作齿面与非工作齿面，既可选用同一精度等级，也可选用不同精度等级的组合。

齿轮精度等级的选择方法有计算法和经验法（表格法）。计算法如根据已知传动链末端元件传动精度的要求，按照传动链误差的传动规律，分配各级齿轮副的传动精度要求来确定齿轮精度等级。目前常用经验法，表 10-12～表 10-15 供选用时参考。

表 10-12 各类机械传动中所应用的齿轮精度等级

产品类型	精度等级	产品类型	精度等级	产品类型	精度等级	产品类型	精度等级
测量齿轮	2～5	汽车底盘	5～8	拖拉机	6～9	矿用绞车	8～10
透平齿轮	3～6	轻型汽车	5～8	通用减速器	6～9	起重机械	7～10
金属切削机床	3～8	载货汽车	6～9	轧钢机	6～10	农业机械	8～11
内燃机车	6～7	航空发动机	4～8				

表 10-13 圆柱齿轮各级精度的加工方法

要素	精度等级 4	5	6	7	8	9
切齿方法	在周期误差很小的精密机床上用展成法加工	在周期误差小的精密机床上用展成法加工	在精密机床上用展成法加工	在较精密机床上用展成法加工	在展成法机床上加工	在展成法机床上或用分度法精细加工
齿面最后加工	精密磨齿；对软或中硬齿面的大齿轮，精密滚齿后研齿或剃齿		磨齿、精密滚齿或剃齿	高精度滚齿、插齿和剃齿对渗碳淬火齿轮必须作最后加工（磨齿、精刮齿、有修正能力的珩齿等）	滚齿、插齿，必要时剃齿或刮齿或珩齿	一般滚、插齿工艺

（续）

要素		精度等级											
		4		5		6		7		8		9	
轮齿表面粗糙度	齿面	硬化	调质	硬化	调质	硬化	调质	硬化	调质	硬化	调质	硬化	调质
	$Ra/\mu m$	≤0.4	≤0.8		≤1.6	≤0.8	≤1.6		≤3.2		≤6.3	≤3.2	≤6.3
	相当▽	8～9	7～8		6～7	7～8	6～7		5～6		4～5	5～6	4～5

表 10-14 圆柱齿轮各级精度的应用范围

要素		精度等级					
		4	5	6	7	8	9
工作条件及应用范围	机床	高精度和精密的分度链末端齿轮	一般精度的分度链末端齿轮 高精度和精密的分度链的中间齿轮	Ⅴ级机床主传动的重要齿轮 一般精度的分度链的中间齿轮 Ⅲ级和Ⅲ级以上精度等级机床的进给齿轮 液压泵齿轮	Ⅳ级和Ⅳ级以上精度等级机床的进给齿轮	一般精度的机床齿轮	没有传动精度要求的手动齿轮
圆周速度/$(m \cdot s^{-1})$ 直齿轮 斜齿轮		 ＞30 ＞50	 ＞15～30 ＞30～50	 ＞10～15 ＞15～30	 ＞6～10 ＞8～15	 ＜6 ＜8	
工作条件及应用范围	航空、船舶和车辆	需要很高的平稳性、低噪声的船用和航空齿轮	需要高平稳性、低噪声的船用和航空齿轮	用于高速传动，有高平稳性、低噪声要求的机车、航空、船舶和轿车的齿轮	用于有高平稳性和低噪声要求的航空、船舶和轿车的齿轮	用于中等速度、较平稳传动的载货汽车和拖拉机的齿轮	用于较低速和噪声要求不高的载货汽车第一挡与倒挡拖拉机和联合收割机齿轮
圆周速度/$(m \cdot s^{-1})$ 直齿轮 斜齿轮		 ＞35 ＞70	 ＞20 ＞35	 ≤20 ≤35	 ≤15 ≤25	 ≤10 ≤15	 ≤4 ≤6
工作条件及应用范围	动力传动	用于很高速度的透平传动齿轮	用于高速的透平传动齿轮，重型机械进给机构和高速重载齿轮	用于高速传动的齿轮，工业机器有高可靠性要求的齿轮，重型机械的功率传动齿轮，作业率很高的起重运输机械齿轮	用于高速和适度功率或大功率和适度速度条件下的齿轮、冶金、矿山、石油、林业、轻工、工程机械和小型工业齿轮箱（普通减速器）有可靠性要求的齿轮	用于中等速度、较平稳传动的齿轮，冶金、矿山、石油、林业、轻工、工程机械、起重运输机械和小型工业齿轮箱（普通减速器）的齿轮	用于一般性工作和噪声要求不高的齿轮，受载低于计算载荷的传动齿轮，速度大于1m/s的开式齿轮传动和转盘的齿轮

（续）

要素		精度等级					
		4	5	6	7	8	9
圆周速度/$(m \cdot s^{-1})$ 直齿轮 斜齿轮		>70	>30	<30	<15 <25	<10 <15	$\leqslant 4$ $\leqslant 6$
工作条件及应用范围	其他	检验7级精度齿轮的测量齿轮	检验8～9级精度齿轮的测量齿轮、印刷机印刷辊子用的齿轮	读数装置中特别精密传动的齿轮	读数装置的传动及具有非直齿的速度传动齿轮、印刷机传动齿轮	普通印刷机传动齿轮	
单级传动效率		不低于0.99（包括轴承不低于0.985）			不低于0.98（包括轴承不低于0.975）	不低于0.97（包括轴承不低于0.965）	不低于0.96（包括轴承不低于0.95）

三、检验项目的选择

齿轮精度标准GB/T 10095.1—2008、GB/T 10095.2—2008及GB/Z 18620.2—2008等文件中给出了很多偏差项目，但作为划分齿轮质量等级的标准一般只有下列几项，即齿距偏差F_p、f_{pt}、F_{pk}、齿廓总偏差F_α、螺旋线总偏差F_β和齿厚偏差E_{sn}。其他参数不是必检项目而是根据需方要求而确定，因此，必须根据齿轮用途、齿轮精度等级并考虑齿轮结构、检测设备条件、检测效率等因素经济合理地选择检验项目。表10-15可供选择时参考。

表10-15 按DIN3960～3067选择啮合精度和验收的指示

用途	DIN精度等级	补充	需要检验的误差①	其他检验项目	附注
测量齿轮	2～4	—	所有单项误差		
机床					
机床分度机构	1～3	—	F_i'，f_i'，f_f，(F_p, f_p)	接触斑点，侧隙	
机床主传动与进给机构	6～7	—	f_{pe}或F_i''，f_i''	侧隙	
机床变速齿轮	7～8	—	f_{pe}或F_i''，f_i''		
控制机构	2～4	—	F_i'，f_i'，(F_p, f_p)		
透平齿轮箱（用于发电机、压缩机、船舶）	$v \leqslant 60m/s$ 5～6	—	F_p，f_p，f_f，f_β，F_r	接触斑点，噪声侧隙，必要时还有效率	齿廓修形与齿向修形
	$v>60m/s$ (4)～5	4级时②F_p，f_p，F_r，F_β，$F_{\beta w}$ 专门规范③			
船用柴油机齿轮箱	4～7	—	F_p，f_p，f_f，f_β	接触斑点，噪声，侧隙	
小型工业齿轮箱	6～8	F_β，专门规范	F_p，F_f，f_p抽样或F_i''，f_i''	接触斑点，侧隙尤其是反向机构	
重型机械					
重型机械的功率传动	6～7	F_β，专门规范	f_{pe}，(F_p)		对于重载，齿廓修形，有时齿宽方向有鼓形度
重型机械的间歇传动（例如旋转机构）	7～12	F_β，专门规范	f_{pe}，对于部分齿轮		
重型机械的进给机构	5～6	—	F_p，f_{pe}		

（续）

用途	DIN 精度等级	补充	需要检验的误差①	其他检验项目	附注
带电动机的齿轮箱	(7)～8	←与小型工业齿轮箱同→			
起重机与运输带的齿轮箱	6～8	F_β，专门规范	f_{pe}或 F_i''，f_i''	接触斑点，侧隙，尤其是行走机构	有时为互换性结构
机车传动	6	F_β，专门规范④	F_p，f_p，f_f，f_β 或 F_i''，f_i''	接触斑点，噪声，侧隙（有时要成对检验）	齿廓修形，有时齿向修形
汽车齿轮箱					
第 1 挡与倒挡	9	6～7 级硬化；磨削	F_i''，f_i''（抽样：F_f，F_β，F_r，F_p，f_p）		有时齿廓修形及齿向修形
第 2 挡	6～8				
第 3、4 挡，常啮合齿轮	6～8	8～9 级剃削硬化			
印刷机					
印刷辊子	5	F_f 只取负值，F_i'，f_i'，F_f 或 F_p，f_p，F_f		齿向波度与齿廓波度，噪声、小侧隙（成对检验）	齿顶修形与齿宽方向有鼓形度，小啮合角
其他驱动	7～8				
开式齿轮传动，转盘	$v \leqslant 1$m/s 10～12 $v>1$m/s 8～9	F_β，专门规范	f_{pe}，F_f（有时用样板）	接触斑点	大模数，单齿分度加工，有时为铸造小模数 滚切法：$b>$15mm 时齿宽方向做成鼓形
农业机械（拖拉机、联合收割机）	(9)～10(11)	在齿数少时 $f_i' \leqslant 80\mu m$	F_i''，f_i''（抽样：F_β，$f_{H\beta}$，F_f，f_f，$f_{H\alpha}$）		

注：F_f—齿形总误差　$f_{H\alpha}$—齿形角误差　f_f—齿形形状误差　f_p—单一周节偏差　f_{pe}—基节偏差　$f_{H\beta}$—齿向角误差　$F_{\beta w}$—齿向波度（其余代号与 GB/T 10095—2008 相一致）

① 当精度等级较高时，如有测量仪器可用，则用单面啮合综合检验（F_i'，f_i'）代替双面啮合综合检验（F_i''，f_i''）。

② 当载荷较小时（调质齿轮），否则为 5 级。

③ 按照 BS 1448，1807（A_1），限制齿廓与齿向的周期性波度。

④ 周期性波度见船用齿轮箱。

第四节　齿轮副的精度指标和公差

一、中心距偏差

设计者应对中心距 a 选择适当的公差。公称中心距是在考虑了最小侧隙及两齿轮的齿顶和其相啮合的非渐开线齿廓齿根部分的干涉后确定的。

在齿轮只是单向承载运转而不经常反转的情况下，最大侧隙的控制不是一个重要的考虑因素，此时中心距允许偏差主要取决于重合度的考虑。

在控制运动用的齿轮中，其侧隙必须控制。当轮齿上的负载常常反向时，对中心距的公差必须很仔细地考虑下列因素：轴、箱体和轴承的偏斜；由于箱体的偏差和轴承的间隙导致齿轮轴线的不一致；由于箱体的偏差和轴承的间隙导致齿轮轴线的错斜；安装误差；轴承跳动；温度的影响（随箱体和齿轮零件间的温差、中心距和材料不同而变化）；旋转件的离心伸胀；其他因素，如润滑剂污染的允许程度及非金属齿轮材料的溶胀等。

GB/Z 18620.3—2008 未提供中心距的尺寸偏差。设计者可借鉴某些成熟产品的设计来确定，也可参考表 10-16。

表 10-16 中心距偏差$\pm f_a$

齿轮精度等级	1～2	3～4	5～6	7～8	9～10	11～12
f_a	$\frac{1}{2}$IT4	$\frac{1}{2}$IT6	$\frac{1}{2}$IT7	$\frac{1}{2}$IT8	$\frac{1}{2}$IT9	$\frac{1}{2}$IT11

二、轴线平行度偏差

由于轴线平行度偏差的影响与其矢量的方向有关，对“轴线平面内的偏差”$f_{\Sigma\delta}$和“垂直平面上的偏差”$f_{\Sigma\beta}$作了不同的规定（图 10-10）。

“轴线平面内的偏差”$f_{\Sigma\delta}$是在两轴线的公共平面上测量的，这公共平面是用两轴承跨距中较长的一个L和另一根轴上的一个轴承来确定的，如果两个轴承的跨距相同，则用小齿轮轴和大齿轮轴的一个轴承。“垂直平面上的偏差”$f_{\Sigma\beta}$是在与轴线公共平面相垂直的“交错轴平面”上测量的。

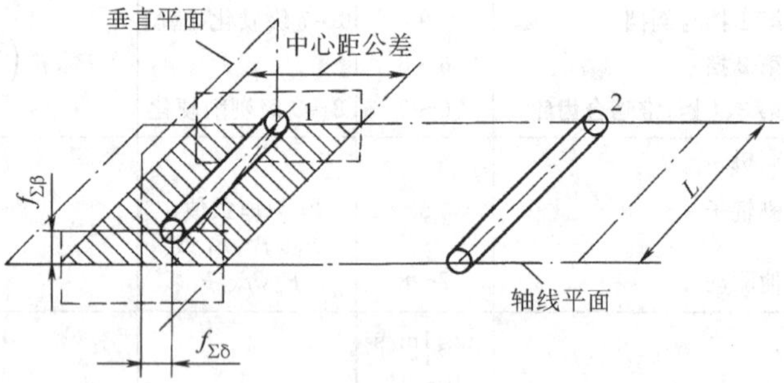

图 10-10 轴线平行度偏差

每项平行度偏差是以与有关轴轴承间距离L相关联的值来表示的。

轴线平行度偏差的推荐最大值为

$$f_{\Sigma\beta}=0.5\left(\frac{L}{b}\right)F_{\beta} \tag{10-5}$$

式中，b为齿宽。

$$f_{\Sigma\delta}=2f_{\Sigma\beta} \tag{10-6}$$

三、轮齿接触斑点

轮齿接触斑点是指装配好（在箱体内或啮合试验台上）的齿轮副，在轻微制动下运转后齿面的接触痕迹。接触斑点可以用沿齿高方向和沿齿长方向的百分数来表示，如图 10-11a 所示为典型的规范接触，齿宽的接触近 80%，齿高近 70%。

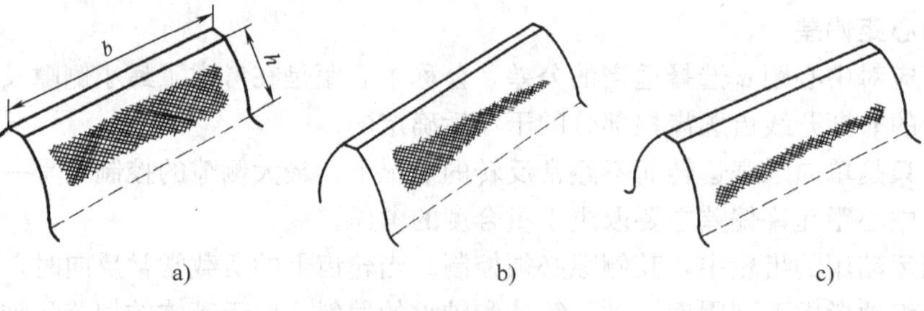

图 10-11 接触斑点

a）典型的规范接触 b）有螺旋线偏差 c）有齿廓偏差

检测产品齿轮副在其箱体内所产生的接触斑点，可以帮助我们对齿轮间载荷分布进行评估。产品齿轮与测量齿轮的接触斑点，可用于装配后的齿轮螺旋线和齿廓精度评估（图 10-11b 和图 10-11c），还可用接触斑点来规定和控制齿轮轮齿的齿长方向的配合精度。

用接触斑点作定量和定性控制齿轮的齿长方向配合精度的方法，经常用于大齿轮不能装在现有检查仪上及工作现场没有检查仪可用的场合。其优点是测试简易、快捷，能评定整个齿面而不是单单一条表示齿轮廓或齿长方向配合的曲线等。

图 10-12 和表 10-17、表 10-18（对齿廓和螺旋线修型的齿面不适用）是 GB/Z 18620.4—2008 给出的在齿轮装配后（空载）检测时，所预计的在齿轮精度等级和接触斑点分布之间的最低要求，但实际接触斑点不一定与图 10-12 所示的一致，在啮合机架上所获得的齿轮检查结果应当是相似的。

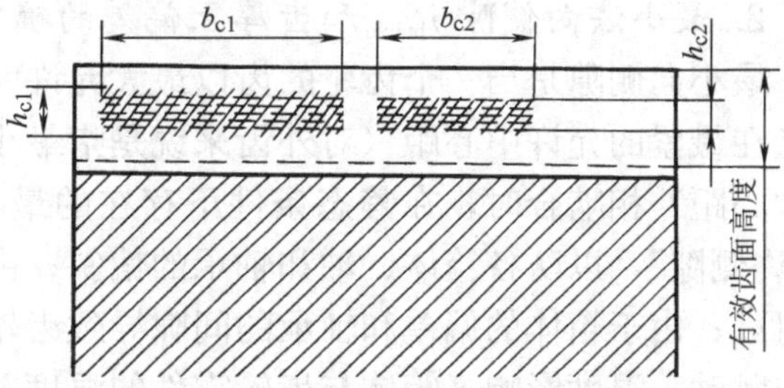

图 10-12　接触斑点分布的示意图

表 10-17　直齿轮装配后的接触斑点（摘自 GB/Z 18620.4—2008）

精度等级按 GB/T 10095	b_{c1} 占齿宽的百分比	h_{c1} 占有效齿面高度的百分比	b_{c2} 占齿宽的百分比	h_{c2} 占有效齿面高度的百分比
4 级及更高	50%	70%	40%	50%
5 和 6	45%	50%	35%	30%
7 和 8	35%	50%	35%	30%
9～12	25%	50%	25%	30%

表 10-18　斜齿轮装配后的接触斑点（摘自 GB/Z 18620.4—2008）

精度等级按 GB/T 10095	b_{c1} 占齿宽的百分比	h_{c1} 占有效齿面高度的百分比	b_{c2} 占齿宽的百分比	h_{c2} 占有效齿面高度的百分比
4 级及更高	50%	50%	40%	30%
5 和 6	45%	40%	35%	20%
7 和 8	35%	40%	35%	20%
9～12	25%	40%	25%	20%

四、齿侧间隙

1. 齿侧间隙及其分类

齿侧间隙（侧隙）是两个相配齿轮的工作齿面相接触时，在两个非工作齿面之间所形成的间隙，如图 10-13 所示。侧隙可分为如下三类：

1）圆周侧隙 j_{wt}（图 10-13）是指当固定两相啮合齿轮中的一个，另一个齿轮所能转过的节圆弧长的最大值。

2）法向侧隙 j_{bn}（图 10-13）是指当两个齿轮的工作齿面互相接触时，其非工作齿面之间的最短距离。它与圆周侧隙 j_{wt} 的关系如下

$$j_{bn}=j_{wt}\cos\alpha_{wt}\cos\beta_b \tag{10-7}$$

3）径向侧隙 j_r 是指将两个相配齿轮的中心距缩小，直到左侧和右侧齿面都接触时，这个缩小的量为径向侧隙。

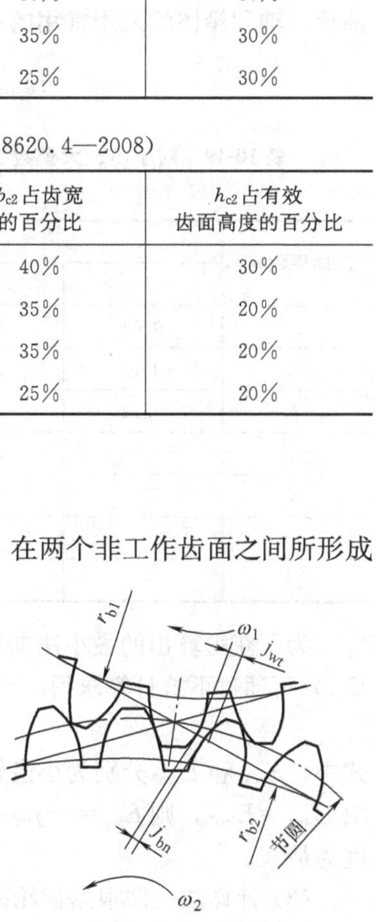

图 10-13　齿侧间隙

它与圆周侧隙 j_{wt} 的关系如下

$$j_r = \frac{j_{wt}}{2\tan\alpha_{wt}} \tag{10-8}$$

2. 最小法向侧隙 j_{bnmin} 和齿厚上偏差的确定

最小向侧隙是当一个齿轮的齿以最大允许实效齿厚与一个也具有最大允许实效齿厚的相配齿在最紧的允许中心距（对外齿来说是指最小的工作中心距，而对内齿来说是指最大的工作中心距）相啮合时，在静态条件下存在的最小允许法向侧隙。这是设计者所提供的传统“允许侧隙”，以防备箱体、轴和轴承的偏斜；由于箱体的偏差和轴承的间隙导致齿轮轴线的不对准；由于箱体的偏差和轴承的间隙导致齿轮轴线的歪斜；安装误差，如轴的偏心；轴承径向跳动；温度影响（箱体与齿轮零件的温度差、中心距和材料差异所致）；旋转零件的离心胀大；其他因素，例如，由于润滑剂的允许污染以及非金属齿轮材料的溶胀。

齿轮副最小法向侧隙 j_{bnmin} 确定方法有：

（1）经验法　即参考国内外同类产品中齿轮副的侧隙值来确定最小法向侧隙或齿厚极限偏差。

（2）查表法　GB/Z 18620.2—2008 在附录 A 中列出了对工业传动装置推荐的最小法向侧隙 j_{bnmin}（表 10-19），其齿轮和箱体均为黑色金属制造，工作时节圆速度小于 15m/s，其轴承、轴和箱体均采用常用的商业制造公差。表中的数值也可用下式计算

$$j_{bnmin} = \frac{2}{3}(0.06 + 0.0005|a_i| + 0.03m_n) \tag{10-9}$$

表 10-19　对于中、大模数齿轮最小法向侧隙 j_{bnmin} 的推荐数据（摘自 GB/Z 18620.2—2008）

（单位：mm）

法向模数 m_n	最小中心距 $\|a_i\|$					
	50	100	200	400	800	1600
1.5	0.09	0.11	—	—	—	—
2	0.10	0.12	0.15	—	—	—
3	0.12	0.14	0.17	0.24	—	—
5	—	0.18	0.21	0.28	—	—
8	—	0.24	0.27	0.34	0.47	—
12	—	—	0.35	0.42	0.55	—
18	—	—	—	0.54	0.67	0.94

为了获得算出的最小法向侧隙 j_{bnmin}，必须对齿厚削薄。其最小削薄量（即齿厚上偏差 E_{sns}）可通过下式计算求得

$$(E_{sns1} + E_{sns2}) = -j_{bn}/\cos\alpha_n \tag{10-10}$$

式中，E_{sns1} 和 E_{sns2} 分别为小齿轮和大齿轮的齿厚上偏差。若大、小齿轮齿数相差不大时，可取 $E_{sns1} = E_{sns2}$，则 $E_{sns} = -j_{bn}/2\cos\alpha_n$，小齿轮和大齿轮的切削深度和根部间隙相等，且重合度为最大。

（3）计算法　即根据齿轮副的工作条件，如工作速度、温度、负荷和润滑等条件来计算齿轮副最小法向侧隙。

1）为补偿温度变化所引起的齿轮及箱体热变形所必需的最小法向侧隙。按下式确定

$$j_{\mathrm{bnmin1}}=1000a\ (\alpha_1\Delta t_1-\alpha_2\Delta t_2)\ 2\sin\alpha_{\mathrm{n}} \tag{10-11}$$

式中，a 为齿轮副中心距；α_1、α_2 为齿轮及箱体材料的线胀系数；Δt_1、Δt_2 为齿轮温度 t_1、箱体温度 t_2 与标准温度（20℃）的温度差，即 $\Delta t_1=t_1-20$℃，$\Delta t_2=t_2-20$℃；α_{n} 为法向压力角 。

2）为保证正常润滑所必需的最小法向侧隙 j_{bnmin2}，其值取决于润滑方式及工作速度，见表 10-20。

表 10-20 最小法向侧隙 j_{bnmin2}

润滑方式	齿轮圆周速度/(m·s⁻¹)			
	≤10	>10～25	>25～60	>60
喷油润滑	$10m_{\mathrm{n}}$	$20m_{\mathrm{n}}$	$30m_{\mathrm{n}}$	$(30\sim50)m_{\mathrm{n}}$
油池润滑	$(5\sim10)m_{\mathrm{n}}$			

由设计计算得到的 j_{bnmin} 为 $j_{\mathrm{bnmin}}=j_{\mathrm{bnmin1}}+j_{\mathrm{bnmin2}}$

3）齿厚上偏差的确定。确定齿厚上偏差 E_{sns} 时，还要考虑中心距离偏差、齿轮和齿轮副的加工和安装误差。计算式如下

$$E_{\mathrm{sns1}}+E_{\mathrm{sns2}}=-2f_{\mathrm{a}}\tan\alpha_{\mathrm{n}}-\frac{j_{\mathrm{bnmin}}+k}{\cos\alpha_{\mathrm{n}}} \tag{10-12}$$

式中，f_{a} 为中心距偏差；k 为齿轮制造误差和齿轮副安装误差对侧隙减小的补偿量，按下式计算

$$k=\sqrt{f_{\mathrm{pb1}}^2+f_{\mathrm{pb2}}^2+2(F_\beta\cos\alpha_{\mathrm{n}})^2+(f_{\Sigma\delta}\sin\alpha_{\mathrm{n}})^2+(f_{\Sigma\beta}\cos\alpha_{\mathrm{n}})^2} \tag{10-13}$$

式中，f_{pb1} 和 f_{pb1} 分别为小齿轮和大齿轮的基节偏差；F_β 为大小齿轮的螺旋线总偏差；$f_{\Sigma\delta}$ 和 $f_{\Sigma\beta}$ 为齿轮副轴线平行度偏差；α_{n} 为法向压力角。

3. 齿厚下偏差 E_{sni} 的确定

通常，最大侧隙并不影响传递运动的性能和平稳性，因此，在很多应用场合允许较大的齿厚公差或工作侧隙，以求获取较经济的制造成本。除非十分必要，不应该采用很小的齿厚公差，因为这对于制造成本有很大的影响。齿厚公差 T_{sn} 确定后，便可按下式确定齿厚下偏差 E_{sni}。

$$E_{\mathrm{sni}}=E_{\mathrm{sns}}-T_{\mathrm{sn}} \tag{10-14}$$

当无经验时，T_{sn} 建议按下式计算求得

$$T_{\mathrm{sn}}=(\sqrt{F_{\mathrm{r}}^2+b_{\mathrm{r}}^2})\times2\tan\alpha_{\mathrm{n}} \tag{10-15}$$

式中，F_{r} 为径向跳动公差；b_{r} 为切齿径向进刀公差，可按表 10-21 选用。

表 10-21 切齿径向进刀公差 b_{r} 值

齿轮精度等级	4	5	6	7	8	9
b_{r} 值	1.26IT7	IT8	1.26IT8	IT9	1.26IT9	IT10

第五节　齿轮坯的精度

齿轮坯即通常所说的齿坯，它是指在轮齿加工前供制造齿轮用的工件。

齿轮坯的尺寸偏差和齿轮箱体的尺寸偏差对于齿轮副的接触条件和运行状况有着极大的影响。由于在加工齿轮坯和箱体时保持较紧的公差，比加工高精度的轮齿要经济得多，因此应首先根据拥有的制造设备的条件，尽量使齿轮坯和箱体的制造公差保持最小值。这种办法可使加工的齿轮有较松的公差，从而获得更为经济的整体设计。

一、基准轴线与工作轴线之间的关系

基准轴线是制造者（和检测者）对单个零件确定轮齿几何形状的轴线，设计者的责任是确保基准轴线得到足够清楚和精确的确定，从而保证齿轮相应于工作轴线的技术要求得以满足。满足此要求最常用的方法是确定基准轴线使其与工作轴线重合，即将安装面作为基准面。

然而，在一般情况下首先需确定一个基准轴线，然后将其他所有的轴线（包括工作轴线及可能还有一些制造轴线）用适当的公差与之相联系，在此情况下，公差链中所增加的链节的影响应该考虑进去。

二、确定基准轴线的方法

一个零件的基准轴线是用基准面来确定的，表 10-22 列出了标准推荐的三种基准面及其公差要求。

表 10-22　基准面与安装面的几何公差（摘自 GB/Z 18620.3—2008）

确定轴线的基准面	图　　例	公差项目及公差值
用两个“短的”圆柱或圆锥形基准面上设定的两个圆的圆心来确定轴线上的两点	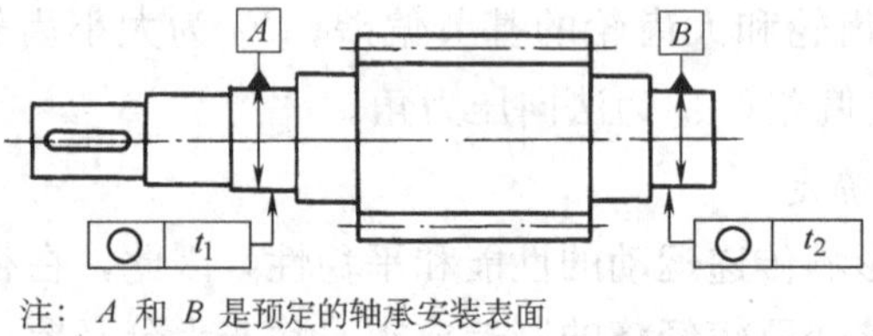 注：*A* 和 *B* 是预定的轴承安装表面	圆度公差 t_1 取 0.04 (L/b) F_β或 $0.1F_p$ 的较小值（L 为该齿轮较大的轴承跨距；b 为齿轮宽度）
用一个“长的”圆柱或圆锥形基准面来同时确定轴线的位置和方向。孔的轴线可以用与之相匹配正确地装配的工作心轴的轴线来代表	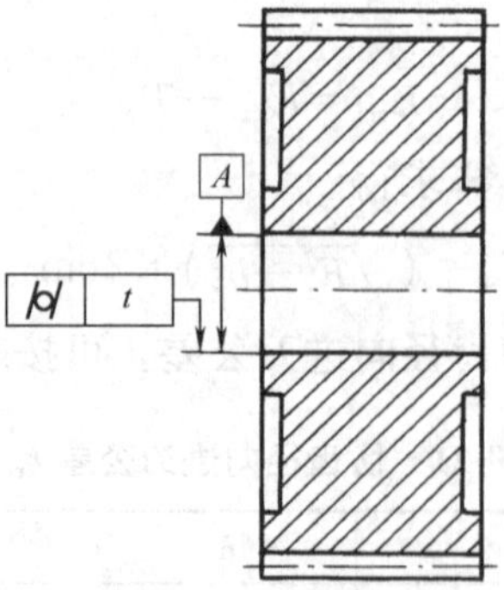	圆柱度公差 t 取 0.04 (L/b) F_β 或 $0.1F_p$ 的较小值

（续）

确定轴线的基准面	图　例	公差项目及公差值
轴线位置用一个“短的”圆柱形基准面上一个圆的圆心来确定，其方向则用垂直于此轴线的一个基准端面来确定	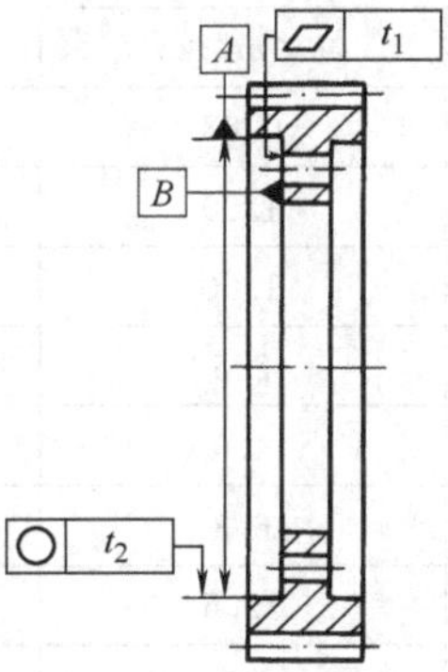	端面的平面度公差 t_1 按 0.06 (D_d/b) F_β 选取；圆柱面圆度公差 t_2 按 0.06F_p 选取

三、齿坯公差的选择

1. 基准面的形状公差

基准面的要求精度取决于：规定的齿轮精度，这些面的极限值应确定的大大紧于单个轮齿的极限值；这些面的相对位置，一般地说，跨距占齿轮分度圆直径的比例越大，给定的公差可以越松。这些面的精度要求，必须在零件图上规定。所有基准面的几何公差不应大于表10-21 中所规定的数值。

2. 工作及制造安装面的形状公差

工作安装面的形状公差，不应大于表 10-22 中所给定的数值。如果用另外的制造安装面时，应采用同样的限制。

3. 工作安装面的跳动公差

当基准轴线与工作轴线不重合时，则工作安装面相对于基准轴线的跳动必须在图样上予以控制。跳动公差不应大于表 10-23 中规定的数值。

表 10-23　安装面的跳动公差（摘自 GB/Z 18620.3—2008）

确定轴线的基准面	跳动量（总的指示幅度）	
	径　向	轴　向
仅圆柱或圆锥形基准面	$0.15(L/b)F_\beta$ 或 $0.3F_p$，取两者中之大值	
一个圆柱基准面和一个端面基准面	$0.3F_p$	$0.2(D_d/b)F_\beta$

注：齿坯的公差应减至能经济地制造的最小值。

4. 轮齿齿面表面粗糙度

齿面表面粗糙度影响齿轮的传动精度、表面承载能力和弯曲强度，必须加以控制。指导性技术文件 GB/Z 18620.4—2008 提供了关于轮齿齿面表面粗糙度的检测方法及其推荐极限值，规定了表面结构的评定过程。表 10-24 是标准推荐的轮齿齿面轮廓的算术平均偏差 Ra 和微观不平度十点高度 Rz 的参数值。

表 10-24 齿面表面粗糙度允许值（摘自 GB/Z 18620.4—2008） （单位：μm）

齿轮精度等级	Ra		Rz	
	模数 m/mm			
	$m \leqslant 6$	$6 < m \leqslant 25$	$m \leqslant 6$	$6 < m \leqslant 25$
5	0.5	0.63	3.2	4.0
6	0.8	1.00	5.0	6.3
7	1.25	1.60	8.0	10.0
8	2.0	2.5	12.5	16
9	3.2	4.0	20	25
10	5.0	6.3	32	40
11	10.0	12.5	63	80
12	20	25	125	160

第六节 齿轮精度设计示例

本节通过示例，介绍齿轮精度设计的基本内容和方法。

例 某减速器一直齿齿轮副，$m=6$mm，$\alpha=20°$，小齿轮结构如图 10-14 所示，$z_1=36$，$z_2=84$，齿宽 $b=50$mm，小齿轮孔径 $D=55$mm，圆周速度 $v=8$m/s，钢齿轮 $\alpha_1=11.5\times10^{-6}$°C^{-1}，铸铁箱体 $\alpha_2=10.5\times10^{-6}$°C^{-1}，齿轮工作温度 $t_1=60$°C，箱体工作温度 $t_2=40$℃，小批量生产。试确定齿轮的精度等级、齿厚偏差、检验项目及其公差或极限偏差。

解 1. 确定齿轮精度等级

一般用途的减速器参照表 10-13～表 10-14，取齿轮精度等级为 7 级。

2. 确定检验项目及其允许值

1）单个齿距偏差 $\pm f_{pt}$ 查表 10-1 得 $\pm f_{pt}=\pm14\mu$m。

2）齿距累积总偏差 F_p 查表 10-2 得 $F_p=51\mu$m。

3）齿廓总偏差 F_α 查表 10-3 得 $F_\alpha=21\mu$m。

4）螺旋线总偏差 F_β 查表 10-4 得 $F_\beta=21\mu$m。

5）径向综合总偏差 F''_i 查表 10-9 得 $F''_i=72\mu$m。

6）一齿径向综合偏差 f''_i 查表 10-10 得 $f''_i=31\mu$m。

3. 装配后的接触斑点

查表 10-17 得

沿齿长方向：b_{c1} 和 b_{c2} 占齿宽的百分比均为 35%。

沿齿高方向：h_{c1} 和 h_{c2} 占有效齿面高度的百分比分别为 50%和 30%。

4. 齿厚偏差

(1) 最小法向侧隙 j_{bnmin} 的确定 采用表格法，已知中心距 $a_i=m(z_1+z_2)/2=[6(38+84)/2]mm=360$mm，模数 $m=6$mm。

按式（10-9）得 $j_{bnmin}=2/3\ (0.06+0.0005\,|a_i|+0.03m)$

$=2/3\ (0.06+0.0005\times360+0.03\times6)$ mm$=0.28$mm

(2) 确定齿厚上偏差 E_{sns} 据式（10-10）并取 $E_{sns1}=E_{sns2}=E_{sns}$，得 $E_{sns}=-j_{bn}/2\cos\alpha_n=-0.28/2\cos20^\circ\text{mm}=-0.149\text{mm}$，取 $E_{sns}=-0.150\text{mm}$。

(3) 确定齿厚下偏差 E_{sni} 查表 10-11 得 $F_r=41\mu m$；查表 10-21 得 $b_r=1.26\text{IT9}=1.26\times115\mu m\approx145\mu m$。

$$T_{sn}=\left(\sqrt{F_r^2+b_r^2}\right)2\tan\alpha_n=\left(\sqrt{41^2+145^2}\right)\times2\tan20^\circ\mu m\approx110\mu m=0.110\text{mm}$$

$$E_{sni}=E_{sns}-T_{sn}=(-0.150-0.110)\text{mm}=-0.260\text{mm}$$

5. 确定齿轮坯精度

根据齿轮结构，选择端面 B 和圆柱孔来体现基准轴线。

按表 10-22，B 面的平面度公差为

$f=0.06\,(D_d/b)\,F_\beta=0.06\,(228/50)\times0.021\text{mm}=0.0057\text{mm}\approx0.005\text{mm}$

圆柱孔的圆度公差为

$$f=0.06F_p=0.06\times0.051\text{mm}\approx0.003\text{mm}$$

因齿顶圆是测量齿厚偏差的基准，所以取 h8，并提出径向圆跳动公差要求。

6. 其他几何公差要求

如图 10-14 所示。

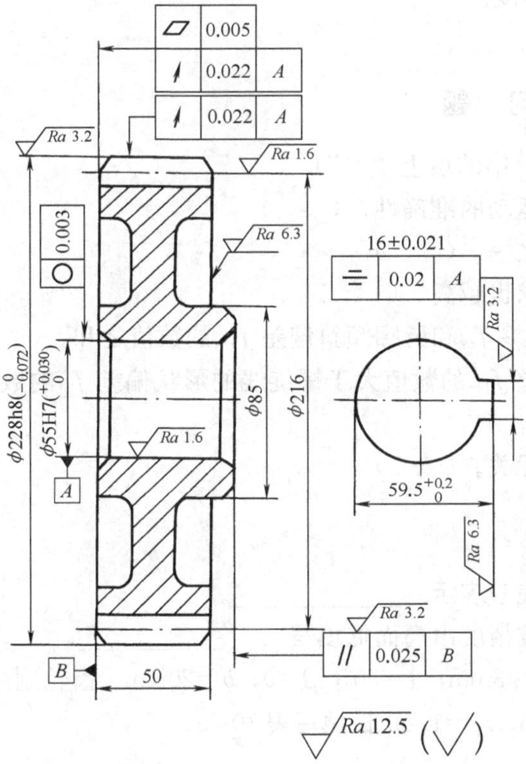

模数	m	6
齿数	z	36
齿形角	α	20°
齿顶高系数	h_a	1
螺旋角	β	0
变位系数	x	0
齿厚及其上、下偏差	$S\,{}^{E_{sns}}_{E_{sni}}$	$9.425^{-0.150}_{-0.260}$
精度等级	7GB/T 10095—2008	
齿轮副中心距及其偏差	$a\pm f_a$	360±0.044
配对齿轮	图号	
	齿数	84
检验项目	代号	允许值/μm
单个齿距偏差	$\pm f_{pt}$	±14
齿距累积总偏差	F_p	51
齿廓总偏差	F_α	21
螺旋线总偏差	F_β	21
径向综合总偏差	F_i''	72
一齿径向综合偏差	f_i''	31

图 10-14 齿轮零件图

7. 画出齿轮零件图

如图 10-14 所示，为清晰起见，图中尺寸未全部注出，但图中有关参数必须列表并放在

图样的右上角。

思 考 题

10-1 对齿轮传动有哪些使用要求？

10-2 轮齿同侧齿面的精度指标有哪些？

10-3 单个齿距偏差 f_{pt}、齿距累积偏差 F_{pk}和齿距累积总偏差 F_p 之间有何区别和联系？

10-4 齿廓总偏差 F_α、齿廓形状偏差 $f_{f\alpha}$和齿廓倾斜偏差 $f_{H\alpha}$之间有何区别和联系？

10-5 螺旋线总偏差 F_β、螺旋线形状偏差 $f_{f\beta}$和螺旋线倾斜偏差 $f_{H\beta}$之间有何区别和联系？

10-6 齿轮精度等级的选择原则是什么？目前的主要选择方法是什么？

10-7 是否需要检验齿轮的所有要素的偏差？选择检验项目时应考虑哪些因素？

10-8 什么是齿厚偏差？齿厚偏差如何确定？

10-9 确定最小侧隙要考虑哪些因素？确定的方法有哪些？

10-10 齿轮副精度指标有哪些？各指标主要控制哪方面的齿轮使用要求？

10-11 对齿轮坯规定了哪些精度要求？

10-12 确定中心距偏差时，应考虑哪些问题？

10-13 齿轮表面结构影响齿轮哪些功能？

练 习 题

10-1 判断题（对的在括号内填上“√”，错的填上“×”）

1. 切向综合偏差能全面地评定齿轮传递运动的准确性。（ ）
2. 接触斑点是评定齿轮精度等级的指标之一。（ ）
3. 齿轮精度等级越高，则对齿坯精度要求也越高。（ ）
4. 齿廓总偏差 F_α 的数值等于齿廓形状偏差 $f_{f\alpha}$和齿廓倾斜偏差 $f_{H\alpha}$的数值之和。（ ）
5. 在多数情况下，齿轮的螺旋线倾斜偏差 $f_{H\beta}$的数值大于螺旋线的形状偏差 $f_{f\beta}$的数值。（ ）
6. 最小法向侧隙的确定与齿轮精度要求无关。（ ）
7. 将齿厚减薄是获得侧隙的唯一方法。（ ）

10-2 填空题

1. 评定单个齿轮精度等级的指标有（用代号表示）____________。
2. 国标规定齿轮同侧齿面精度等级有（按精度由高而低填写）：____________。
3. 已知齿轮精度等级为 7 级，$z=30$，$m_n=3$mm，$\alpha=20°$，$\beta=0$，$b=20$mm，齿轮副中心距 $a=260$mm，齿轮轴的轴承间距离 $L=240$mm，$\varepsilon_\gamma=1.2$。试填写表 10-25。

表 10-25

精度指标	F_r	F_α	F''_i	f''_i	F'_i	f_{pt}	$f_{H\alpha}$	f'_i	$f_{\Sigma\beta}$	$f_{\Sigma\delta}$
公差或极限偏差值/μm										

10-3　设计题

某通用减速器中有一直齿齿轮，模数 $m=3$mm，齿数 $z=32$，齿形角 $\alpha=20°$，齿宽 $b=20$mm，传递的最大功率为 5kW，转速 $n=1280$r/min，中心距 $a=135$mm，生产条件为小批生产。试确定其精度等级、齿厚偏差、检验项目的偏差和齿坯要求，并标注在图 10-15 上。

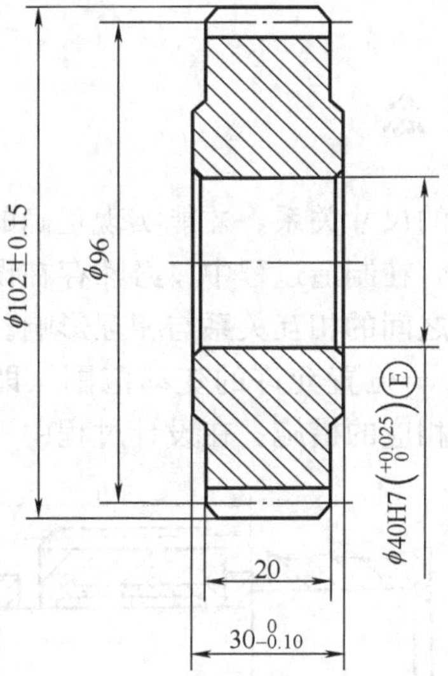

模数	m	3
齿数	z	32
齿形角	α	20°
变位系数	x	0
精度		
齿距累积总偏差	F_p	
齿廓总偏差	F_α	
齿向偏差	F_β	
径向跳动偏差	F_r	
公法线长度及其偏差	W_k	

图 10-15　齿轮工作图

第十一章　尺　寸　链

第一节　基本概念

机械产品由零部件组成，只有各零部件间保持正确的尺寸关系，才能实现正确的运动关系以及其他功能要求。但是，零件的尺寸、形状与位置，在制造过程中又必然存在误差，因此需要从零件尺寸、形状与位置的变动中去分析各零件之间的相互关系与相互影响。从产品的技术要求与装配条件出发，适当限定各零件有关尺寸与位置允许的变动范围（即公差），或在结构设计与装配工艺上为达到预定技术要求而采取相应的措施。在设计过程中，或在生产实践中，经常把分析机械产品中零件之间的尺寸关系、保证产品的装配质量与技术要求、规定零件的尺寸公差与几何公差等诸如此类问题归纳为尺寸链的问题来研究。

因此，简单地说，尺寸链主要研究尺寸公差与位置公差的计算和为达到产品公差要求的设计方法与工艺方法，尺寸链计算是机械精度设计的基本方法。

一、尺寸链的定义及其特性

1. 尺寸链的定义

在机器装配或零件加工过程中，由相互联接的尺寸形成封闭的尺寸组称为尺寸链。如图 11-1a 所示，齿轮右端面与右挡环之间的间隙 A_0 与尺寸 $A_1 \sim A_5$ 有关；如图 11-2a 所示，以 A 面定位分别加工尺寸 B_1 和 B_2，则尺寸 B_0 与 B_1 和 B_2 有关；又如图11-3a所示，内孔镀铬前按 C_1 加工，孔壁镀铬层厚度为 C_2 和 C_3（$C_2 = C_3$），则镀铬后孔径 C_0 与尺寸 C_1、C_2 和 C_3 有关，它们所形成的封闭尺寸组分别如图 11-1b、图 11-2b 和图 11-3b 所示。

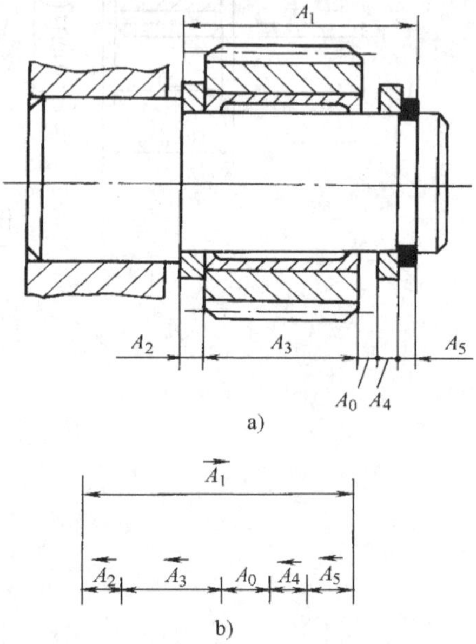

图 11-1　装配尺寸链

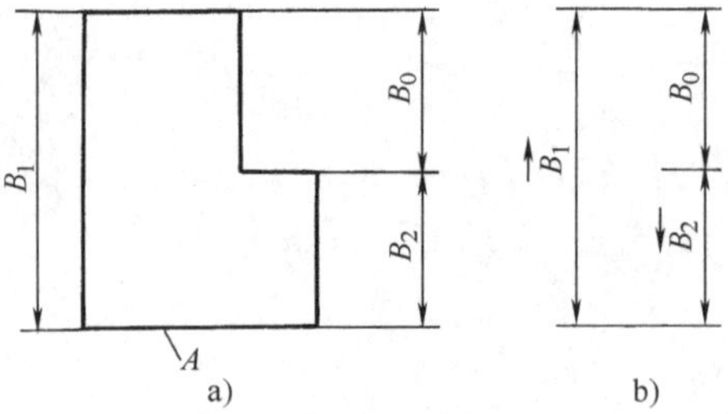

图 11-2　零件尺寸链

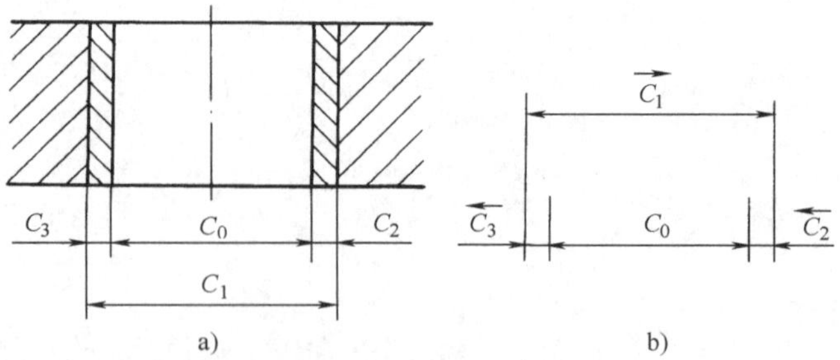

图 11-3　工艺尺寸链

这种表示尺寸链中尺寸间相互关系的图称为尺寸链图。

2. 尺寸链的特性

由定义可知，尺寸链有如下两个特性：

（1）封闭性　由相互关联的全部尺寸依次联接成封闭形式。

（2）相关性　其中某一尺寸随其余所有独立尺寸的变动而变动。

二、尺寸链的组成

列入尺寸链中的每一个尺寸，都称为环。如图 11-1 中的 A_0、A_1～A_5，图 11-2 中的 B_0、B_1 和 B_2，都是尺寸链的环，环一般用英文大写字母表示。又分为封闭环和组成环两大类：

1. 封闭环

尺寸链中，在装配过程或加工过程最后形成的那一个环。如图 11-1 中的 A_0（在装配过程中最后形成的）、图 11-2 和图 11-3 中的 B_0 和 C_0（在加工过程中最后形成的）都是封闭环。封闭环的下标一般用“0”。

2. 组成环

尺寸链中，除封闭环以外的其他各环。这些环中任何一环的尺寸变动必然引起封闭环尺寸的变动。如图 11-1 中的 A_1～A_5、图 11-2 中的 B_1、B_2 和图 11-3 中的 C_1、C_2、C_3。组成环的下标一般用为阿拉伯数字 1、2、3、… 组成环又分为增环和减环。

（1）增环　由于该环尺寸的变动引起封闭环尺寸同向变动，则该组成环称为增环。同向变动指该环尺寸增大时封闭环尺寸也增大，该环尺寸减小时封闭环尺寸也减小，如图 11-1～图 11-3 中的 A_1、B_1 和 C_1。增环通常在字母上方加标向右箭头。

（2）减环　由于该环尺寸的变动引起封闭环尺寸反向变动，则该组成环称为减环。反向变动指该环尺寸增大时封闭环尺寸减小，该环尺寸减小时封闭环尺寸增大，如图 11-1～图 11-3 中的 A_2～A_5、B_2 和 C_2 与 C_3。减环在字母上方加标向左箭头。

有时在尺寸链中，预先选定的某一组成环，可以通过改变其大小或位置使封闭环达到规定要求。该环称为补偿环或协调环。如图 11-4 中的 L_2，用垫片的厚度作为补偿环。

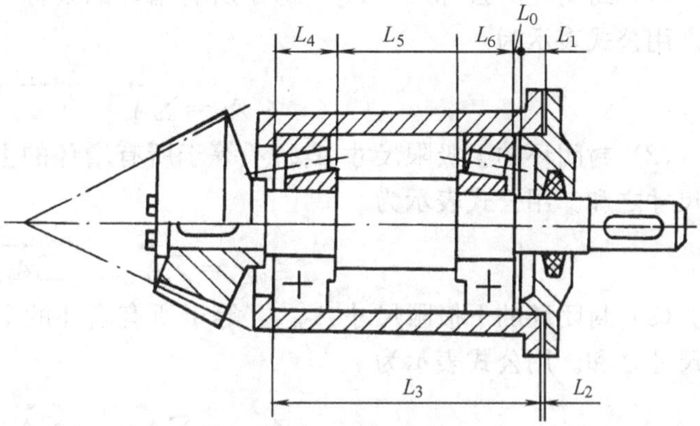

图 11-4　补偿环

三、尺寸链的分类

1）按尺寸链的功能要求，尺寸链可分为装配尺寸链、零件尺寸链和工艺尺寸链。

装配尺寸链是全部组成环为不同零件设计尺寸所形成的尺寸链。如图 11-1 所示。

零件尺寸链是全部组成环为同一零件设计尺寸所形成的尺寸链。如图 11-2 所示。

工艺尺寸链是全部组成环为同一零件工艺尺寸所形成的尺寸链。如图 11-3 所示。

2）按尺寸链中各环的相对位置，尺寸链可分为直线尺寸链、平面尺寸链和空间尺寸链。

直线尺寸链是全部组成环平行于封闭环的尺寸链。

平面尺寸链是全部组成环位于一个平面或几个平面内，但某些组成环不平行于封闭环的尺寸链。

空间尺寸链是全部组成环位于几个不平行的平面内的尺寸链。

本章仅介绍最常见的直线尺寸链。

四、尺寸链计算的基本内容

尺寸链计算有以下三种类型：

(1) 校核计算　它是已知各组成环的公称尺寸和极限偏差，求封闭环的公称尺寸和极限偏差，以校核几何精度设计的正确性。

(2) 设计计算　它是已知封闭环的公称尺寸和极限偏差，求各组成环的公称尺寸和极限偏差，即合理分配各组成环公差问题。

(3) 中间计算　它是已知封闭环和除了待求的某一组成环以外的全部组成环的公称尺寸和极限偏差，求某一组成环的公称尺寸和极限偏差。中间计算常用于解决加工过程中的工艺基准转换和工序尺寸计算等问题。

尺寸链的计算方法有极值法和统计法（又称概率法）。

第二节　用极值法计算尺寸链

极值法是按各环的极限值进行尺寸链计算的方法。

一、基本计算公式

(1) 封闭环的公称尺寸 A_0　等于所有增环的公称尺寸之和减去所有减环的公称尺寸之和。用公式表示为

$$A_0=\sum\overrightarrow{A}_i-\sum\overleftarrow{A}_j \tag{11-1}$$

(2) 封闭环的上极限尺寸 $A_{0\max}$　等于所有增环的上极限尺寸之和减去所有减环的下极限尺寸之和。用公式表示为

$$A_{0\max}=\sum\overrightarrow{A}_{i\max}-\sum\overleftarrow{A}_{j\min} \tag{11-2}$$

(3) 封闭环的下极限尺寸 $A_{0\min}$　等于所有增环的下极限尺寸之和减去所有减环的上极限尺寸之和。用公式表示为

$$A_{0\min}=\sum\overrightarrow{A}_{i\min}-\sum\overleftarrow{A}_{j\max} \tag{11-3}$$

(4) 封闭环的上极限偏差 ES_0　由式（11-2）减式（11-1）得

$$ES_0=\sum\overrightarrow{ES}_i-\sum\overleftarrow{EI}_j \tag{11-4}$$

即封闭环的上极限偏差等于所有增环的上极限偏差之和减去所有减环的下极限偏差之和。

(5) 封闭环的下极限偏差 EI_0　由式（11-3）减式（11-1）得

$$EI_0=\sum\overrightarrow{EI}_i-\sum\overleftarrow{ES}_j \tag{11-5}$$

即封闭环的下极限偏差等于所有增环的下极限偏差之和减去所有减环的上极限偏差之和。

(6) 封闭环公差 T_0　由式（11-4）减式（11-5）得

$$T_0=\sum T_i \tag{11-6}$$

即封闭环公差等于所有组成环公差之和。由式（11-6）看出：

1) $T_o > T_i$，即环闭环公差最大，精度最低。因此在零件尺寸链中应尽可能选取最不重要的尺寸作为封闭环。在装配尺寸链中，封闭环往往是装配后应达到的要求，不能随意选定。

2) T_o 一定时，组成环数越多，则各组成环公差必然越小，经济性越差。因此设计中应遵守“最短尺寸链”原则，即使组成环数尽可能少。

二、校核计算示例

例 11-1 如图 11-1a 所示，已知 $A_5 = 3_{-0.05}^{\ 0}$ mm（标准件），假设其余组成环的尺寸确定如下：$A_3 = 30_{-0.10}^{\ 0}$ mm，$A_2 = A_4 = 5_{-0.05}^{\ 0}$ mm，$A_1 = 43_{+0.08}^{+0.20}$ mm。试校核能否保证齿轮端面与挡环端面间的间隙在 0.1～0.35mm 内（即 $T_o = 0.25$mm）。

解 1) 画尺寸链图并分析组成环的增减性，如图 11-1b 所示。

2) 校核公称尺寸。由式（11-1）得

$$\begin{aligned} A_0 &= \overrightarrow{A}_1 - (\overleftarrow{A}_2 + \overleftarrow{A}_3 + \overleftarrow{A}_4 + \overleftarrow{A}_5) \\ &= [43 - (5 + 30 + 5 + 3)]\text{mm} = 0 \end{aligned}$$

3) 校核封闭环公差。由式（11-6）得

$$T_0 = T_1 + T_2 + T_3 + T_4 + T_5 = (0.12 + 0.05 + 0.1 + 0.05 + 0.05)\text{mm} = 0.37\text{mm} > 0.25\text{mm}$$

即超差 0.12mm，不能满足装配要求。为此，对组成环公差的总和必须减小 0.12mm。假设根据加工难易程度，对各组成环公差调整为：$T_3 = 0.05$mm，$T_2 = T_4 = 0.03$mm，$T_1 = 0.09$mm，因尺寸 A_5 是标准件尺寸，所以 T_5 不得调整。

4) 调整组成环的极限偏差。为避免确定的盲目性，可选取一个补偿环，如取 A_1 为补偿环，其余组成环确定如下：$A_3 = 30_{-0.05}^{\ 0}$ mm，$A_2 = A_4 = 5_{-0.03}^{\ 0}$ mm，$A_5 = 3_{-0.05}^{\ 0}$ mm。补偿环的极限偏差按式（11-4）和式（11-5）计算，即

$$\begin{aligned} ES_1 &= ES_0 + (EI_2 + EI_3 + EI_4 + EI_5) \\ &= [+0.35 + (-0.03 - 0.05 - 0.03 - 0.05)]\text{mm} \\ &= +0.19\text{mm} \\ EI_1 &= EI_0 + (ES_2 + ES_3 + ES_4 + ES_5) \\ &= +0.10 + (0 + 0 + 0 + 0)\text{mm} \\ &= +0.10\text{mm} \end{aligned}$$

即 $A_1 = 43_{+0.10}^{+0.19}$ mm。

5) 验算封闭环极限偏差。

$$\begin{aligned} ES_0 &= ES_1 + (EI_2 + EI_3 + EI_4 + EI_5) \\ &= [+0.19 - (-0.03 - 0.05 - 0.03 - 0.05)]\text{mm} \\ &= +0.35\text{mm} \end{aligned}$$

$$EI_0 = EI_1 + (ES_2 + ES_3 + ES_4 + ES_5) = +0.1\text{mm}$$

所以，已满足装配要求。

例 11-2 如图 11-5 所示，已知 $A_1 = 24_{\ 0}^{+0.28}$ mm，$A_2 = 30_{\ 0}^{+0.14}$ mm，$A_3 = 23_{-0.28}^{\ 0}$ mm，$A_4 = 30_{-0.08}^{-0.04}$ mm，对称度公差 $t_1 = 0.14$mm，以 $A_6 = (0 \pm 0.07)$mm 代之，$t_2 = 0.10$mm，以 $A_5 = (0 \pm 0.05)$mm 代之，求导轨与滑块间的间隙 A_0。

解 1) 画尺寸链图和分析组成环的增减性（图 11-5d）。

2) 计算封闭环的公称尺寸 A_0。由式（11-1）得

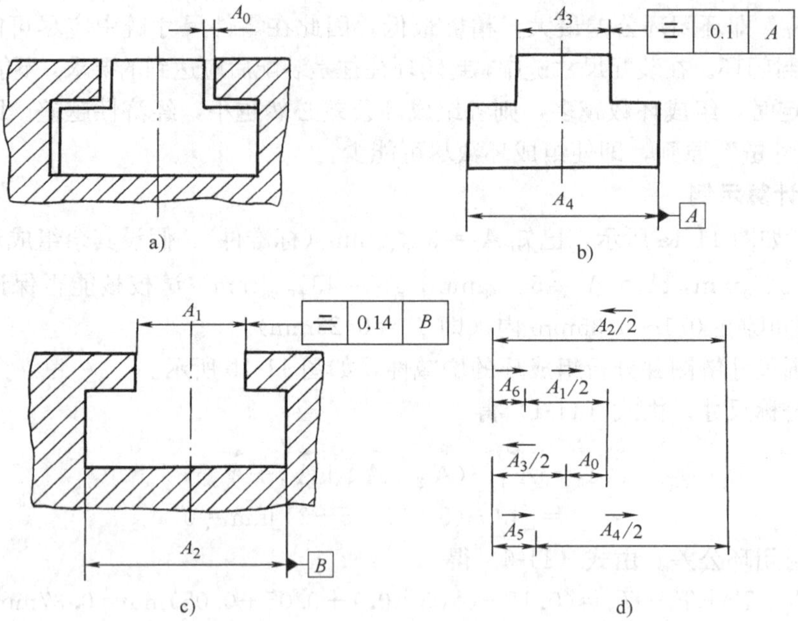

图 11-5 例 11-2 图

$$A_0 = (A_5 + A_4/2 + A_1/2 + A_6) - (A_3/2 + A_2/2)$$
$$= [(0+15+12+0) - (11.5+15)]\text{mm} = 0.5\text{mm}$$

3）计算封闭环的极限偏差。由式（11-4）得

$$ES_0 = (ES_5 + ES_4/2 + ES_1/2 + ES_6) - (EI_3/2 + EI_2/2)$$
$$= [(+0.05 - 0.02 + 0.14 + 0.07) - (-0.14 + 0)]\text{mm}$$
$$= +0.38\text{mm}$$

由式（11-5）得

$$EI_0 = (EI_5 + EI_4/2 + EI_1/2 + EI_6) - (ES_3/2 + ES_2/2)$$
$$= [(-0.05 - 0.04 + 0 - 0.07) - (0 + 0.07)]\text{mm}$$
$$= -0.23\text{mm}$$

所以尺寸 $A_0 = 0.5^{+0.38}_{-0.23}$mm，即导轨与滑块的间隙为 0.27～0.88mm。

三、设计计算示例

例 11-3 如图 11-6a 所示部件，端盖螺母应保证转盘与轴套之间的间隙为 0.1～0.3mm。已知各组成环的公称尺寸为：$A_1 = 38$mm，$A_2 = 42$mm，$A_3 = 80$mm，试确定它们的公差与极限偏差。

解 （1）画尺寸链图和分析组成环的增减性 如图 11-6b 所示。

（2）计算封闭环的公称尺寸 由式（11-1）得

$$A_0 = A_3 - (A_2 + A_1) = [80 - (42+38)]\text{mm} = 0$$

（3）确定各组成环公差 确定方法有

1）等公差法。令各组成环公差相等，等于平均公差 T_m，即

$$T_1 = T_2 = \cdots = T_n = T_m$$

于是

$$T_0 = \Sigma T_i = nT_m$$
$$T_m = T_0/n$$

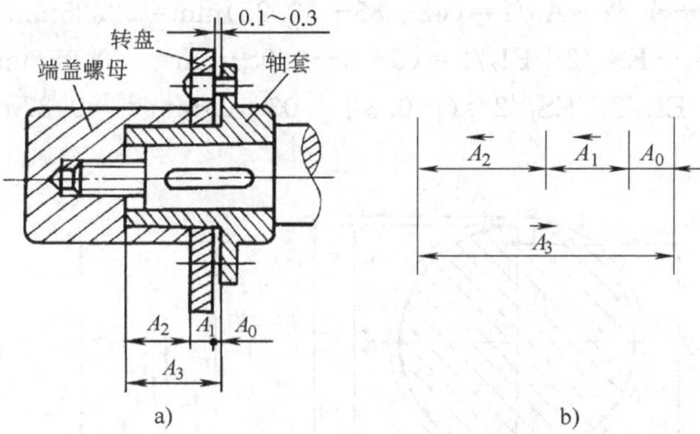

图 11-6　例 11-3 图

式中，n 为组成环数。

2）等精度法。令各组成环的公差等级系数相等，等于平均公差等级系数 a_m，即

$$a_1=a_2=\cdots=a_n=a_m$$

于是

$$T_0=\sum T_i=a_m\sum i_i$$

$$a_m=T_0/\sum i_i$$

式中，i 为公差因子，$i=0.45\sqrt[3]{D}+0.001D$。表 11-1 列出了部分公差因子的数值。

表 11-1　标准公差因子数值

尺寸分段/mm	1～3	>3～6	>6～10	>10～18	>18～30	>30～50	>50～80	>80～120
$i/\mu m$	0.54	0.73	0.90	1.08	1.31	1.56	1.86	2.17

现以等精度法确定。查表 11-1 得 $i_1=i_2=1.56\mu m$，$i_3=1.86\mu m$，则

$$a_m=T_0/(i_1+i_2+i_3)=(300-100)/(1.56+1.56+1.86)=40.16\approx40$$

查表 2-3，当 IT9 时，$a=40$。于是确定各组成环公差等级为 IT9。查表 2-2 得各组成环公差为

$$T_1=T_2=0.062\text{mm}\qquad T_3=0.074\text{mm}$$

（4）确定各组成环的极限偏差　确定的方法是预先选定一个组成环作为补偿环，其余组成环的公差带位置按“向体原则”确定。即内尺寸取基本偏差为 H，外尺寸取 h，轴向尺寸取 js。本例假设以 A_1 作为补偿环，尺寸 A_2 和 A_3 都是轴向尺寸，所以取

$$A_2=(42\pm0.031)\text{mm}\qquad A_3=(80\pm0.037)\text{mm}$$

尺寸 A_1 的极限偏差按式（11-4）和式（11-5）计算

$$ES_1=EI_3-ES_2-EI_0=(-0.037-0.031-0.1)\text{mm}=-0.168\text{mm}$$

$$EI_1=ES_3-EI_2-ES_0=[+0.037-(-0.031)-0.3]\text{mm}=-0.232\text{mm}$$

所以尺寸 $A_1=38^{-0.168}_{-0.232}$mm。

四、中间计算示例

例 11-4　如图 11-7a 所示是计算工序尺寸的例子。加工顺序为：先车削外圆尺寸至 $A_1=\phi70.5^{\ 0}_{-0.1}$mm，再铣键槽深尺寸至 A_2，最后磨外圆至尺寸 $A_3=\phi70^{\ 0}_{-0.06}$mm。要求磨完外圆后保证键槽深为 $A_0=62^{\ 0}_{-0.3}$mm，求尺寸 A_2。

解　1）画尺寸链图并分析组成环的增减性（图 11-7b）。

2）计算公称尺寸 A_2 和极限偏差

$$A_2 = A_0 - A_3/2 + A_1/2 = (62 - 35 + 32.25)\text{mm} = 62.25\text{mm}$$
$$ES_2 = ES_0 - ES_3/2 + EI_2/2 = (0 - 0 - 0.05)\text{mm} = -0.05\text{mm}$$
$$EI_2 = EI_0 - EI_3/2 + ES_1/2 = (-0.3 + 0.03 + 0)\text{mm} = -0.27\text{mm}$$

所以 $A_2 = 62.25^{-0.05}_{-0.27}$mm。

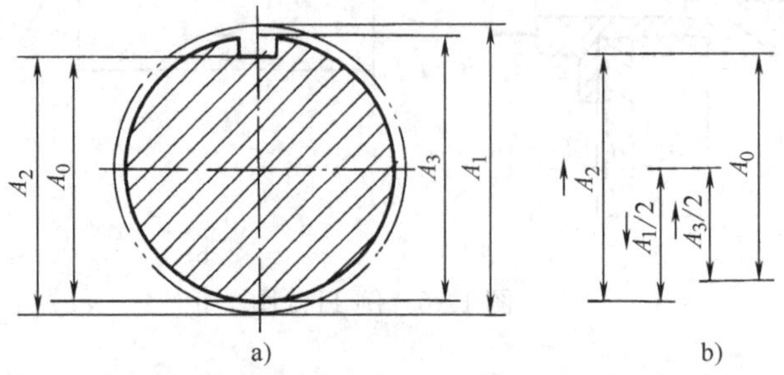

图 11-7 例 11-4 图

第三节 用统计法计算尺寸链

批量生产中，各环的实际尺寸出现极值的概率很小，而各环同时出现极值的概率则更小。因此在批量生产时，特别是环数较多时，用极值法解尺寸链偏于保守，不经济。此时采用统计法更为合理。统计法的实质是考虑了零件实际尺寸多在平均尺寸附近的分布规律，将组成环公差放大，从而可获得较好的经济效益。

基于零件实际尺寸分布规律多为服从正态分布规律，故本章仅介绍这一分布规律时的尺寸链计算方法，而对其他分布规律可参考有关书籍。

统计法解尺寸链的特点是将各组成环看作相互独立的随机变量。而封闭环的公称尺寸是各组成环公称尺寸的函数。于是，根据多元函数标准偏差的计算式可得封闭环的标准偏差 σ_0 为

$$\sigma_0 = \sqrt{\sum\left(\frac{\partial f}{\partial A_i}\right)^2 \sigma_i^2}$$

对于直线尺寸链，$\left|\frac{\partial f}{\partial A_i}\right| = 1$，因此

$$\sigma_0 = \sqrt{\sum \sigma_i^2} \qquad (11\text{-}7)$$

假设各组成环的实际尺寸分布范围等于公差，即 $T_i = 6\sigma_i$，则封闭环公差为

$$T_0 = \sqrt{\sum T_i^2} \qquad (11\text{-}8)$$

假设各组成环的实际尺寸分布中心与公差带中心重合，则封闭环的实际尺寸分布中心也与公差带中心重合，则公差带中心的尺寸为平均尺寸。如图 11-8 所示，依式（11-1）可得封闭环的平均尺寸 A_{0m} 与组成环的平均尺寸 $\overrightarrow{A}_{im}$，$\overleftarrow{A}_{jm}$ 的关系如下

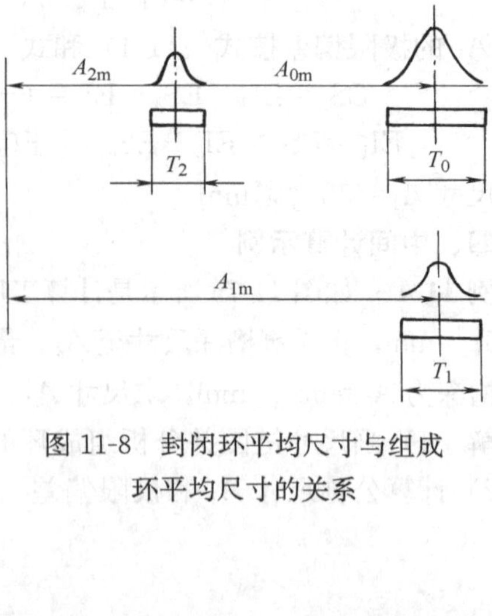

图 11-8 封闭环平均尺寸与组成环平均尺寸的关系

$$A_{0m}=\Sigma\overrightarrow{A}_{im}-\Sigma\overleftarrow{A}_{jm} \tag{11-9}$$

式（11-9）减式（11-1）得封闭环的中间偏差 Δ_0 与组成环的中间偏差 $\overrightarrow{\Delta}_i$、$\overleftarrow{\Delta}_j$ 的关系式

$$\Delta_0=\Sigma\overrightarrow{\Delta}_i-\Sigma\overleftarrow{\Delta}_j \tag{11-10}$$

所以

$$ES_0=\Delta_0+T_0/2 \tag{11-11}$$

$$EI_0=\Delta_0-T_0/2 \tag{11-12}$$

$$ES_i=\Delta_i+T_i/2 \tag{11-13}$$

$$EI_i=\Delta_i-T_i/2 \tag{11-14}$$

式（11-11）和式（11-12）是封闭环的极限偏差计算式，式（11-13）和式（11-14）是组成环（增环或减环）的极限偏差计算式。

例 11-5　用统计法解例 11-3。

解　步骤 1 和 2 同例 11-3。

1）确定各组成环公差。用统计法计算，由式（11-8）得

$$T_0=\sqrt{T_1^2+T_2^2+T_3^2}=a_m\sqrt{i_1^2+i_2^2+i_3^2}$$

所以

$$a_m=\frac{T_0}{\sqrt{i_1^2+i_2^2+i_3^2}}=\frac{300-100}{\sqrt{1.56^2+1.56^2+1.86^2}}\approx 69$$

查表 2-3，当 IT10 时，$a=64$。于是，确定各组成环公差等级为 IT10。查表 2-2 得各组成环的公差为 $T_1=T_2=0.1\text{mm}$，$T_3=0.12\text{mm}$。

2）确定各组成环的极限偏差。确定公差带位置的原则（同例 11-3），取 $A_2=(42\pm0.05)\text{mm}$，$A_3=(80\pm0.06)\text{mm}$，即 $\Delta_2=0$，$\Delta_3=0$。已知 $\Delta_0=[(0.1+0.3)/2]\text{mm}=+0.2\text{mm}$，则由式（11-10）得

$$\Delta_1=\Delta_3-\Delta_2-\Delta_0=(0-0-0.2)\text{mm}=-0.2\text{mm}$$

$$ES_1=\Delta_1+T_1/2=(-0.2+0.05)\text{mm}=-0.15\text{mm}$$

$$EI_1=\Delta_1-T_1/2=(-0.2-0.05)\text{mm}=-0.25\text{mm}$$

所以尺寸 $A_1=38^{-0.15}_{-0.25}\text{mm}$。

与例 11-3 的计算结果比较，用统计法确定的组成环公差值比用极值法放大约 60%，而实际上出现不合格件的可能性却仅有 0.27%，因此用统计法经济性好。

思　考　题

11-1　什么是尺寸链、环、组成环、封闭环、增环、减环和协调环？

11-2　尺寸链按各组成环的形成特征可分为哪几种形式？

11-3　解算尺寸链常用于解决哪些实际问题？

11-4　什么是最短尺寸链原则？试述此原则的重要性？

11-5　怎样确定封闭环和寻找组成环？封闭环有何特性？形状公差能否作为封闭环？

11-6　极值法与统计法解尺寸链有何不同？各有何优缺点？用统计法解尺寸链应具备什么条件？

练 习 题

11-1 填空题

1. 图 11-9 所示的尺寸链图中，A_0 为封闭环，增环有______________，减环有______________。

2. 图 11-10 所示的轴，在小批量生产中先加工尺寸 A_1，后电镀控制尺寸 A_2，电镀层厚度为 δ，则封闭环为________；若在大批量生产中，先加工尺寸 A_1，后控制电镀层厚度 δ，则封闭环为________。

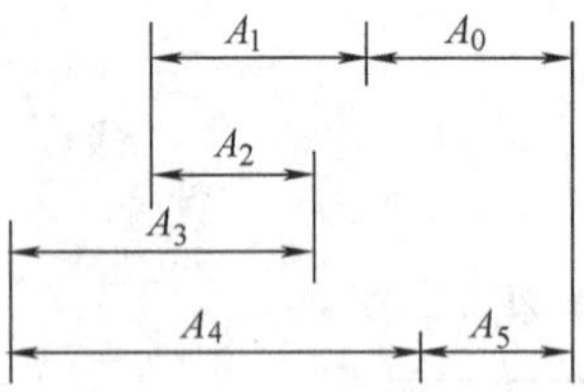

图 11-9

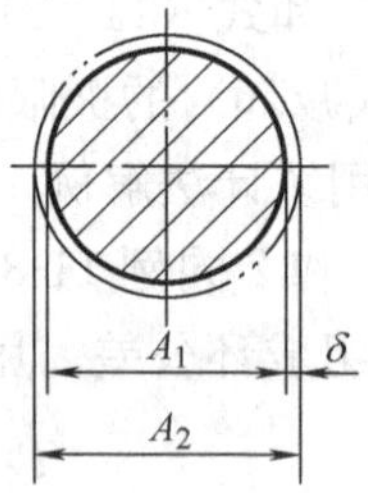

图 11-10

3. 如图 11-11 所示零件，在加工过程中通过直接控制 A_1 与 A_2 尺寸来间接保证尺寸 N。现已知 $A_1=50_{-0.05}^{\ 0}$ mm，$A_2=40_{\ 0}^{+0.31}$ mm，按极值法计算 N 的公称尺寸和上、下极限偏差为______________ mm。

4. 如图 11-12 所示零件的加工工艺路线为：先铣削底面 1，再以底面 1 为基准铣削表面 3，达到工序尺寸 $60_{-0.19}^{\ 0}$ mm；最后仍以底面 1 为基准铣削表面 2。已知表面 2 和 3 之间的设计要求为 $25_{+0.05}^{+0.40}$ mm，如按极值法计算，表面 1 和 2 之间的尺寸应控制在________～________ mm 之间。

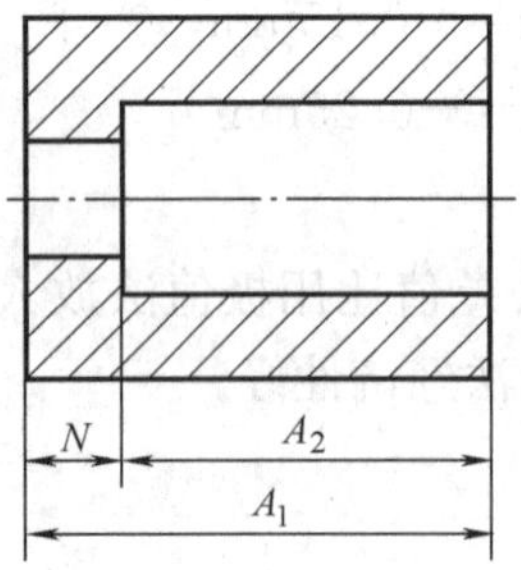

图 11-11

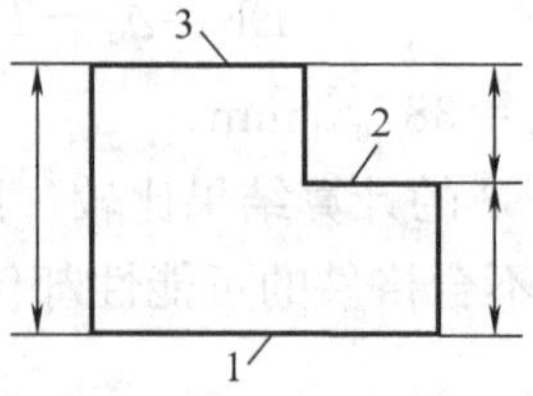

图 11-12

5. 解算尺寸链时，对组成环数量不多，且要求完全互换的尺寸链，宜用________法；对生产批量较大且组成环数较多的尺寸链，多用________法。

11-2 为获得图 11-13 所示零件的尺寸 A_0，有如图 11-14a、b、c、d 所示的四种工艺方案。设工艺尺寸分别为 $A_1=30_{-0.052}^{\ 0}$ mm，$A_2=16_{-0.043}^{\ 0}$ mm，$A_3=(14\pm0.021)$ mm，$A_4=6_{\ 0}^{+0.048}$ mm，$A_5=24_{-0.084}^{\ 0}$ mm，试比较哪种方案最佳。

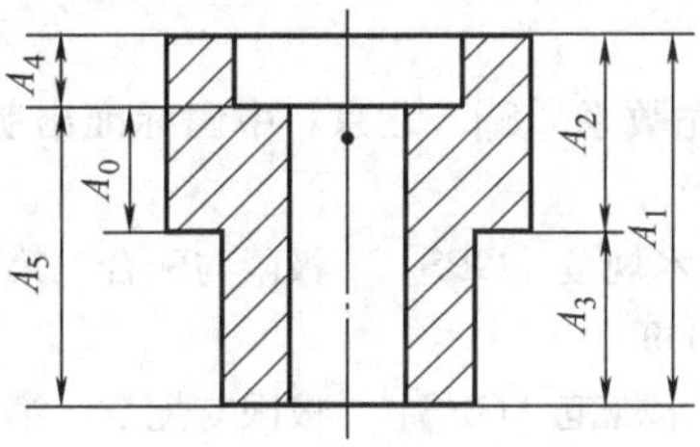

图 11-13

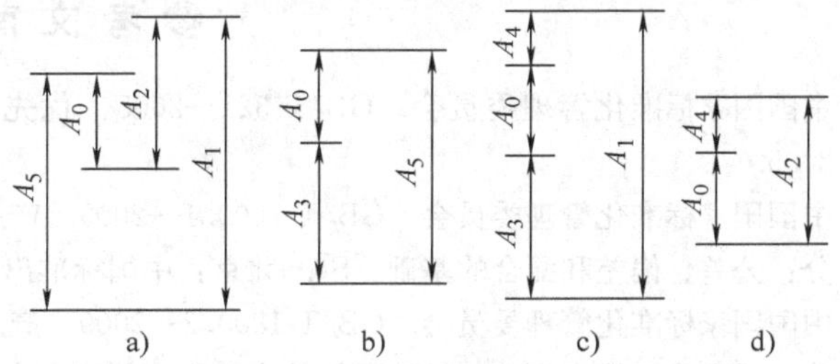

图 11-14

11-3 图 11-15 所示轴套加工顺序为：先按 $A_1=45.4_{-0.1}^{\ 0}$ mm 车外圆，再按 A_2 铣键槽，经热处理淬火，再按 $A_3=\phi45_{+0.002}^{+0.018}$mm 磨外圆，轴套完工后要求键槽深度符合图样标注尺寸 $A_4=39.5_{-0.2}^{\ 0}$mm 的规定。试计算工序尺寸 A_2 及其极限偏差。

11-4 加工图 11-16 所示的钻套时，先按 $A_1=\phi30_{+0.020}^{+0.041}$mm 磨内孔，再按 $A_2=\phi42_{+0.017}^{+0.033}$mm 磨外圆，控制 ϕ42mm 轴线对 ϕ30mm 轴线的同轴度误差。试用极值法求壁厚 δ 的极限尺寸。

11-5 图 11-17 所示为对开齿轮箱的一部分。根据使用要求，间隙 A_0 应在 1～1.75mm 范围内。已知 $A_1=140$mm，$A_2=A_5=5$mm，$A_3=101$mm，$A_4=50$mm。设各组成环实际尺寸按正态分布，分布范围等于公差范围，分布中心与公差带中心重合。试按统计法确定尺寸 A_1、A_2、A_3、A_4、A_5 的尺寸公差和极限偏差。

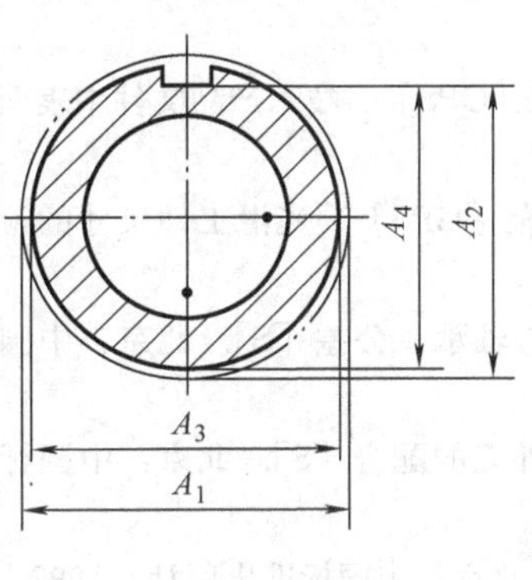

图 11-15

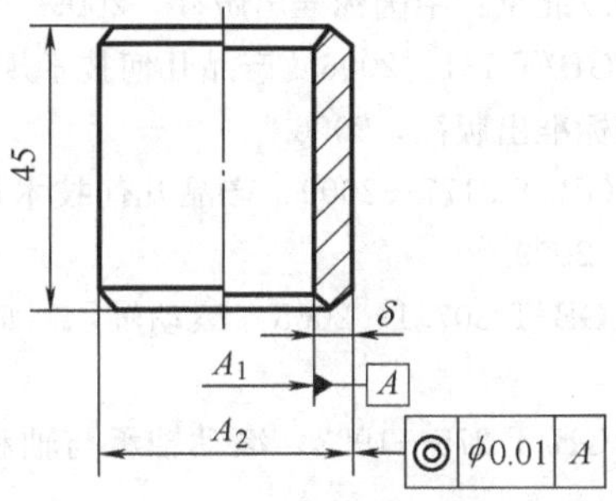

图 11-16

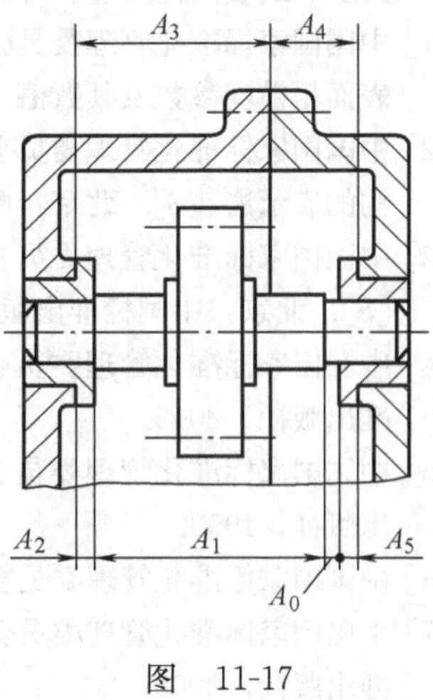

图 11-17

参考文献

[1] 中国国家标准化管理委员会. GB/T 321—2005 优先数和优先数系 [S]. 北京：中国标准出版社，2005.

[2] 中国国家标准化管理委员会. GB/T 1800.1—2009 产品几何技术规范 [GPS] 极限与配合 第 1 部分：公差、偏差和配合的基础 [S]. 北京：中国标准出版社，2009.

[3] 中国国家标准化管理委员会. GB/T 1800.2—2009 产品几何技术规范 [GPS] 极限与配合 第 2 部分：标准公差等级和孔、轴极限偏差表 [S]. 北京：中国标准出版社，2009.

[4] 中国国家标准化管理委员会. GB/T 1801—2009 产品几何技术规范 [GPS] 极限与配合 公差带和配合的选择 [S]. 北京：中国标准出版社，2009.

[5] 中国国家标准化管理委员会. GB/T 1804—2000 一般公差 未注公差的线性和角度尺寸的公差 [S]. 北京：中国标准出版社，2000.

[6] 中国国家标准化管理委员会. GB/T 6093—2001 几何量技术规范（GPS） 长度标准 量块 [S]. 北京：中国标准出版社，2001.

[7] 全国几何量长度计量技术委员会. JJG 146—2003 量块检定规程 [S]. 北京：中国计量出版社，2003.

[8] 中国国家标准化管理委员会. GB/T 1182—2008 产品几何技术规范 [GPS] 几何公差 形状、方向、位置和跳动公差标注 [S]. 北京：中国标准出版社，2008.

[9] 中国国家标准化管理委员会. GB/T 1184—1996 形状和位置公差 未注公差值 [S]. 北京：中国标准出版社，1996.

[10] 中国国家标准化管理委员会. GB/T 16671—2009 产品几何技术规范 [GPS] 几何公差 最大实体要求、最小实体要求和可逆要求 [S]. 北京：中国标准出版社，2009.

[11] 中国国家标准化管理委员会. GB/T 1031—2009 产品几何技术规范 [GPS] 表面结构 轮廓法 表面粗糙度参数及其数值 [S]. 北京：中国标准出版社，2009.

[12] 中国国家标准化管理委员会. GB/T 131—2006 产品几何技术规范 [GPS] 技术产品文件中表面结构的表示法 [S]. 北京：中国标准出版社，2006.

[13] 中国国家标准化管理委员会. GB/T 3177—2009 产品几何技术规范 [GPS] 光滑工件尺寸的检验 [S]. 北京：中国标准出版社，2009.

[14] 中国国家标准化管理委员会. GB/T 307.1—2005 滚动轴承 向心轴承 公差 [S]. 北京：中国标准出版社，2005.

[15] 中国国家标准化管理委员会. GB/T 275—1993 滚动轴承与轴和外壳的配合 [S]. 北京：中国标准出版社，1993.

[16] 中国国家标准化管理委员会. GB/T 14791—1993 螺纹术语 [S]. 北京：中国标准出版社，1993.

[17] 中国国家标准化管理委员会. GB/T 5796.1—2005 梯形螺纹 第 1 部分：牙型 [S]. 北京：中国标准出版社，2005.

[18] 中国国家标准化管理委员会. GB/T 5796.2—2005 梯形螺纹 第 2 部分：直径与螺距系列 [S]. 北京：中国标准出版社，2005.

[19] 中国国家标准化管理委员会. GB/T 5796.3—2005 梯形螺纹 第 3 部分：基本尺寸 [S]. 北京：中国标准出版社，2005.

[20] 中国国家标准化管理委员会. GB/T 5796.4—2005 梯形螺纹 第 4 部分：公差 [S]. 北京：中国标准出版社，2005.

[21] 中国国家标准化管理委员会. GB/T 10095.1—2008 圆柱齿轮 精度制 第 1 部分：轮齿同侧齿面偏差的定义和允许值 [S]. 北京：中国标准出版社，2008.

[22] 中国国家标准化管理委员会. GB/T 10095.2—2008 圆柱齿轮 精度制 第2部分：径向综合偏差与径向跳动的定义和允许值 [S]. 北京：中国标准出版社，2008.
[23] 中国国家标准化管理委员会. GB/Z 18620.1—2008 圆柱齿轮 检验实施规范 第1部分：轮齿同侧齿面的检验 [S]. 北京：中国标准出版社，2008.
[24] 中国国家标准化管理委员会. GB/Z 18620.2—2008 圆柱齿轮 检验实施规范 第2部分：径向综合偏差、径向跳动、齿厚和侧隙的检验 [S]. 北京：中国标准出版社，2008.
[25] 中国国家标准化管理委员会. GB/Z 18620.3—2008 圆柱齿轮 检验实施规范 第3部分：齿轮坯、轴中心距和轴线平行度的检验 [S]. 北京：中国标准出版社，2008.
[26] 中国国家标准化管理委员会. GB/Z 18620.4—2008 圆柱齿轮 检验实施规范 第4部分：表面结构和轮齿接触斑点的检验 [S]. 北京：中国标准出版社，2008.
[27] 胡凤兰. 互换性与技术测量基础 [M]. 北京：高等教育出版社，2010.
[28] 庞学慧，武文革. 互换性与测量技术基础 [M]. 北京：电子工业出版社，2009.
[29] 李柱. 互换性与测量技术基础：上册 [M]. 北京：中国计量出版社，1984.
[30] 李柱. 互换性与测量技术基础：下册 [M]. 北京：中国计量出版社，1985.
[31] 王伯平. 互换性与测量技术基础 [M]. 3版. 北京：机械工业出版社，2009.
[32] 廖念钊. 互换性与测量技术基础 [M]. 北京：中国计量出版社，2002.
[33] 谢铁邦，李柱，席宏卓. 互换性与技术测量 [M]. 武汉：华中科技大学出版社，1998.
[34] 甘永立. 几何量公差与检测 [M]. 上海：上海科学技术出版社，2001.
[35] 温松明. 互换性与测量技术基础 [M]. 长沙：湖南大学出版社，1996.
[36] 杨沿平. 公差配合与技术测量 [M]. 北京：机械工业出版社，1993.
[37] 薛彦成. 公差配合与测量技术 [M]. 北京：机械工业出版社，1999.

《机械精度设计与检测技术基础》
第2版
杨沿平　主编

读者信息反馈表

尊敬的老师：

您好！感谢您多年来对机械工业出版社的支持和厚爱！为了进一步提高我社教材的出版质量，更好地为我国高等教育发展服务，欢迎您对我社的教材多提宝贵意见和建议。另外，如果您在教学中选用了本书，欢迎您对本书提出修改建议和意见。

机械工业出版社教材服务网网址：http://www.cmpedu.com

一、基本信息

姓名：________　性别：____　职称：________　职务：____________

邮编：________　地址：________________________________

任教课程：____________　电话：____—________(H)　________(O)

电子邮件：________________________________　手机：________

二、您对本书的意见和建议

（欢迎您指出本书的疏误之处）

三、您对我们的其他意见和建议

请与我们联系：

100037　机械工业出版社·高等教育分社　刘小慧　收

Tel：010-88379712，88379715，68994030（Fax）

E-mail：lxh9592@126.com